地空导弹武器系统效能分析方法

刘少伟 王 洁 关 娇 冯 刚 时建明 编著

西北工业大学出版社

西 安

【内容简介】 本书面向地空导弹武器系统,基于排队论、连续马尔可夫过程、统计模拟、试验数据假设检验、智能优化算法、综合效能分析等基础理论和方法,结合应用实例介绍地空导弹武器系统效能分析的一般方法。主要内容包括地空导弹武器系统射击能力分析、基于排队论的射击效率分析、基于兰彻斯特方程的作战效能分析、基于试验数据的地空导弹武器系统效能分析、基于统计模拟的武器系统效能分析、基于射击效果的地空导弹杀伤效能优化、装备可维修备件保障能力分析以及武器系统综合效能分析方法。

本书可作为高等学校地空导弹武器系统相关专业高年级本科生和研究生的教学参考书,也可作为从事地空导弹武器系统分析论证、研究设计等工程技术人员的业务参考书。

图书在版编目(CIP)数据

地空导弹武器系统效能分析方法 / 刘少伟等编著. — 西安:西北工业大学出版社,2023.1
ISBN 978-7-5612-8641-8

Ⅰ. ①地… Ⅱ. ①刘… Ⅲ. ①地空导弹系统-研究 Ⅳ. ①E92

中国国家版本馆 CIP 数据核字(2023)第 039891 号

DI-KONG DAODAN WUQI XITONG XIAONENG FENXI FANGFA
地 空 导 弹 武 器 系 统 效 能 分 析 方 法
刘少伟　王洁　关娇　冯刚　时建明　编著

责任编辑:胡莉巾　吕颐佳	策划编辑:杨　睿
责任校对:朱晓娟　董珊珊	装帧设计:李　飞

出版发行:西北工业大学出版社
通信地址:西安市友谊西路127号　　　邮编:710072
电　　话:(029)88491757,88493844
网　　址:www.nwpup.com
印 刷 者:陕西向阳印务有限公司
开　　本:787 mm×1 092 mm　　　1/16
印　　张:11.375
字　　数:298千字
版　　次:2023年1月第1版　　　2023年1月第1次印刷
书　　号:ISBN 978-7-5612-8641-8
定　　价:62.00元

如有印装问题请与出版社联系调换

前　言

随着现代化防空作战样式的发展,地空导弹武器系统已经成为防空作战的重要力量,开展地空导弹武器系统效能分析,可以为新装备的发展论证和设计研制提供参考,有效提升武器系统的作战能力,实现武器系统的综合评价的定量分析,为防空作战训练计划的指定和方案优化提供支持。

本书面向地空导弹武器系统,基于排队论、连续马尔可夫过程、统计模拟、试验数据假设检验、智能优化算法、综合效能分析等基础理论和方法,结合应用实例介绍地空导弹武器系统效能分析的一般方法。本书共分为9章。第1章介绍地空导弹武器系统的基本概念、效能分析的基本概念、常用的效能分析方法、地空导弹武器系统的效能指标,阐述开展地空导弹武器系统效能分析的意义。第2章进行地空导弹武器系统射击能力分析,介绍地空导弹武器系统杀伤区的概念,给出杀伤区解算方法、射击诸元解算方法、发射装置跟踪区解算方法。第3章基于排队论进行地空导弹武器系统射击效率分析,介绍排队论基本理论、基于有限等待时间排队系统的射击概率计算方法、基于损失系统的射击概率计算方法,在此基础上给出多层多型号地空导弹武器系统混合部署、多批次目标来袭情况下的射击概率计算方法。第4章介绍时间连续马尔可夫过程的基本概念,推导防空作战微分方程,即兰彻斯特方程,给出兰彻斯特方程解析求解和数值求解两种方法,并对兰彻斯特方程的多种典型应用进行分析。第5章基于试验数据进行地空导弹武器系统效能分析,介绍典型参数的估计形式、随机量分布类型的确定方法,给出随机量分布类型的拟合优良度检验方法和试验数据的线性回归方法。第6章介绍连续随机变量及随机事件的模拟方法,给出统计模拟结果的精度评估方法,结合应用实例介绍计算机统计模拟的基本流程。第7章进行基于效果的地空导弹杀伤效能优化,介绍目标优化分配的工程算法、模拟退火算法以及模拟退火-蚁群混合优化算法。第8章介绍地空导弹武器装备可维修备件保障能力分析方法,给出单级备件库存模型和具有横向供应策略和紧急供应策略的两级备件库存模型,并介绍对应的求解算法。第9章介绍层次分析法、ADC法、模糊综合评判法、主成分分析法、指数法以及灰色区间关联法等常用的综合效能分析方法。

本书从基础理论入手,系统介绍地空导弹武器系统效能分析的方法,注重过程推导,力求简明直观、循序渐进;列举大量应用实例,并给出详细求解步骤。

本书第1章、第4章~8章由刘少伟编写,第3章由王洁编写,第2章由关娇编写,第9章由冯刚编写,书中的案例由时建明编写整理,刘少伟负责全书的策划、纲目的制定以及定稿。

在编写本书的过程中,参考了许多学者的著作、教材,在此向其作者表示衷心的感谢。

由于水平有限,书中难免存在不足之处,望读者批评指正。

编著者

2022年9月

目　　录

第 1 章　绪论 ··· 1
　1.1　地空导弹武器系统 ·· 1
　1.2　效能分析的基本概念 ·· 3
　1.3　效能分析方法 ·· 4
　1.4　地空导弹武器系统效能指标 ·· 5
　1.5　武器系统效能分析的意义 ·· 7

第 2 章　地空导弹武器系统射击能力分析 ·· 9
　2.1　地空导弹武器系统杀伤区 ·· 9
　2.2　理论杀伤区参数解算 ··· 10
　2.3　实际杀伤区参数解算 ··· 11
　2.4　射击诸元解算 ··· 14
　2.5　发射装置跟踪区解算 ··· 16

第 3 章　基于排队论的射击效率分析方法 ······································· 21
　3.1　排队论基础 ··· 21
　3.2　有限等待时间的排队系统 ··· 23
　3.3　拒绝随机服务系统 ··· 34
　3.4　多型防空导弹单层部署射击效果分析 ····································· 40
　3.5　火力单元多层混合部署的射击效果分析 ··································· 42
　3.6　混合部署射击效果分析举例 ··· 46

第 4 章　基于兰彻斯特方程的防空作战效能分析 ································· 50
　4.1　时间连续马尔可夫过程 ··· 50
　4.2　防空作战的微分模型 ··· 52
　4.3　微分模型求解方法 ··· 56
　4.4　其他微分模型形式 ··· 58

第 5 章　基于试验数据的地空导弹武器系统效能分析 ········· 63
5.1　参数估计 ········· 63
5.2　分布类型的确定 ········· 66
5.3　分布类型的拟合优良度检验 ········· 71
5.4　试验数据的线性回归 ········· 75

第 6 章　基于统计模拟的武器系统效能分析 ········· 81
6.1　随机数产生方法 ········· 81
6.2　连续随机变量的产生方法 ········· 85
6.3　随机事件的模拟 ········· 91
6.4　统计结果评估 ········· 92
6.5　雷达跟踪目标的模拟过程 ········· 93
6.6　射击空中目标的模拟过程 ········· 98

第 7 章　基于射击效果的地空导弹杀伤效能优化 ········· 104
7.1　目标优化分配的工程算法 ········· 104
7.2　目标优化分配的模拟退火算法 ········· 107
7.3　目标优化分配的 ACO－SA 混合优化策略 ········· 109

第 8 章　装备可维修备件保障能力分析 ········· 116
8.1　维修备件单级库存保障能力分析 ········· 116
8.2　具有横向供应策略的可维修备件保障能力分析 ········· 125
8.3　可维修备件两级库存保障能力分析 ········· 139

第 9 章　武器系统综合效能分析方法 ········· 148
9.1　层次分析法 ········· 148
9.2　ADC 法 ········· 154
9.3　模糊综合评判 ········· 158
9.4　基于正负理想点的距离评估方法 ········· 160
9.5　基于灰色区间关联决策的评估方法 ········· 164
9.6　主成分分析法 ········· 168
9.7　指数法 ········· 172

参考文献 ········· 175

第 1 章 绪 论

随着现代化防空作战样式的发展,地空导弹武器系统已经成为防空作战的重要力量,开展地空导弹武器系统效能分析,可以为新装备的发展论证和设计研制提供参考,有效提升武器系统的作战能力,实现武器系统的综合评价的定量分析,为防空作战训练计划的指定和方案优化提供支持。

本章在介绍地空导弹武器系统的基础上,给出效能分析的基本概念,接着讨论几类典型的效能分析的方法并分析其各自的优缺点,然后介绍武器系统的一系列效能指标,最后阐述武器系统效能分析的意义。

1.1 地空导弹武器系统

地空导弹是指从地面上发射、用来攻击各种空中飞行目标的导弹。它所对付的目标一般是指各种作战飞机,有些地空导弹还能够射击巡航导弹、空地导弹、战术弹道导弹等导弹类目标和空漂气球等非空气动力目标。地空导弹武器系统发展至今,已有数十种型号,形成了各种不同性能、用途的庞大的武器系统家族。由于作战任务、战斗性能、使用原则以及采用的技术等的不同,地空导弹武器系统一般由目标搜索与指示系统、制导系统、发射系统、导弹、指挥信息系统和支援保障设备等组成。

1. 目标搜索与指示系统

地空导弹的目标搜索与指示系统是用于搜索、发现和识别空中目标,测定目标的坐标和参数并向武器系统的其他设备传递空中目标信息的成套技术设备的总称。它是地空导弹武器系统不可缺少的组成部分。地空导弹武器系统目标搜索与指示系统通常由目标搜索设备、目标识别设备和目标指示设备等组成。目标搜索设备用于探测、发现空中目标和确定目标坐标,多为专用雷达,有的也用光学或光电设备;目标识别设备用来确定被发现目标的种类和属性;目标指示设备用于将搜索设备所获得的空情经分析处理后以一定的方式及时、准确地传输给指挥控制中心,有的目标搜索与指示系统还同时将信息传输至制导系统,进行射击前的准备工作。

2. 制导系统

地空导弹的制导系统通常由弹上制导装置和地面制导设备组成,也有完全由弹上制导装置组成的,如全程主动寻的或被动寻的制导系统。地空导弹的制导系统是导引和控制导弹沿着选定导引规律所确定的理论弹道飞向目标的装置和设备的总称。制导系统主要由测量装置、解算装置、指令传输设备、自动驾驶仪和执行机构等组成。测量装置用来连续不断地测定目标、导弹和两者相对运动的参数;解算装置按选定的导引规律完成测量信息的运算处理,形成修正导弹航迹(制导)的指令;指令传输设备将制导指令传输给导弹上的制导装置;自动驾驶仪将制导指令与自身感受的弹体姿态信息进行综合放大,形成驱动执行机构(航机)的控制信号;执行机构根据从自动驾驶仪发出的控制信号的极性和大小,操纵活动式的空气动力面(舵或弹翼),改变导弹姿态,以实现对导弹质心运动的导引。

3. 发射系统

由于地空导弹类型、发射方式、作战使命等不同,导弹发射系统的组成与结构也有较大区别。导弹发射系统通常由发射装置、发射控制系统、初始射向控制(或展开)设备、发电配电设备和通信设备等组成。倾斜发射系统一般由发射架、发射控制系统、随动系统、发电配电设备、通信设备、调平装置等组成;垂直发射系统一般由发射装置、液压传动装置、液压传动控制设备、发射控制系统、发电配电设备和通信设备等组成。

倾斜发射方式:在导弹发射前,能安全可靠地支撑固定导弹,为导弹提供规定的初始射向;在导弹发射时,为导弹提供足够的轨上运动距离,使导弹具有一定的离轨速度,保证导弹发射的初始精度,同时对导弹发动机喷出的燃气流进行排导;在导弹发射后,可与装填设备配合,安全、快速、顺利地装退导弹。随动系统能够根据指控系统给出的角度控制信号,控制发射架带动导弹在方位和高低射界内进行自动跟踪瞄准,赋予导弹一定的初始射向,同时向指控系统回送发射装置的当前角位置信息。调平装置主要完成导弹发射车的自动/手动调平,保持发射车的调平精度,并能自动/手动撤收。发射控制系统是由地面发控设备和弹上有关的控制执行部件组成的一套电气遥控设备,通常是由计算机控制的一种逻辑程序控制系统,属于开环控制系统。

垂直发射方式省去了高低和方位进行瞄准的随动系统,可通过液压传动装置完成发射车的调平、起竖等作战准备过程。

4. 导弹

导弹是组成地空导弹武器系统的核心。它的主要构件有弹体、弹上制导装置、战斗部、引信、推进装置和电、气源设备等。弹体是承力的结构系统,由外壳和空气动力面组成,外壳用于安装战斗部、推进装置、弹上控制装置和电、气源设备,空气动力面装在弹体外壳上,在与气流发生相互作用时,产生控制和稳定导弹飞行的力矩;弹上制导装置用来不断测定导弹与目标的相对位置和导弹的瞬时姿态,产生、处理并执行将导弹导向目标的指令;战斗部用于直接杀伤目标。引信是地空导弹接近目标时控制战斗部起爆时机并引爆战斗部的一种装置;推进装置产生足够的推力,保障导弹有必要的飞行速度、高度和射程;电、气源设备为弹上各个部件提供起动、控制和运转的能源,通常采用蓄电池和高压气瓶并附有分配装置。

5. 指挥信息系统

地空导弹指挥信息系统是用于接收、处理、显示空中情报,进行威胁评估、目标指示、目标参数和诸元计算、目标分配和辅助决策,并对多个地空导弹火力单元进行指挥控制的人机系统。地空导弹指挥信息系统是多级系统,通常分战术单位级、作战单位级和火力单元级,各级指控中心既是上级指挥控制系统的控制节点,又是下级指挥控制系统的指挥控制中心,并可与友邻单位进行信息交互。地空导弹指挥信息系统是实现地空导弹武器系统体系化作战的重要组成部分,是地空导弹武器系统战斗能力的倍增器。

6.支援保障设备

支援保障设备通常包括准备和检查导弹的地面设备和运输装填设备、电源设备、维修设备、定位定向设备以及各种模拟训练设备等,它为武器系统的作战过程提供电气能源、坐标定位、导弹装填、维修保障、模拟训练等技术支持。

1.2 效能分析的基本概念

1.2.1 效能的定义及分类

武器系统的效能指在规定的条件下使用武器系统时,系统在规定的时间内完成任务的程度。按照研究需要,武器系统的效能可分为三类:

(1)单项效能。单项效能是指运用装备系统时,达到单一使用目标的程度,如地空导弹武器系统的射击效能、探测效能、指挥控制通信效能等。

(2)系统效能。系统效能是指装备系统在一定条件下,满足一组特定任务要求的可能程度。它是对武器装备系统效能的综合评价,一般通过对单项效能进行综合计算获取,反映的是平均意义上武器系统的综合能力水平,如目标通道数、武器系统可靠性、电磁兼容性以及抗干扰能力等。

(3)作战效能。作战效能又被称为兵力效能,指在规定的作战环境条件下,运用武器装备系统及其相应的兵力执行规定的作战任务时,所能达到的预期目标的程度,如保卫目标的安全率、对敌空袭兵器的抗击率。

1.2.2 效能指标

指标是度量事物属性或事物之间关系的一种量化准则,效能指标为系统效能的度量尺度。效能指标具备随机性、多尺度和局限性三个特性。所谓随机性,是指武器系统完成任务的随机性,完成任务的结果一般用概率表示,或者用随机事件的数字特征表示,如期望或方差等;所谓多尺度,是指效能的度量有多种尺度,取决于决策者的主观价值取向,例如第二次世界大战中英国商船为抵御德军轰炸安装高炮的事例,从击落飞机的数量或者毁伤概率来说,几乎为零,但从商船的损失概率来看,由未安装高炮之前的 25% 降至 1% 以下,因此商船的损失概率作为效能指标符合决策者期望的作战行动目的;所谓局限性,是指效能指标无法包括反映武器系统效能的全部特性,如操作人员对兵器的熟练程度、人员的士气、复杂战场环境等,影响效能分析的准确性和客观性。

武器系统效能指标体系的建立需要遵循以下几个原则:

(1)客观性原则。武器系统效能指标是客观的、权威的、被广泛认可的,在确定基本指标时,需要广泛征求专家意见。如果主观给出具有倾向性的指标,可能造成效能分析结果对决策者产生误导和误判。

(2)完备性原则。武器系统效能指标应包括所有因素,若缺少影响作战任务的重要指标,效能分析将变得没有意义。如随着空袭和反空袭对抗样式的演变,干扰和反干扰、隐身和反隐身已成为地空导弹武器系统设计中必须要考虑的问题,需要在指标体系中体现。

(3)简单性原则。效能分析过程应尽量简单化,因此需要剔除一些冗余性的指标,要求指标之间相互独立、不相关,另外指标之间不能互相矛盾,在满足完备性原则的基础上,尽量减少指标数,从而降低效能分析的计算量。

1.3 效能分析方法

武器系统效能分析的方法主要包括解析法、多指标综合评价方法、指数法、统计法和计算机统计模拟法。

1.3.1 解析法

解析法的特点是能够建立解析公式,通过解析求解公式或者数值计算给出计算结果,进而计算出效能指标值。在兰彻斯特方程中,给出红、蓝双方兵力随时间的变化率方程,利用解析公式可以求得任一时刻双方的兵力数量。在基于排队论的射击模型中,可以根据来袭目标流密度、射击周期、离开时间等参数归纳出目标被射击(服务)的概率、平均数量、等待时间等指标;在 ADC 方法中,通过划分系统状态、计算状态转移规律,给出系统有限性矩阵 A、系统可信性矩阵 D 和能力矩阵 C,将这三个矩阵相乘,可确定系统的总体性能指标。

尽管有些问题使用解析法求解存在解析公式推导复杂、推导难度大的问题,如兰彻斯特微分方程的推导、排队论模型中服务概率的数学归纳,以及 ADC 方法中系统可信性矩阵 D 的确定,但是只要解析结果的计算公式确定,评估过程就变得非常简单,因此解析法得到了广泛使用。解析法的不足是建模过程过于简单,为了数学建模进行了很多假设,忽略了很多因素,因此使用范围受到了限制。

1.3.2 多指标综合评价方法

武器系统的效能指标呈现多层结构,上、下层指标之间相互影响,但无法确定其准确的数学函数关系;有些指标甚至需要人为量化,通过对各个指标量化,确定权重、加权综合,才能确定武器系统效能。多指标综合评价方法包括层次分析法、模糊综合评判法、基于正负理想点的距离评估法、多属性效用分析法等。层次分析法是典型的多指标综合评价方法,其通过将定性与定量相结合,利用专家打分确定出判断矩阵,通过一致性检验后,计算特征向量(权重向量),给出各指标相对合理的权重值;模糊综合评判法将各指标值通过隶属度函数量化形成隶属度矩阵,结合指标的权重向量通过模糊算子确定武器系统效能指标;基于正负理想点的距离评估法通过欧氏距离公式计算待评估方法逼近最佳方案、远离最差方案的程度,其中最佳方案、远离最差方案来自现有方案。

多指标综合评价方法使用简单,没有复杂的数学模型,但指标的量化、权重的确定与所选的量化方法、专家主观因素有密切的关系,不适合效能指标精度要求较高的问题。

1.3.3 指数法

为了适应现代战争模拟技术的需要,美国从事军事系统分析的专家将国民经济统计中的指数概念移植到装备评估和作战评估中,建立了一种新的作战能力度量方法,即指数法。该方法与指挥员传统度量方法接近,容易掌握。指数法通过对不同种类武器装备性能或单项效能指标的类比和归一化,给出武器系统能力的间接描述。在指数法中,通过计算作战能力指数比较武器的优劣或作战单位战斗能力的高低,确定作战能力指数是指数法的关键,需要论证计算公式的科学性、系统性和可比性。常用的指数公式是幂指数积的函数形式。

1.3.4 统计法

在通过武器系统试验、演习或者实战过程中收集到大量数据的基础上,通过点统计、直方图、概率图等方法确定其分布形式,利用参数估计方法确定分布参数、随机量的数字特征,若观测数据的分布规律确定,如正态分布、指数分布、泊松分布等,就可用这些概率分布的特有性质、规律、计算方法解决具体的效能分析问题。利用回归分析方法确定变量与效能指标之间的内在关系,利用假设检验方法评估分布形式、估计参数的准确性。为了降低数据处理难度,可以使用主成分分析方法进行数据降维处理,减少原有指标数量。

统计法的数据来源于真实环境,利用统计法建立效能分析的概率模型,效能分析结果可信度高。但试验数据获取难度大、周期长。在很多情况下,由于缺乏充分的试验数据,概率模型无法准确建立,影响了基于试验数据统计的效能分析方法实施。

1.3.5 计算机统计模拟法

武器系统的战斗行动过程和结果具有很大的随机性,对抗中随机因素的增加使解析模型的建立变得非常困难,主要表现在两个方面:一是解析模型需要确定概率分布参数作为初始条件,但缺少大量试验使这些参数的获取非常困难;二是由于战斗过程较复杂,无法将所有影响最终结果的约束条件设定到模型中。计算机统计模拟就是运用推演的手段,在确定概率模型的基础上,将模型内具有未知概率分布的复杂随机现象用具有已知概率分布的、相互之间有着一定联系的多个简单随机现象的形式表现出来,借助统计模型可多次运行复杂的随机现象,并用数学统计方法计算效能指标。

计算机统计模拟法的最大优点是它的通用性,对于没有构建解析模型所必须的诸多约束条件的情况以及其他复杂的应用条件,计算机统计模拟法可能是唯一可行的方法。该方法的另一优点是实施简单,不需要考虑复杂的数学问题,只需要了解随机现象规则、计算机运行程序和数据处理方法,就能进行统计模拟。计算机统计模拟法的缺点是时效性不高,为了得到高精度的估计结果,需要不断增加计算机模拟次数,这使得模拟过程所需时间大大延长,效率较低。因此可以在模拟过程中尽可能增加评估指标,在模拟次数相同的情况下对实验数据的利用更充分。另外,计算机统计模拟法的结果不具有同一性,每次模拟结果可能都不相同,该方法不适用于需要得到最优解决方案的问题。总体来说,计算机统计模拟是解决不确定条件下诸如地空导弹武器系统复杂作战过程的有效方法。

1.4 地空导弹武器系统效能指标

地空导弹武器系统效能主要包括以下 12 个方面的能力指标。

1. 协同作战能力

面对强电磁干扰、隐身目标等复杂空袭环境,需要从原来以平台为中心的传统火力单元作战模式转向网络化条件下的体系作战模式,充分发挥体系效能,实现一体化防空。协同作战能力是衡量体系作战的重要指标,包括通信体制和通信性能、时空同步能力、多个火力单元之间的指挥协调能力、多传感器数据融合能力等。

2. 探测跟踪能力

探测跟踪能力取决于配属武器系统的侦察设备探测距离和跟踪距离,同时可精确跟踪目标数,特别是在复杂情况下,如多种类型的目标同时进袭、电子干扰等情况下,对不同类型目标和对电子干扰掩护下目标的探测、距离跟踪。

3. 目标容量

目标容量是地空导弹武器系统在指定时间内可处理目标的数量,目标容量越大,表明地空导弹武器系统应对饱和攻击的能力越强。目标容量包括发现目标的数量、处理目标的数量和跟踪目标的数量。通常提到的目标通道数指制导雷达同时跟踪目标的数量,跟踪的目标数量越多,表明系统对目标的抗击能力越强。

4. 可射击能力

地空导弹武器系统的可射击能力与地空导弹杀伤区相关。杀伤区是指保证以规定杀伤概率杀伤空中目标的某个空间范围,杀伤区范围通常用远界、近界、高界、低界以及最大航路捷径、最大航路角等表示。射击能力远界是杀伤区的最大远界斜距,射击能力近界是杀伤区的最小近界斜距。

5. 射击准备时间

射击准备时间是地空导弹武器完成战斗准备的时间。使地空导弹武器达到能立即搜索、跟踪目标,而后发射导弹的状态,称为完成战斗准备。完成战斗准备的时间包括地空导弹武器装备展开时间、战斗准备状态检查时间和武器系统的反应时间(校对目标,搜索和截获目标,确定射击诸元和发射导弹的时间)。

6. 射击周期

地空导弹武器射击周期是地空导弹武器使用一个目标通道对空中目标射击一次所需要的时间,也就是用一个目标通道对第一个目标发射导弹瞬间和对第二个目标发射导弹瞬间的间隔时间。给定地空导弹武器的射击周期不是固定不变的,它通常由遭遇点的距离、地空导弹飞行速度、目标的运动参数、指挥所和指控系统操纵人员的训练水平及射击指控系统的自动化程度等因素决定。如果发射导弹后,发射装置上重新装填导弹,将对目标通道连续射击能力产生影响。

7. 连续射击目标的能力

地空导弹武器系统连续射击目标能力包括转移火力能力、射击次数、火力密度和可抗击的空袭目标流密度等。转移火力能力受两批目标的最小间隔时间约束,包括射击第一个目标所用时间、向第二个目标转移火力时间、对第二个目标发射导弹的时间间隔以及第二个目标在发射区逗留时间。单目标通道地空导弹武器和多目标通道地空导弹武器系统的射击次数计算方法不同。对单目标通道地空导弹武器,应当根据空袭突击持续时间或地空导弹阵地上的导弹贮备量,并取最小值来确定。对多目标通道地空导弹武器系统,应使用一部计算机,分时对每个目标通道依次截获跟踪目标和制导导弹,可以用一个目标通道搜索、截获目标至转入跟踪的时间来估算射击次数。火力密度是指武器系统在单位时间内的射击次数,单位时间内占用目标通道的时间越短,射击次数就越多,火力密度也越大,就越能在一定时间内消灭更多的空中目标。

8. 杀伤能力

杀伤能力包括对目标的杀伤概率和消灭目标期望值。地空导弹武器的目标杀伤概率,是指在给定的发射条件下,目标被毁伤的可能程度,杀伤概率的数值一般采用概率形式描述,与目标特性、战斗部性能、战斗使用条件等相关。消灭目标期望值是抗击敌连续空袭目标时,武器系统能拦截的目标数量的平均值,消灭目标期望值应由武器的射击次数和每次射击时杀伤目标的概率决定。

9. 系统可靠性

可靠性是指地空导弹武器系统在给定时间内,在规定的使用条件下,保证正常工作的能力,衡量武器系统可靠性的指标主要有任务可靠度、平均无故障时间(Mean Time Between Failure,MTBF)、故障修复时间(Mean Time To Repair,MTTR)等。任务可靠度指武器系统在规定使用条件下规定时间内完成规定任务的概率;平均无故障时间指某一设备连续出现两个故障之间正常工作时间的平均值;故障修复时间是指设备故障后的平均修复时间。

10. 机动能力

机动能力是当地空导弹武器在战备状态或作战过程中,为加强某方向上的掩护火力,或增强地区的火力配系,或需要掩护新被掩护对象等情况时,实施机动的能力。机动能力一般用机动时间表示,机动时间与武器装备由战斗(战备)转行军状态(撤收)、由行军转战斗状态(展开)、规定距离的行军时间和展开及战斗准备时间等有关。

11. 掩护能力

掩护能力是指地空导弹武器火力范围覆盖地域的大小,在此地域内它能有效地抗击敌空袭兵器的突击。地空导弹杀伤区的大小,在一定程度上说明了其掩护能力的强弱,但防空作战是在对抗中进行的,防空武器的掩护能力不仅和与之对抗的敌航空兵器性能、投弹距离等有关,还与武器的部署位置相关。

12. 战场防护能力

战场防护能力是指战场环境下,地空导弹武器系统实施自我保护的能力,其包括"三防"(防核武器、防生物武器、防化学武器)能力、隐身及伪装能力、装甲防护能力、灭火防爆能力以及防烟雾能力。武器系统在复杂战场环境中的生存能力是发挥作战效能的前提条件。

1.5 武器系统效能分析的意义

武器系统效能分析的意义主要体现在以下5个方面。

1. 为新装备的发展论证和设计研制提供参考

通过准确的效能分析,可以为新型武器系统规划的制定和发展方向的确定提供科学的依据,以减少决策中的失误。在设计和研制过程中,对武器系统总体性能参数和一些分系统的设计参数按照给定的效能准则进行择优,能及时修正不合理的设计参数,从而缩短武器系统的设计周期,以避免在人力和财力资源上的耗费。对于发展论证新型地空导弹武器系统,需要从体系对抗能力、反导能力、反隐身能力、抗干扰能力等方面开展针对性的效能分析,确保其适应未来战场需求。

2. 可以有效提升武器系统的作战能力

在武器系统的装备和采购上,效能分析工作能够帮助决策人员合理地选择和配备武器,以最小的费用完成防御体系的组配,并满足指定的作战性能指标要求。在武器系统的作战应用上,武器的射击规则、战斗条令以及使用熟练程度等都对武器系统的作战效能产生影响,进行武器系统的作战效能可以帮助指挥员正确地使用武器和选择战术,最大限度地发挥武器系统的作战能力。

3. 为武器系统的综合评价提供定量分析

当前,武器系统技术更新加快,型号呈现多样性,新老换代速度加快,在掌握这些装备的具体性能指标参数的基础上,通过综合评价方法,评估各型装备的技术性能优势,尤其是国外一些典型武器系统,将先进的技术体制应用于正在论证研制的新装备上,可以极大提升我军装备的使用效能和作战效能。

4. 为防空作战训练计划的制定和方案优化提供支持

防空作战训练计划的制定和方案的优化是防空作战训练的重要内容。凭借决策者经验和主观判断制定出的训练计划和方案往往不是最优的。利用效能分析方法进行地空导弹武器作战能力需求分析、部队训练能力和训练环境评估、训练策略优化、训练计划和各演练方案的优选,有助于系统、科学地制定与优化训练计划。

5. 为武器系统作战和训练效果评价提供技术手段

武器系统模拟训练可以有效提升操作使用人员的训练水平,如果在对训练过程设计时使用概率模型、随机过程分析方法,在对训练结果进行评估时使用解析方法、统计方法、综合评价方法等效能分析方法,可以确保训练过程的逼真度和可信度、评价结果的准确性和客观性,进而提高操作人员的训练水平。在模拟训练中引入效能分析的方法,还可以指导计算机辅助指挥系统及战术应用软件的研制。

第 2 章 地空导弹武器系统射击能力分析

地空导弹武器系统的杀伤区是一个用地面参数坐标系描述的空间区域,在此区域内地空导弹与目标遭遇,杀伤目标的概率不低于某一给定数值,也称为典型目标杀伤区或理论杀伤区。它是评价地空导弹武器系统战术技术性能的综合指标之一,是地空导弹部队在作战中选择对空中目标发射时机必不可少的参数。本节将建立地空导弹武器系统杀伤区的概念,理论杀伤区参数、实际杀伤区参数、射击诸元以及发射装置跟踪区的解算模型,为防空作战指挥人员进行指挥决策提供支持。

2.1 地空导弹武器系统杀伤区

地空导弹武器系统杀伤区又称为作战空域,指地空导弹武器系统在规定条件下以不低于规定概率杀伤空中目标的区域。杀伤区是描述地空导弹武器系统作战能力最基本的性能指标之一。杀伤区参数在地面直角坐标系里描述,以远界、近界、高界、低界等表示。图 2.1 为典型地空导弹杀伤区示意图。

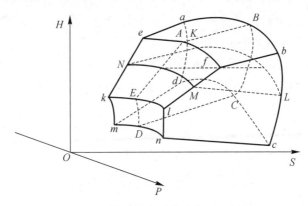

图 2.1 典型地空导弹杀伤区示意图

垂直杀伤区和水平杀伤区可以更清晰地描述杀伤区参数,垂直杀伤区指用垂直于航路捷径的平面切割杀伤区得到的剖面,水平杀伤区指用给定高度的水平平面切割杀伤区得到的剖面。图 2.2 为航路捷径为零的垂直杀伤区和一定高度的水平杀伤区。

对图 2.2 中所涉及的参数说明如下:H_{max} 为高界,对应垂直杀伤区 AB 段高度;H_{min} 为低界,对应垂直杀伤区 CD 段高度;D_{sy} 为远界斜距,是高度为 H 时的杀伤区远界斜距;D_{sj} 为近界斜距,是高度为 H 时的杀伤区近界斜距;D_{sjmin} 为对应杀伤区最近边界的斜距;d_{sy} 为远界水平距离,对应杀伤区远界的水平距离;d_{sj}为近界水平距离,对应杀伤区近界的水平距离;P_{max}为当H为给定高度时,发射一发导弹的杀伤区最大航路捷径;ε_{max}为最大高低角,是杀伤区最大高低角;h为当H为给定高度、P为航路捷径时杀伤区纵深;H_j为交界高度,是杀伤区高近界与低近界交点的高度;P_j为交界航路捷径,是水平杀伤区侧近界与近界交点的航路捷径;q_{max}为杀伤区的最大航路角。

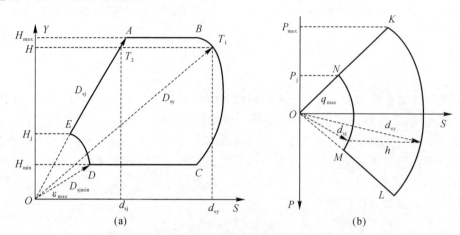

图 2.2　地空导弹典型的垂直杀伤区和水平杀伤区
(a)航路捷径为 0 时的垂直杀伤区;(b)一定高度上的水平杀伤区

2.2　理论杀伤区参数解算

确定理论杀伤区参数解算模型的基本条件有:①以地面参数直角坐标系为参考系;②目标作水平等速直线飞行;③目标的飞行速度V_m、高度H和航路捷径P均为已知。

理论杀伤区参数计算主要包括:迎击远界斜距D_{syy}、迎击近界斜距D_{sjy}、尾追远界斜距D_{syw}和尾追近界斜距D_{sjw},与其相应的水平距离d_{sjy}、d_{syy}、d_{sjw}、d_{syw},杀伤区纵深h_s,保证发射一发导弹的最大航路捷径P_{max}和保证发射n发导弹的最大航路捷径P_{nmax},等等。

1. 远近界斜距离计算方法

理论杀伤区迎击远界斜距D_{syy}、迎击近界斜距D_{sjy}、尾追远界斜距D_{syw}和尾追近界斜距D_{sjw}的计算,主要是分析各个远、近界点所在的面的几何形状,只要确定了其几何形状,直接采用相关几何形状面上任意点到参考系坐标原点的斜距离计算方法即可。

2. 远近界水平距离计算方法

理论杀伤区远近界水平杀伤距离d_{sjy}、d_{syy}、d_{sjw}、d_{syw}为远近界斜距离在水平面上的投影,所以其值可采用勾股定理进行计算:

$$d_{sj(y)y} = \sqrt{D_{sj(y)y}^2 - H_m^2} \tag{2.1}$$

$$d_{sj(y)w} = \sqrt{D_{sj(y)w}^2 - H_m^2} \tag{2.2}$$

3. 杀伤区纵深

在高度和航路捷径给定时,杀伤区的远界点与近界点之间的距离即为杀伤区纵深,用h_s

表示,则
$$h_s = S_{syy(w)} - S_{sjy(w)} \quad (2.3)$$
式中:$S_{syy(w)} = \sqrt{D_{syy(w)}^2 - H^2 - P^2}$;$S_{sjy(w)} = \sqrt{D_{sjy(w)}^2 - H^2 - P^2}$。

4. 保证发射一发导弹的最大航路捷径 P_{max}

保证发射一发导弹的最大航路捷径与武器系统能够杀伤目标的最大航路角和水平杀伤远界相关,因此,其计算方法为
$$P_{max} = d_{syy} \sin q_{max} \quad (2.4)$$

5. 保证连续发射 n 发导弹的最大航路捷径 $P_{n max}$

要保证连续发射的 n 发导弹都在杀伤区内与目标遭遇,就需要有一定的杀伤区纵深做保障。迎击平直等速飞行目标时,所需杀伤区纵深 h_{sxy} 可用下式求得:
$$h_{sxy} = V_m(\Delta\tau_1 + \Delta\tau_2 + \cdots + \Delta\tau_i + \cdots + \Delta\tau_{n-1}) \quad (2.5)$$
式中:$\Delta\tau_i$ 为从第 i 发导弹与目标遭遇到第 $(i+1)$ 发导弹与目标遭遇的时间间隔,称其为遭遇间隔。迎击水平、等速、直线飞行的目标时,所需杀伤区纵深可用下式近似计算:
$$h_{sxy} \approx V_m(n-1)\Delta t \quad (2.6)$$
式中:Δt 为发射间隔;n 为发射弹数。

当杀伤区的纵深与需用杀伤区纵深相等时,所对应的航路捷径就是保证连续发射 n 发导弹的最大航路捷径 $P_{n max}$,如图 2.3 所示。

设 $AB = h_{sxy}$,$OC = P_{n max}$,$OA = d_{sy}$。可求得
$$P_{n max} = d_{sy} \sin \left[q_{max} - \sin^{-1} \frac{V_m(n-1)\Delta t \cdot \sin q_{max}}{d_{sy}} \right] \quad (2.7)$$

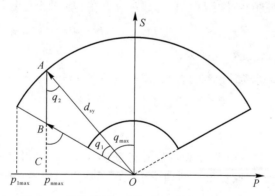

图 2.3 连续发射 n 发导弹的最大航路捷径图

2.3 实际杀伤区参数解算

实际杀伤区是指受武器系统工作条件限制而实际能够杀伤目标的空域,它由理论杀伤区与制导雷达天线扫描工作扇区的交集部分组成。不同型号武器系统制导雷达天线的扫描工作扇区不同,实际杀伤区大小也不同。对于单通道地空导弹武器系统来说,实际杀伤区与理论杀伤区完全重合;对于多通道武器系统来说,通常实际杀伤区与理论杀伤区不完全重合。下面主要介绍多通道武器系统实际杀伤区参数的解算模型。

实际杀伤区参数解算模型涉及理论杀伤区和制导雷达天线扫描工作扇区,由于理论杀伤区使用的是地面参数直角坐标系,而制导雷达跟踪目标使用的是地面球坐标系,因此,需要在两种坐标系中进行研究,如图2.4所示。在地面球坐标系中正北方向为方位角β的起点,顺时针旋转为正,O点为制导雷达位置点,β_{TL}为天线扫描工作扇区的左边界,β_{TR}为天线扫描工作扇区的右边界;在地面参数直角坐标系中,P为目标的航路捷径,S_A为A点在S轴上的投影到O点的距离,A点为制导雷达瞬时跟踪目标点。

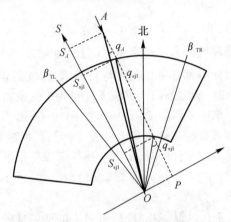

图2.4 实际杀伤区示意图(一)

实际杀伤区参数的计算方法如下。

1. 计算理论杀伤区远、近界点在OS轴上的投影

依据理论杀伤区远、近界斜距D_{syl}、D_{sjl},其对应点在OS轴上的投影S_{syl}、S_{sjl}为

$$S_{sy(j)l}=\sqrt{D_{sy(j)l}^2-H^2-P^2} \tag{2.8}$$

2. 计算理论杀伤区远、近界点的方位角

由于A点为制导雷达瞬时跟踪目标点,瞬时方位角β_A可直接得到,其瞬时航路角q_A为

$$q_A=\arctan\frac{P}{S_A} \tag{2.9}$$

OS轴的方位角为$\beta_{OS}=\beta_A-q_A$。

同理,可求出理论杀伤区远界点和近界点的航路角$q_{sy(j)l}$。当目标相对制导站为右捷径时,航路角取正值,左捷径时取负值。则理论杀伤区远界点和近界点的方位角$\beta_{sy(j)l}$为

$$\beta_{sy(j)l}=\beta_A-q_A+q_{sy(j)l} \tag{2.10}$$

3. 计算实际杀伤区数据

将理论杀伤区远、近界点对应的方位角β_{syl}、β_{sjl}与制导雷达天线扫描工作扇区的左、右边界线方位角β_{TL}、β_{TR}进行比较,即可判断出实际杀伤区的远、近界点位置。

在判断时,首先判断正北方向线是否在制导雷达天线扫描工作扇区的中间,如果是,则需要将制导雷达天线扫描工作扇区左边界线的方位角β_{TL}和理论杀伤区远、近界点对应的方位角β_{syl}、β_{sjl}数据转换成负角,然后再进行判断。具体转换方法为:

当$\beta_{TR}-\beta_{TL}<0$和$\beta_{sy(j)l}(\beta_{OS})<\beta_{TR}$两个条件同时满足时,$\beta_{TL}=\beta_{TL}-360°$;

当$\beta_{TR}-\beta_{TL}<0$和$\beta_{TL}<\beta_{sy(j)l}(\beta_{OS})$两个条件同时满足时,$\beta_{TL}=\beta_{TL}-360°$,$\beta_{sy(j)l}=\beta_{sy(j)l}-360°$,$\beta_{os}=\beta_{os}-360°$。

以下是 β_{syl}、β_{sjl} 与 β_{TL}、β_{TR} 在不同关系条件下 D_{sys} 与 D_{sjs} 的取值。

(1) 当 $\beta_{TL} \leqslant \beta_{syl} \leqslant \beta_{TR}$ 且 $\beta_{TL} \leqslant \beta_{sjl} \leqslant \beta_{TR}$ 均成立时，如图 2.4 可知，$D_{sys} = D_{syl}$，$D_{sjs} = D_{sjl}$。

(2) 当 $\beta_{TL} \leqslant \beta_{syl} \leqslant \beta_{TR}$ 成立、$\beta_{TL} \leqslant \beta_{sjl} \leqslant \beta_{TR}$ 不成立时，如图 2.5 所示，实际杀伤区远界斜距 D_{sjs} 与理论杀伤区远界 D_{sjl} 相同。而理论杀伤区的近界斜距 D_{syl} 受制导雷达天线扫描工作扇区范围的限制，其计算方法为：当目标为右捷径时，实际杀伤区近界点方位角 β_{sjs} 等于扫描扇区右界线方位角 β_{TR}；当目标为左捷径时，实际杀伤区近界点方位角 β_{sjs} 等于扫描扇区左界线方位角 β_{TL}。其航路角 q_{sjs} 为

$$q_{sjs} = \begin{cases} \beta_{OS} - \beta_{TL} & P<0 \\ \beta_{TR} - \beta_{OS} & P>0 \end{cases} \quad (2.11)$$

则

$$\left.\begin{aligned} D_{sys} &= D_{syl} \\ D_{sjs} &= \sqrt{(P \cdot \cot q_{sjs})^2 + H^2 + P^2} \end{aligned}\right\} \quad (2.12)$$

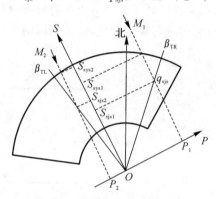

图 2.5　实际杀伤区示意图(二)

(3) 当 $\beta_{TL} \leqslant \beta_{syl} \leqslant \beta_{TR}$ 不成立、$\beta_{TL} \leqslant \beta_{sjl} \leqslant \beta_{TR}$ 成立时，如图 2.6 和图 2.7 所示，实际杀伤区近界斜距 D_{sjs} 与理论杀伤区近界 D_{sjl} 相同，而理论杀伤区的远界斜距 D_{syl} 受制导雷达天线扫描工作扇区范围的限制，其 q_{sys} 的计算方法与式(2.11)类似，即

$$\left.\begin{aligned} D_{sys} &= \sqrt{(P \cdot \cot q_{sys})^2 + H^2 + P^2} \\ D_{sjs} &= D_{sjl} \end{aligned}\right\} \quad (2.13)$$

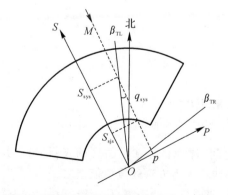

图 2.6　实际杀伤区示意图(航路捷径大于0)

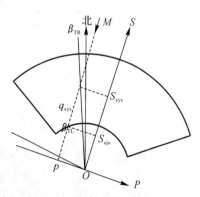

图 2.7　实际杀伤区示意图(航路捷径小于0)

(4)当 $\beta_{TL} \leqslant \beta_{syl} \leqslant \beta_{TR}$ 不成立且 $\beta_{TL} \leqslant \beta_{sjl} \leqslant \beta_{TR}$ 不成立时,对该目标只有理论杀伤区而无实际杀伤区。

2.4 射击诸元解算

射击诸元计算是指指控系统根据雷达或其他信息源提供的目标的属性、位置、速度以及目标所处的区域、方向等参数,自动完成对目标射击有关参数的计算。它为目标威胁评定和拦截排序、目标分配、发射决策等提供条件,是指挥控制中心进行指挥控制的依据。射击诸元主要包括发射区远界、发射区近界、发射区纵深、目标到达发射区远界的时间、目标在发射区的飞行时间等,以下主要介绍目标在发射区内的飞行时间、发射区远(近)界斜距以及目标到达发射区远界的计算方法。

1. 目标在发射区内的飞行时间

发射区是一个空间区域,如果目标处于此区域内发射导弹,则导弹将与目标在杀伤区内遭遇。发射区的大小和形状与目标的速度和运动轨迹、杀伤区的大小和形状、导弹飞到杀伤区内各点的时间等因素有关,如图 2.8 所示。

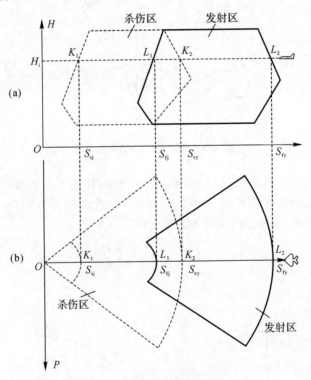

图 2.8 发射区示意图($P=0$)
(a)垂直发射区和发射区($P=0$);(b)水平杀伤区和发射区

目标从发射区远界飞到发射区近界所用的时间,称为目标在发射区的飞行时间,用 t_j 表示。目标在发射区的飞行时间是确定发射种类和转移火力方法的重要依据之一。

当高度和航路捷径给定时,发射区远界点与近界点之间的距离,称为给定高度和航路捷径的发射区纵深,用 h_j 表示。当 $P=0$ 时,图 2.8 中的 $L_1 L_2$ 便是发射区纵深 h_j。

目标在发射区的飞行时间 t_f 应等于发射区纵深除以目标的速度，即

$$t_f = h_j / V_t \tag{2.14}$$

h_j 的计算方法为

$$h_j = S_{fy} - S_{fj} \tag{2.15}$$

式中：$S_{fy} = S_{sy} + V_t t_{zy}$；$S_{fj} = S_{sj} + V_t t_{zj}$。

将 S_{fy}、S_{fj} 代入式(2.15)，得

$$h_j = (S_{fy} - S_{fj}) + V_t(t_{zy} - t_{zj}) \tag{2.16}$$

式中：t_{zy} 为导弹飞到杀伤区远界的时间；t_{zj} 为导弹飞到杀伤区近界的时间。

如果采用杀伤区纵深 h_f 表示，则

$$h_f = h_s + V_t(t_{zy} - t_{zj}) \tag{2.17}$$

得到

$$t_f = (S_{fy} - S_{fj})/V_t + (t_{zy} - t_{zj}) \tag{2.18}$$

2. 发射区远（近）界斜距

在某一高度，发射区远（近）界点到火力单位制导站的斜距离，称为发射区远（近）界斜距。通常用 $D_{fy}(D_{fj})$ 表示。发射区远（近）界斜距是确定发射时机的重要依据之一。设目标平直等速飞近导弹发射阵地点 O，发射区远界斜距计算示意图如图 2.9 所示。

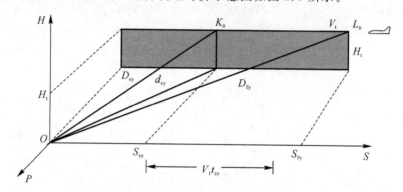

图 2.9 发射区远界斜距 D_{fy} 的确定

发射区远界斜距 D_{fy} 为

$$D_{fy} = \sqrt{D_{sy}^2 + V_t^2 t_{zy}^2 + 2V_t t_{zy}[D_{sy}^2 - (H_t^2 + P^2)]^{1/2}} \tag{2.19}$$

如果图 2.9 中 D_{fy}、D_{sy} 改为 D_{jy}、D_{sj}，式(2.19)中的注角 fy 改成 fj、sy 改成 sj，便可表达发射区近界斜距，即

$$D_{fj} = \sqrt{D_{sj}^2 + V_t^2 t_{zj}^2 + 2V_t t_{zj}[D_{sj}^2 - (H_t^2 + P^2)]^{1/2}} \tag{2.20}$$

式中，$D_{fy}(D_{fj})$ 为发射区远（近）界斜距；$D_{sy}(D_{sj})$ 为杀伤区远（近）界斜距；$t_{zy}(t_{zj})$ 为导弹至杀伤区远（近）界的飞行时间；V_t 为目标的飞行速度；H 为目标的飞行高度；P 为目标的航路捷径。

3. 目标到达发射区远界的时间

在实际作战过程中，指挥员比较关注的是目标到达火力单位发射区远界的时间。目标到达火力单位发射区远界的时间 t_{df} 为

$$t_{df} = (S - S_{fy})/V_t \tag{2.21}$$

式中:t_{df} 为目标到达发射区远界的时间,S 为目标的航向距离,S_{fy} 为目标发射区远界,V_t 为目标的速度。

2.5 发射装置跟踪区解算

在决定发射装置跟踪速度和加速度之前,必须获得所拦截目标的某种运动规律。在一般情况下,目标的运动规律是变化的,即其速度、高度和航向是可以改变的。但是,这样的规律对决定跟踪速度带来很大的困难。因此,在决定跟踪速度时,只用选定目标运动具有某种有代表性的较为简单的规律来研究。例如,对空中目标来说,可以假设目标作等速、等高、直线飞行。这是实际作战中最常遇到的空中目标的运动规律,尤其当飞机超声速飞行时,其难以在剧烈的机动飞行中进行作战攻击。因此,决定地空导弹发射装置的跟踪速度和加速度时,就以此运动规律作依据。

下面以上述规律推导跟踪速度、加速度的计算公式。运动目标的跟踪速度实际上就是起落部分高低角和方向角的变化率。取地面参数直角坐标系 $O_g\xi\eta\zeta$,以坐标原点 O_g 为制导站或发射点,$O_g\xi$ 在通过 O_g 的水平面内,其指向与目标速度矢量的水平投影平行、反向,$O_g\eta$ 垂直于水平面,指向上方为正。因 O_g 与发射点 P 重合,因此可得出瞄准计算简图如图 2.10 所示,图中 P 为发射点,M 为目标,V 为目标速度,H 为目标高度,$\rho(PD)$ 为航路捷径,β 为跟踪方向角,φ 为跟踪高低角。

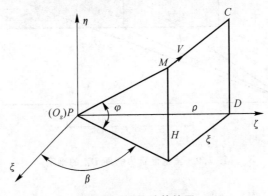

图 2.10 瞄准计算简图

1. 方向跟踪速度和加速度

图 2.10 中,根据几何关系得

$$\cot\beta = \frac{\xi}{\rho} \quad 或 \quad \beta = \mathrm{arccot}\frac{\xi}{\rho}$$

将上式对时间 t 取一阶导数,得方向跟踪角速度为

$$\omega_\beta = \dot\beta = -\frac{\dot\xi}{\rho}\sin^2\beta$$

因为 $\dot\xi = -V$,代入上式得

$$\omega_\beta = \dot\beta = \frac{V}{\rho}\sin^2\beta = \frac{V}{\rho}\cdot\frac{\rho^2}{\rho^2+\xi^2} \tag{2.22}$$

对式(2.22)作如下讨论：

当目标位于无限远，即 $\beta=0°$ 时，则
$$\omega_\beta=\dot{\beta}=0$$
即方向跟踪速度最小。

当目标水平距离等于航路捷径，即 $\beta=90°$ 时，则
$$\omega_{\beta\max}=\dot{\beta}_{\max}=\frac{V}{\rho} \tag{2.23}$$
即方向跟踪速度达最大值。

将式(2.23)代入式(2.22)，得方向跟踪速度的另一表示式
$$\omega_\beta=\dot{\beta}=\dot{\beta}_{\max}\frac{\rho^2}{\rho^2+\xi^2} \tag{2.24}$$

以 $\xi=-Vt$ 代入得
$$\omega_\beta=\dot{\beta}=\dot{\beta}_{\max}\frac{\rho^2}{\rho^2+V^2t^2}$$

利用上式可作出方向跟踪速度曲线，如图 2.11 所示。

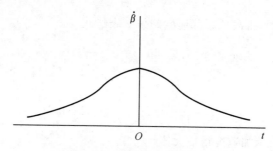

图 2.11　方向跟踪速度曲线

将式(2.22)对时间 t 取一阶导数，得方向跟踪加速度
$$\varepsilon_\beta=\ddot{\beta}=\frac{V}{\rho}\dot{\beta}\sin2\beta=\frac{V^2}{\rho^2}\sin2\beta\sin^2\beta \tag{2.25}$$

对式(2.25)作如下讨论：

当目标位于无限远，即 $\beta=0°$ 时，则
$$\varepsilon_\beta=\ddot{\beta}=0$$
当目标距离为航路捷径，即 $\beta=90°$ 时，则
$$\varepsilon_\beta=\ddot{\beta}=0$$
因此，方向跟踪加速度 ε_β 的最大值在 $0°\sim90°$ 之间的某一方向角上，故对式(2.25)求极值。可知当 $\beta=60°$ 时，ε_β 有最大值，即
$$\ddot{\beta}_{\max}=0.65\frac{V^2}{\rho^2}=0.65\dot{\beta}_{\max}^2 \tag{2.26}$$

由上述分析可看出：方向跟踪速度最大值和方向跟踪加速度的最大值不在同一方向角上，分别出现在 $90°$ 和 $60°$ 的方向角上。

2. 高低跟踪速度和加速度

根据图 2.10 中几何关系可得

$$\cot\varphi = \frac{\sqrt{\xi^2+\rho^2}}{H} \quad 或 \quad \varphi = \text{arccot}\frac{\sqrt{\xi^2+\rho^2}}{H}$$

将上式对时间 t 取一阶导数,得高低角跟踪速度为

$$\omega_\varphi = \dot\varphi = \frac{V}{H}\sin^2\varphi\cos\beta \tag{2.27}$$

对式(2.27)作如下讨论:

当方向角 $\beta=0°$,即目标航向通过发射装置时($\rho=0$),由于 $\cos\beta=1$,这时高低跟踪运动处于最困难的情况下,这种情况称为自卫射击。如果仅研究自卫射击情况下的高低跟踪运动,那么可得出高低跟踪速度的计算公式

$$\omega_\varphi = \dot\varphi = \frac{V}{H}\sin^2\varphi \tag{2.28}$$

将式(2.28)与式(2.22)相比较,可以看出高低跟踪速度与方向跟踪速度具有相似的模式,因而可用同样的方法导出高低跟踪运动的以下表示式:

当高低角 $\varphi=90°$ 时,高低跟踪速度具有最大值,即

$$\dot\varphi_{\max} = \frac{V}{H} \tag{2.29}$$

将式(2.29)代入式(2.28),得高低跟踪速度的另一表达式

$$\omega_\varphi = \dot\varphi = \dot\varphi_{\max}\sin^2\varphi = \dot\varphi_{\max}\frac{H^2}{H^2+\xi^2} \tag{2.30}$$

高低跟踪加速度为

$$\varepsilon_\varphi = \ddot\varphi = \frac{V}{H}\dot\varphi\sin 2\varphi = \frac{V^2}{H^2}\sin 2\varphi \sin^2\varphi \tag{2.31}$$

当 $\varphi=60°$ 时,高低跟踪加速度得最大值

$$\ddot\varphi_{\max} = 0.65\frac{V^2}{H^2} = 0.65\dot\varphi_{\max}^2 \tag{2.32}$$

如果 $\rho\neq 0$,要计算高低跟踪加速度,可将式(2.27)取导数,并将式(2.22)代入,得

$$\varepsilon_\varphi = \ddot\varphi = \frac{V}{H}(\dot\varphi\sin 2\varphi\cos\beta - \frac{V}{\rho}\sin^2\varphi\sin^3\beta) \tag{2.33}$$

3. 跟踪速度和加速度限制域

综合以上结果可知:最大方向跟踪速度和最大高低跟踪速度都正比于目标的运动速度,反比于航路捷径和目标的高度;最大跟踪加速度也有类似的规律,但为二次方关系。

当目标速度一定时,航路捷径和目标高度减小,则所要求的跟踪速度增大,但由于瞄准机功率的限制,跟踪速度不能无限增加,因此,对于某最大跟踪速度,相应地存在着能跟踪的最小航路捷径和最小目标高度,也就是说存在着瞄准死区。

根据式(2.23)、式(2.26)和式(2.29)、式(2.32)得最小航路捷径 ρ_0、ρ_{01} 和最小目标高度 H_0、H_{01} 的表示式为

$$\rho_0 = \frac{V}{[\dot\beta_{\max}]}; \quad \rho_{01} = \frac{\sqrt{0.65}V}{\sqrt{[\ddot\beta_{\max}]}}$$

$$H_0 = \frac{V}{[\dot\varphi_{\max}]}; \quad H_{01} = \frac{\sqrt{0.65}V}{\sqrt{[\ddot\varphi_{\max}]}}$$

式中：$[\dot{\beta}_{max}]$、$[\ddot{\beta}_{max}]$、$[\dot{\varphi}_{max}]$、$[\ddot{\varphi}_{max}]$ 表示瞄准机许可的最大速度和最大加速度。

当 $\rho < \rho_0$、$\rho < \rho_{01}$ 或 $H < H_0$、$H < H_{01}$ 时，发射装置由于受到瞄准机功率的限制，不能对目标进行跟踪。受到最大跟踪速度限制而不能跟踪的区域称为跟踪速度限制域；受到最大跟踪加速度限制而不能跟踪的区域称为跟踪加速度限制域。每个发射装置都存在着一个不能跟踪的区域。

下面以方向跟踪为例，进一步研究跟踪速度限制域的图形（高低跟踪速度限制域具有相同的图形）。

达到许可的最大速度的边界为

$$\dot{\beta} = [\dot{\beta}_{max}] = \frac{V}{\rho_0}$$

将上式代入式(2.22)中，得

$$\frac{1}{\rho_0} = \frac{\rho}{\rho^2 + \xi^2} \quad 或 \quad \xi^2 + \left(\rho - \frac{\rho_0}{2}\right)^2 = \left(\frac{\rho_0}{2}\right)^2$$

上式的曲线为半径等于 $\rho_0/2$ 的圆，位于 ξ 轴两旁，左右各有一个，如图 2.12 所示。

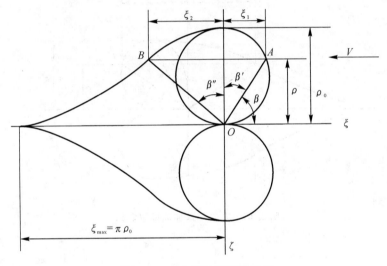

图 2.12 方向跟踪速度限制域

以 $\rho_0(H_0)$ 为直径的圆是跟踪速度限制域（简称限制域）。当目标进入限制域后，瞄准机以最大跟踪速度跟踪，起落部分的指向依然落后于目标，只有当目标飞出限制域（B 点）时，起落部分才能跟踪上目标。这时起落部分已转过 $\beta' + \beta''$ 角，所以实际限制域还要扩大。

根据运动学关系可决定任一 B 点的位置。

设起落部分以最大速度移过 $\beta' + \beta''$ 角所需的时间为 t_0，则有

$$t_0 = \frac{\beta' + \beta''}{[\dot{\beta}_{max}]} = \frac{\rho_0}{V}(\beta' + \beta'')$$

在同一时间内目标的位移为 $\overline{AB}$，所以又有

$$t_0 = \frac{\rho}{V}(\tan\beta' + \tan\beta'')$$

因此得到

$$\frac{\rho}{\rho_0}(\tan\beta' + \tan\beta'') = \beta' + \beta''$$

又因为
$$\frac{\rho}{\rho_0} = \sin^2\beta = \cos^2\beta'$$

从以上两式可求得 β''。B 点位置 ξ_2 的值就可用下式决定：

$$\xi_2 = \rho\tan\beta''$$

当 $\rho = 0$，ξ_2 达最大值时，这时起落部分为赶上目标，方向跟踪角需转过 $180°$，所需时间为

$$t_{0\max} = \frac{\pi}{[\dot\beta_{\max}]} = \frac{\pi\rho_0}{V}$$

在这时间内目标运动的距离为

$$\xi_2 = Vt_{0\max} = \pi\rho_0$$

利用上式分析得到的结论，可作出图 2.12 的全部图形，该图就是方向跟踪速度限制域。

按类似方法可以求得跟踪加速度限制域，如图 2.13 所示。

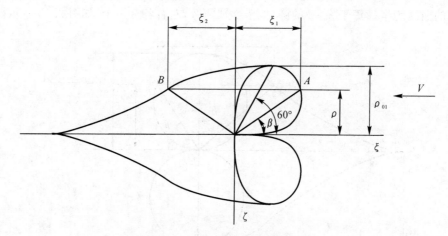

图 2.13　方向跟踪加速度限制域

第3章　基于排队论的射击效率分析方法

排队论(queuing theory)是20世纪初由丹麦数学家Erlang应用数学方法在研究电话话务理论过程中发展起来的一门学科。排队论也称为随机服务系统理论,它被广泛地用于解决诸如电话局的占线、车站等交通枢纽的堵塞与疏导、故障机器的停机待修等问题。排队的可以是人,也可以是有形或无形的其他对象。排队论的研究目标是把排队时间控制在一定的限度内,在服务质量的提高和成本的降低之间取得平衡,找到适当的解。本章通过特定假设,将地空导弹武器系统对目标的射击过程看作一个排队论问题,建立地空导弹武器系统射击过程的排队论模型,给出服务概率的解析求解方法,分析如何提高地空导弹武器系统射击目标的效率。

3.1　排队论基础

3.1.1　模型描述

任何一个顾客通过排队服务系统都要经过顾客到达、排队等待、接受服务、顾客离去几个过程,任何排队系统都可以归纳为两个方面。

1. 顾客到达过程

顾客到达过程主要描述顾客是按照怎样的规律到达的。顾客总体的组成可能是有限的,也可能是无限的;顾客到达的方式可能是一个一个到达,也可能是成批到达;顾客相继到达的时间可能是确定型的,也可能是随机型的,若为随机型,则需要明确单位时间内顾客相继到达时间间隔的概率分布;顾客的到达是相互独立的,也就是说,以前的到达情况对以后顾客的到来没有影响;输入过程是平稳的,相继到达的时间间隔分布和所含参数均与时间无关。

2. 排队规则

排队规则主要描述服务机构是否允许顾客排队,顾客对排队长度、时间的容忍程度以及排队队列中等待服务的顺序。常见的排队规则包括损失制排队系统、等待制排队系统和混合制排队系统。

(1)在损失制排队系统中,排队空间为0,当顾客到达系统时,若所有服务台都被占用,则自动离开,不再返回。

(2)在等待制排队系统中,当顾客到达时,若所有服务台都被占用且又允许排队,则顾客自动进入队列等待。服务台对顾客进行服务所遵循的规则通常有:先来先服务(First Come

First Serve,FCFS)、后来先服务(Last Come First Serve,LCFS)、带优先服务权(Priority Serve,PS)以及随机服务(random serve)。

(3)混合制排队系统。混合制排队系统是损失制排队系统和等待制排队系统的结合,一般允许排队,但又不允许队列无限长下去。混合制排队系统大致可分为三种:

1)队长有限。系统中只能容纳一定数量的顾客,当新顾客到达时,如果系统中的顾客数小于规定的队长,则顾客进入系统排队且接受服务,否则顾客将会离开系统。

2)等待时间有限。顾客在系统中的等待时间不超过某一给定时间,当等待时间超过该给定时间时,顾客将会离开系统。

3)服务规则,即服务机构的设置、服务台的数量、服务的方式以及服务时间分布等。服务机构可以有一个或者多个服务台,服务台可以是并列的,也可以是串行排列的,还可以是混合排列的。服务方式分为对单个顾客进行服务或对成批顾客进行服务。服务时间可以是确定型的,也可以是随机型的,大多数服务时间为随机型的,需要确定概率分布,常见的分布有:

a. 定长分布(D):每个顾客接受服务的时间是一个确定的常数;

b. 指数分布(M):每个顾客接受服务的时间相互独立,具有相同的指数分布;

c. k阶 Erlang 分布(E_k):每个顾客接受服务的时间服从k阶 Erlang 分布;

d. 一般服务分布(G):所有顾客的服务时间相互独立且有相同的一般分布函数。定长分布、指数分布、k阶 Erlang 分布都是一般服务分布的特例。

3.1.2 符号表示

排队系统类别的一般表示形式为:$X/Y/Z/A/B/C$。其中X表示顾客相继到达时间间隔的概率分布规律,Y表示服务时间的概率分布,Z表示服务台的数量,A表示排队系统的容量(容纳所有顾客的数量),B表示顾客源的容量,C表示服务规则。如$M/M/1/\infty/\infty/$FCFS,表示顾客相继达到时间间隔的概率分布是指数分布,服务时间的概率分布是指数分布,服务台的个数为1,排队系统的容量(容纳所有顾客的数量)为∞,顾客源的容量为∞,服务规则为先到先服务。

3.1.3 排队系统的主要数量指标

要想衡量一个排队系统的好坏以及对一个排队系统作经济分析,需要描述以下排队系统特征。

1. 瞬态随机变量

$N(t)$:在t时刻,排队系统中顾客的数量,又称队长;

$N_q(t)$:在t时刻,排队队列中顾客的数量,又称排队长(只包含等待服务的顾客的数量);

$T(t)$:在t时刻,到达系统的顾客在系统中的逗留时间;

$T_q(t)$:在t时刻,到达系统的顾客在队列中的等待时间;

$P_n(t)$:在t时刻,排队系统中恰好有n个顾客的概率。

2. 系统达到平衡状态时的指标

L_q:平均排队长,系统中排队顾客数的期望值;

L:平均队长,在系统里所有顾客数的期望值,包括排队中的顾客数和正在接受服务的顾客数；

W：平均逗留时间，顾客在系统中逗留时间的期望值；

W_q：平均排队时间，顾客在系统中排队等待时间的期望值；

λ_n：当系统中有 n 个顾客时的平均到达率（单位时间平均到达的顾客人数即是平均到达率）；

μ_n：当系统中有 n 个顾客时服务台的平均服务率（单位时间服务的顾客人数即是平均服务率）；

P_n：系统中有 n 个顾客的概率。

设 λ 表示单位时间内顾客的平均到达数，μ 表示单位时间内被服务完毕离去的平均顾客数，$1/\lambda$ 表示相邻两个顾客到达的平均间隔时间，$1/\mu$ 表示对每个顾客的平均服务时间，根据 Little 公式，系统处于平稳状态时顾客从进入到服务完毕离去的平均逗留时间 W 为

$$W = \frac{L}{\lambda} \tag{3.1}$$

系统处于平稳状态时顾客平均等待时间 W_q 为

$$W_q = \frac{L_q}{\lambda} \tag{3.2}$$

3.1.4 排队论在地空导弹武器系统中的应用

当空袭兵器进入地空导弹系统的杀伤区时形成目标流。为了射击当前的空中目标，地空导弹系统将分出一个目标通道，这个通道在射击周期期间会被占用。在当前目标进入地空导弹杀伤区时，如果所有通道都被占用，那么会发生两种情况：①目标在杀伤区停留时间内没有被射击，目标将飞出杀伤区；②目标在杀伤区停留期间，有目标通道腾出，目标将被射击。

可以将地空导弹武器系统看作一个排队服务系统，来袭目标流为排队系统的请求输入流，目标通道是排队系统的服务台，射击周期是排队系统的服务时间，目标在地空导弹杀伤区的时间为等待服务时间，在杀伤区内停留但没有被射击的目标组成等待服务队列，没有被射击飞出地空导弹杀伤区的目标形成不被服务的请求输出流，被射击的目标形成被服务的请求输出流。

3.2 有限等待时间的排队系统

本节针对的场景为：存在 n 个同类型地空导弹武器系统，战斗任务是阻止空中目标突防，空中目标预计在时间 T 内以平均密度 λ 出现。地空导弹武器不集火射击，对进入杀伤区的目标指定一个空闲通道，如果不射击，目标可以在杀伤区内滞留一段时间，如果有空闲目标通道腾出，此时若目标没有飞出杀伤区，仍然可以继续射击。如果目标在杀伤区没有遭到射击，则会突防。评估预期的目标是服务概率，即射击概率。

3.2.1 基本假设

1. 目标流是密度为 λ 的泊松流

Poisson 过程（又称为 Poisson 流、最简流）是排队论中最为常见的一种描述顾客到达规律的特殊随机过程。设 $N(t)$ 为在时间 $[0,t]$ 内到达系统的顾客数，则 $\{N(t), t \geq 0\}$ 为 Poisson 过

程的充要条件是

$$P\{N(t)=n\}=[(\lambda t)^n/n!]e^{\lambda t}, n=1,2,\cdots \tag{3.3}$$

Poisson过程满足3个条件：

(1)平稳性：任意时间区间发生k次概率只与区间长度相关，与起始时间无关；

(2)独立性(无后效性)：在任意两个不相交的时间区间内顾客到达的概率相互独立；

(3)普通性：在足够小的时间区间内只能有1个顾客到达，在$[t, t+\Delta t]$内多于1个顾客到达或离去的概率为$o(\Delta t)$，在$[t, t+\Delta t]$内有1个顾客到达的概率为$\lambda(\Delta t)+o(\Delta t)$，没有顾客到达的概率是$1-\lambda(\Delta t)+o(\Delta t)$。

最简流在排队论中有广泛的应用，其主要原因有：

(1)对随机服务系统的分析相对简单，可以获得足够简单的系统效能指标的解析式；

(2)对于服务来说，使用最简流是从最坏处评估随机服务系统的效能指标，即随机服务系统的效能在输入其他任何流的情况下都不会低于输入最简流时预计的效能；

(3)最简流具有广泛的应用，因为有足够多的不同性质的最简流相加或相减，构成新的最简流。

2.射击周期表征地空导弹每个目标通道的服务能力，是一个服从指数分布的随机值

射击周期概率密度函数为

$$f(t)=\begin{cases}\mu e^{\mu t} & t>0 \\ 0 & t\leq 0\end{cases} \tag{3.4}$$

式中：参数μ为服务速率，即单位时间射击目标的平均个数。μ可以用下式表示：

$$\mu=\frac{1}{T_s} \tag{3.5}$$

式中：T_s为地空导弹目标通道射击单个目标的平均时间。

指数分布有如下性质：

(1)设$N(t)$为在时间$[0,t]$内到达系统的顾客数，则$\{N(t),t\geq 0\}$服从参数为λ的Poisson过程的充要条件是：相继到达时间间隔服从相互独立的参数为λ的指数分布。

(2)当服务台对顾客的服务时间为参数μ的指数分布时，那么在$[t, t+\Delta t]$内有1个顾客离去的概率为$\mu\Delta t$；没有顾客离去的概率为$1-\mu\Delta t$；如果Δt足够小，在$[t, t+\Delta t]$内有多于2个以上顾客离去的概率为$o(\Delta t)$。

(3)指数分布具有"无记忆性"，即对任何$t>0$，都有$P(T>t+\Delta t|T>\Delta t)=P(T>\Delta t)$。

(4)设来到服务台的顾客有n类，每类顾客到达服务台的时间间隔服从参数为μ_i的指数分布，则作为总体，到达服务系统的顾客的间隔时间服从参数为$\sum_{i=1}^{n}\mu_i$的指数分布；如果系统中有s个并联的服务台，且各服务台对顾客的服务时间服从参数为μ的指数分布，则整个服务系统的输出服从参数为$s\mu$的指数分布。

3.目标在发射区平均滞留时间服从参数为v的指数分布

目标在发射区平均滞留时间的概率密度函数为

$$f(t)=\begin{cases}ve^{vt} & t>0 \\ 0 & t\leq 0\end{cases} \tag{3.6}$$

式中:参数 v 为等待队列中有 1 个目标时,单位时间内没有射击离开杀伤区的平均目标数。参数 v 可以表示为

$$v=\frac{1}{T_w} \tag{3.7}$$

式中:T_w 为目标在队列中的平均等待时间,也就是目标在地空导弹武器系统杀伤区内的平均停留时间。若实际停留时间大于该时间,目标突防。例如,目标平均等待时间(滞留时间)为 2 min,超过等待时间的离开率 v(突防率)为 1/2。如果有 10 个目标排队,则超过等待时间的离开率 v(突防率)为 1/2×10＝5 个/min。

3.2.2 系统数学描述

下述为排队论术语与地空导弹武器系统射击目标随机事件的对应关系:
请求输入流——目标流;
服务——给目标指定地空导弹系统;
服务时间——地空导弹武器系统的射击周期;
服务通道——地空导弹武器系统的目标通道;
被服务的请求输出流——遭到地空导弹射击的目标;
不被服务的请求输出流——没有遭到射击的目标流。
有限等待时间的随机服务系统运行条件:
(1)每个请求会从空闲通道中指定 1 个服务,服务时间服从指数分布;
(2)一旦所有通道都被占用,将以服从指数分布的随机时间等待,超过该时间,目标将离开系统;
(3)一旦服务开始,不管目标已经在队里等待多长时间,均会完成服务。
系统所有可能的状态如下:
x_0——系统内没有任何请求(所有通道都空闲);
x_1——系统内有 1 个请求(1 个通道被占用);
x_k——系统内有 k 个请求(k 个通道被占用,$k<n$);
x_n——系统内有 n 个请求(所有 n 个通道都被占用);
x_{n+1}——系统内有 $n+1$ 个请求(所有 n 个通道都被占用,有 1 个请求排队);
x_{n+k}——系统内有 $n+k$ 个请求(所有 n 个通道都被占用,有 k 个请求排队)。
(1)在无排队情况下,$t+\Delta t$ 时刻的目标数量为 $k(k \leqslant n)$,根据在 t 时刻的目标数量,四种情况下状态转换概率见表 3.1。

表 3.1 无排队四种情况下状态转换概率

情况	在时刻 t 的目标数量	在区间 $[t,t+\Delta t]$ 到达	在区间 $[t,t+\Delta t]$ 完成任务	在时刻 $t+\Delta t$ 的目标数量	发生的概率
A	k	N	N	k	$P_k(t) \cdot (1-\lambda\Delta t)(1-k\mu\Delta t)$
B	$k-1$	Y	N	k	$P_{k-1}(t) \cdot \lambda\Delta t \cdot [1-(k-1)\mu\Delta t]$
C	$k+1$	N	Y	k	$P_{k+1}(t) \cdot (1-\lambda\Delta t)(k+1)\mu\Delta t$
D	k	Y	Y	k	$P_k(t) \cdot \lambda\Delta t \cdot k\mu\Delta t$

对于情况 A 和情况 D,发生的概率和为

$$P_k(t)(1-\lambda\Delta t)(1-k\mu\Delta t)+P_k(t)\cdot\lambda\Delta t\cdot k\mu\Delta t$$
$$=P_k(t)(1-\lambda\Delta t-k\mu\Delta t+2\lambda k\mu\Delta t\cdot\Delta t)$$
$$\approx P_k(t)(1-\lambda\Delta t-k\mu\Delta t)$$

对于情况 B,发生的概率和为

$$P_{k-1}(t)\cdot\lambda\Delta t\cdot[1-(k-1)\mu\Delta t]$$
$$=P_{k-1}(t)\cdot\lambda\Delta t-P_{k-1}(t)\cdot\lambda\mu(k-1)\Delta t\Delta t$$
$$\approx P_{k-1}(t)\cdot\lambda\Delta t$$

对于情况 C,发生的概率和为

$$P_{k+1}(t)\cdot(1-\lambda\Delta t)(k+1)\mu\Delta t$$
$$=P_{k+1}(t)\cdot(k+1)\mu\Delta t-P_{k+1}(t)\cdot\lambda(k+1)\mu\Delta t\Delta t$$
$$\approx P_{k+1}(t)\cdot(k+1)\mu\Delta t$$

$P_k(t+\Delta t)$在$(t+\Delta t)$时刻系统中有 k 个目标的概率为上述四项之和,即

$$P_k(t+\Delta t)=P_k(t)(1-\lambda\Delta t-k\mu\Delta t)+P_{k+1}(t)(k+1)\mu\Delta t+P_{k-1}(t)\lambda\Delta t+o(\Delta t)$$

将上式进一步变形得

$$\frac{P_k(t+\Delta t)-P_k(t)}{\Delta t}=\lambda P_{k-1}(t)+(k+1)\mu P_{k+1}(t)-(\lambda+k\mu)P_k(t)+\frac{o(\Delta t)}{\Delta t}$$

当 $\Delta t\to 0$ 时,得到微分方程

$$\frac{\mathrm{d}P_k(t)}{\mathrm{d}t}=\lambda P_{k-1}(t)+(k+1)\mu P_{k+1}(t)-(\lambda+k\mu)P_k(t)\quad k=1,2,\cdots,n$$

(2) 在无排队情况下,$t+\Delta t$ 时刻的目标数量为 0,根据在 t 时刻的目标数量,三种情况下状态转换概率见表 3.2。

表 3.2 无排队三种情况下状态转换概率

情况	在时刻 t 的目标数量	在区间 $[t,t+\Delta t]$ 到达	在区间 $[t,t+\Delta t]$ 完成任务	在时刻 $t+\Delta t$ 的目标数量	发生的概率
A	0	N	N	0	$P_0(t)(1-\lambda\Delta t)$
B	1	N	Y	0	$P_1(t)(1-\lambda\Delta t)\mu\Delta t$
C	0	Y	Y	0	$P_0(t)\cdot\lambda\Delta t\cdot\mu\Delta t$

在 $(t+\Delta t)$ 时刻有 0 个目标的概率为

$$P_0(t+\Delta t)=P_0(t)(1-\lambda\Delta t)+P_1(t)\mu\Delta t+o(\Delta t)$$

当 $\Delta t\to 0$ 时,得到微分方程

$$\frac{\mathrm{d}P_0(t)}{\mathrm{d}t}=-\lambda P_0(t)+\mu P_1(t)$$

(3) 在排队情况下,$t+\Delta t$ 时刻的目标排队数量为 k,根据在 t 时刻的目标数量,四种情况下状态转换概率见表 3.3。

第3章 基于排队论的射击效率分析方法

表3.3 排队四种情况下状态转换概率

情况	在时刻 t 的目标数量	在区间 $[t,t+\Delta t]$ 到达	在区间 $[t,t+\Delta t]$ 完成任务	在时刻 $t+\Delta t$ 的目标数量	发生的概率
A	$n+k$	N	N	$n+k$	$P_{n+k}(t)\cdot(1-\lambda\Delta t)[1-(n\mu+kv)\Delta t]$
B	$n+k-1$	Y	N	$n+k$	$P_{n+k-1}(t)\cdot\lambda\Delta t\cdot\{1-[(n\mu+(k-1)v]\Delta t\}$
C	$n+k+1$	N	Y	$n+k$	$P_{n+k+1}(t)\cdot(1-\lambda\Delta t)[(n\mu+(k+1)v]\Delta t$
D	$n+k$	Y	Y	$n+k$	$P_{n+k}(t)\cdot\lambda\Delta t\cdot(n\mu+kv)\Delta t$

对于情况 A 和情况 D,发生的概率和为

$$P_{n+k}(t)\cdot(1-\lambda\Delta t)[1-(n\mu+kv)\Delta t]+P_{n+k}(t)\cdot\lambda\Delta t\cdot(n\mu+kv)\Delta t$$
$$=P_{n+k}(t)\cdot(1-\lambda\Delta t)-P_{n+k}(t)(1-\lambda\Delta t)(n\mu+kv)\Delta t+o(\Delta t)$$
$$=P_{n+k}(t)\cdot(1-\lambda\Delta t)-P_{n+k}(t)(n\mu+kv)\Delta t+o(\Delta t)$$
$$=P_{n+k}(t)+P_{n+k}(t)[-\lambda\Delta t-(n\mu+kv)\Delta t]$$

对于情况 B,发生的概率和为

$$P_{n+k-1}(t)\cdot\lambda\Delta t\cdot\{1-[(n\mu+(k-1)v]\Delta t\}\approx P_{n+k-1}(t)\cdot\lambda\Delta t$$

对于情况 C,发生的概率和为

$$P_{n+k+1}(t)\cdot(1-\lambda\Delta t)[(n\mu+(k+1)v]\Delta t$$
$$=P_{n+k+1}(t)\cdot(1-\lambda\Delta t)n\mu\Delta t+P_{n+k+1}(t)\cdot(1-\lambda\Delta t)(k+1)v\Delta t$$
$$=P_{n+k+1}(t)\cdot n\mu\Delta t+P_{n+k+1}(t)\cdot(k+1)v\Delta t+o(\Delta t)$$

$P_k(t+\Delta t)$ 在 $t+\Delta t$ 时刻系统中有 k 个目标排队的概率为上述四项之和,即

$$P_{n+k}(t+\Delta t)=P_{n+k}(t)-P_{n+k}(t)[-\lambda\Delta t-(n\mu+kv)\Delta t]+P_{n+k-1}(t)\cdot\lambda\Delta t+$$
$$P_{n+k+1}(t)\cdot[n\mu+(k+1)v]\Delta t+o(\Delta t)$$

将上式进一步变形得

$$\frac{P_{n+k}(t+\Delta t)-P_{n+k}(t)}{\Delta t}=P_{n+k}(t)[-\lambda-(n\mu+kv)]+P_{n+k-1}(t)\cdot\lambda+$$
$$P_{n+k+1}(t)\cdot[n\mu+(k+1)v]+\frac{o(\Delta t)}{\Delta t}$$

当 $\Delta t\to 0$ 时,得到微分方程

$$\frac{\mathrm{d}P_{n+k}(t)}{\mathrm{d}t}=P_{n+k}(t)[-\lambda-(n\mu+kv)]+$$
$$P_{n+k-1}(t)\cdot\lambda+P_{n+k+1}(t)\cdot[n\mu+(k+1)v] \quad k=1,2,\cdots$$

根据对以上三种情况的分析,对于状态 $x_0,x_1,\cdots,x_k,\cdots,x_n,x_{n+1},\cdots,x_{n+k},\cdots$,列出下列微分方程组:

$$\left.\begin{aligned}
&P_0'(t) = -\lambda P_0(t) + \mu P_1(t) \\
&P_1'(t) = \lambda P_0(t) - (\lambda+\mu)P_1(t) + 2\mu P_2(t) \\
&\quad\cdots\cdots \\
&P_k'(t) = \lambda P_{k-1}(t) - (\lambda+k\mu)P_k(t) + (k+1)\mu P_{k+1}(t) \\
&\quad\cdots\cdots \\
&P_n'(t) = \lambda P_{n-1}(t) - (\lambda+n\mu)P_n(t) + (n\mu+v)P_{n+1}(t) \\
&P_{n+1}'(t) = \lambda P_{n-1}(t) - (\lambda+n\mu+v)P_{n+1}(t) + (n\mu+2v)P_{n+2}(t) \\
&\quad\cdots\cdots \\
&P_{n+k}'(t) = \lambda P_{n+k-1}(t) - (\lambda+n\mu+kv)P_{n+k}(t) + [n\mu+(k+1)v]P_{n+k+1}(t) \\
&\quad\cdots\cdots
\end{aligned}\right\} \quad (3.8)$$

约束条件为: $\sum_{i=0}^{\infty} P_i = 1$。

3.2.3 系统状态稳态概率求解

当存在稳定状态时,状态概率为常数,状态概率的变化率为零,微分方程式转化为代数方程式:

$$\left.\begin{aligned}
&0 = -\lambda P_0 + \mu P_1 \\
&0 = -\lambda P_0 - (\lambda+\mu)P_1 + 2\mu P_2 \\
&\quad\cdots\cdots \\
&0 = \lambda P_{k-1} - (\lambda+k\mu)P_k + (k+1)\mu P_{k+1} \\
&\quad\cdots\cdots \\
&0 = \lambda P_{n-1} - (\lambda+n\mu)P_n + (n\mu+v)P_{n+1} \\
&0 = \lambda P_{n-1} - (\lambda+n\mu+v)P_{n+1} + (n\mu+2v)P_{n+2} \\
&\quad\cdots\cdots \\
&0 = \lambda P_{n+k-1} - (\lambda+n\mu+kv)P_{n+k} + [n\mu+(k+1)v]P_{n+k+1} \\
&\quad\cdots\cdots
\end{aligned}\right\} \quad (3.9)$$

有限等待时间随机服务系统状态转移图如图 3.1 所示。

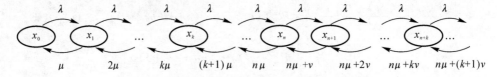

图 3.1 有限等待时间随机服务系统状态转移图

从式(3.9)的第 1 个表达式可以推导出 P_1 的表达式为

$$P_1 = \frac{(\lambda/\mu)^1}{1!} P_0 \quad (3.10)$$

从式(3.9)的第 2 个表达式可以推导出 P_2 的表达式为

第 3 章 基于排队论的射击效率分析方法

$$P_2 = \frac{1}{2}\{[(\lambda/\mu)+1]P_1 - \lambda/\mu P_0\} = \frac{1}{2}[(\lambda/\mu)P_1 + P_1 - \lambda/\mu P_0]$$

$$= \frac{1}{2}\left[(\lambda/\mu)P_1 + \frac{(\lambda/\mu)^1}{1!}P_0 - (\lambda/\mu)P_0\right] = \frac{(\lambda/\mu)^2}{2!}P_0 \quad (3.11)$$

由式(3.10)和式(3.11)进一步证明 P_k 的表达式

$$P_k = \begin{cases} \dfrac{\lambda/\mu}{k}P_{k-1} \\ \dfrac{(\lambda/\mu)^k}{k!}P_0 \end{cases} \quad (3.12)$$

式中:$k=1,2,\cdots,n$。

利用数学归纳法可得,如果式(3.12)成立,则下式也成立:

$$P_{k+1} = \begin{cases} \dfrac{\lambda/\mu}{k+1}P_k \\ \dfrac{(\lambda/\mu)^{k+1}}{(k+1)!}P_0 \end{cases} \quad (3.13)$$

式中:$k=1,2,\cdots,n$。

根据式(3.9)的第 $k+1$ 个表达式可以推导出 P_{k+1} 的表达式为

$$P_{k+1} = \frac{1}{k+1}\{[(\lambda/\mu)+k]P_k - (\lambda/\mu)P_{k-1}\}$$

$$= \frac{1}{k+1}[(\lambda/\mu)P_k + kP_k - (\lambda/\mu)P_{k-1}]$$

$$= \frac{1}{k+1}[(\lambda/\mu)P_k + (\lambda/\mu)P_{k-1} - (\lambda/\mu)P_{k-1}]$$

$$= \frac{1}{k+1}(\lambda/\mu)P_k$$

$$= \frac{\lambda/\mu}{k+1}P_k = \frac{\lambda/\mu}{k+1}\frac{(\lambda/\mu)^k}{k!}P_0$$

$$= \frac{(\lambda/\mu)^{k+1}}{(k+1)!}P_0 \quad (3.14)$$

以上内容利用数学归纳法,证明了当 $k=1,2,\cdots,n$ 时,式(3.13)成立。

根据式(3.9)的第 $n+1$ 个表达式可以推导出 P_{n+1} 的表达式为

$$P_{n+1} = \frac{1}{n+v/\mu}\{[(\lambda/\mu)+n]P_n - (\lambda/\mu)P_{n-1}\}$$

$$= \frac{1}{n+v/\mu}[(\lambda/\mu)P_n + nP_n - (\lambda/\mu)P_{n-1}]$$

$$= \frac{1}{n+v/\mu}[(\lambda/\mu)P_n + (\lambda/\mu)P_{n-1} - (\lambda/\mu)P_{n-1}]$$

$$= \frac{\lambda/\mu}{n+v/\mu}P_n = \frac{\lambda/\mu}{n+v/\mu}\frac{(\lambda/\mu)^n}{n!}P_0$$

$$= \frac{(\lambda/\mu)^n}{n!}\frac{\lambda/\mu}{n+v/\mu}P_0 \quad (3.15)$$

根据式(3.9)的第 $n+2$ 个表达式可以推导出 P_{n+2} 的表达式为

$$\begin{aligned}
P_{n+2} &= \frac{1}{n+2(v/\mu)}[(\lambda/\mu+n+v/\mu)P_{n+1}-(\lambda/\mu)P_n] \\
&= \frac{1}{n+2(v/\mu)}[(\lambda/\mu)P_{n+1}+(n+v/\mu)P_{n+1}-(\lambda/\mu)P_n] \\
&= \frac{1}{n+2(v/\mu)}[(\lambda/\mu)P_{n+1}+(\lambda/\mu)P_n-(\lambda/\mu)P_n] \\
&= \frac{\lambda/\mu}{n+2(v/\mu)}P_{n+1} \\
&= \frac{(\lambda/\mu)^n}{n!}\frac{(\lambda/\mu)^2}{(n+v/\mu)[n+2(v/\mu)]}P_0
\end{aligned} \tag{3.16}$$

现在进一步证明下列 P_{n+k} 表达式成立：

$$P_{n+k}=\begin{cases}\dfrac{\lambda/\mu}{n+k(v/\mu)}P_{n+k-1}\\[2mm] \dfrac{(\lambda/\mu)^n}{n!}\dfrac{(\lambda/\mu)^k}{\prod\limits_{m=1}^{k}[n+m(v/\mu)]}P_0\end{cases} \tag{3.17}$$

利用数学归纳法可得，如果式(3.9)成立，则下式也成立：

$$P_{n+k+1}=\begin{cases}\dfrac{\lambda/\mu}{n+(k+1)(v/\mu)}P_{n+k}\\[2mm] \dfrac{(\lambda/\mu)^n}{n!}\dfrac{(\lambda/\mu)^{k+1}}{\prod\limits_{m=1}^{k+1}[n+m(v/\mu)]}P_0\end{cases} \tag{3.18}$$

根据式(3.9)的第 $n+k+1$ 个表达式，结合式(3.17)可以推导出 P_{n+k+1} 的表达式为

$$\begin{aligned}
P_{n+k+1} &= \frac{1}{n+(k+1)(v/\mu)}[(\lambda/\mu+n+kv/\mu)P_{n+k}-(\lambda/\mu)P_{n+k-1}] \\
&= \frac{1}{n+(k+1)(v/\mu)}[(\lambda/\mu)P_{n+k}+(n+kv/\mu)P_{n+k}-(\lambda/\mu)P_{n+k-1}] \\
&= \frac{1}{n+(k+1)(v/\mu)}[(\lambda/\mu)P_{n+k}+(\lambda/\mu)P_{n+k-1}-(\lambda/\mu)P_{n+k-1}] \\
&= \frac{\lambda/\mu}{n+(k+1)(v/\mu)}P_{n+k} \\
&= \frac{\lambda/\mu}{n+(k+1)(v/\mu)}\frac{(\lambda/\mu)^n}{n!}\frac{(\lambda/\mu)^k}{\prod\limits_{m=1}^{k}[n+m(v/\mu)]}P_0 \\
&= \frac{(\lambda/\mu)^n}{n!}\frac{(\lambda/\mu)^{k+1}}{\prod\limits_{m=1}^{k+1}[n+m(v/\mu)]}P_0
\end{aligned} \tag{3.19}$$

将所有状态概率求和，值为1：

$$\sum_{k=0}^{n} P_k + \sum_{k=0}^{\infty} P_{n+k} = 1 \tag{3.20}$$

将各个状态概率写为含有 P_0 的表达式,式(3.20)可以表示为

$$P_0 \left\{ \sum_{m=0}^{n} \frac{(\lambda/\mu)^m}{m!} + \frac{(\lambda/\mu)^n}{n!} \sum_{s=1}^{\infty} \frac{(\lambda/\mu)^s}{\prod_{m=1}^{s} [n + m(v/\mu)]} \right\} = 1 \tag{3.21}$$

P_0 可以写为

$$P_0 = \frac{1}{\sum_{m=0}^{n} \frac{(\lambda/\mu)^m}{m!} + \frac{(\lambda/\mu)^n}{n!} \sum_{s=1}^{\infty} \frac{(\lambda/\mu)^s}{\prod_{m=1}^{s} [n + m(v/\mu)]}} \tag{3.22}$$

根据式(3.5)及式(3.12),得到 P_k 的表达式为

$$P_k = \frac{\dfrac{(\lambda/\mu)^k}{k!}}{\sum_{m=0}^{n} \dfrac{(\lambda/\mu)^m}{m!} + \dfrac{(\lambda/\mu)^n}{n!} \sum_{s=1}^{\infty} \dfrac{(\lambda/\mu)^s}{\prod_{m=1}^{s} [n + m(v/\mu)]}} \tag{3.23}$$

根据式(3.13)及式(3.20),得到 P_{n+s} 的表达式为

$$P_{n+s} = \frac{\dfrac{(\lambda/\mu)^{n+s}}{n! \prod_{m=1}^{s} [n + m(v/\mu)]}}{\sum_{m=0}^{n} \dfrac{(\lambda/\mu)^m}{m!} + \dfrac{(\lambda/\mu)^n}{n!} \sum_{s=1}^{\infty} \dfrac{(\lambda/\mu)^s}{\prod_{m=1}^{s} [n + m(v/\mu)]}} \tag{3.24}$$

服务概率为

$$P_{服务} = 1 - P_{未服务} \tag{3.25}$$

$$P_{未服务} = \frac{\text{单位时间不被服务离开队列的平均请求数}}{\text{单位时间到达系统的平均请求数}} = \frac{vm_s}{\lambda} \tag{3.26}$$

$$m_s = \sum_{s=1}^{\infty} s P_{n+s} \tag{3.27}$$

平均排队长 L_q 为

$$L_q = \sum_{k=1}^{\infty} k P_{n+k} \tag{3.28}$$

平均排队等待时间 W_q 为

$$W_q = \frac{L_q}{\lambda} = \frac{\sum_{k=1}^{\infty} k P_{n+k}}{\lambda} \tag{3.29}$$

3.2.4 应用举例

假设地空导弹武器系统通道数为 5~8 个,每分钟目标到达数为 3~6 个,战斗持续时间为 8 min,地空导弹武器系统平均射击周期为 2~5 min,目标在杀伤区的平均滞留时间为 4~7

min,求目标的射击概率。由于战斗持续时间远大于射击周期,所以可以认为系统是稳定的。

(1)假设目标到达速率为 3 个/min,平均射击周期为 2 min,目标在杀伤区平均滞留时间为 4 min,当通道数由 5 个增加到 8 个时,射击概率的计算结果见表 3.4。从计算结果可以看出,随着通道数的增加,射击概率增大。

表 3.4 通道数增加时的射击概率计算结果

通道数 n/个	到达速率 $\lambda/(个 \cdot min^{-1})$	平均射击周期 $1/\mu$/min	目标在杀伤区最大滞留时间 $1/v$/min	射击概率 P	等待时间 W_q/min
5	3	2	4	0.773	0.91
6	3	2	4	0.866	0.53
7	3	2	4	0.927	0.29
8	3	2	4	0.962	0.15

(2)假设通道数为 5 个,平均射击周期为 2 min,目标在杀伤区的平均滞留时间为 4 min,当目标到达速率由 3 个/min 增加到 6 个/min 时,射击概率的计算结果见表 3.5。从计算结果可以看出,随着目标到达速率的增加,射击概率减小。

表 3.5 到达速率增加时的射击概率计算结果

通道数 n/个	到达速率 $\lambda/(个 \cdot min^{-1})$	平均射击周期 $1/\mu$/min	目标在杀伤区最大滞留时间 $1/v$	射击概率 P	等待时间 W_q/min
5	3	2	4	0.773	0.91
5	4	2	4	0.617	1.53
5	5	2	4	0.499	2.0
5	6	2	4	0.416	2.33

(3)假设通道数为 5 个,目标到达速率为 3 个/min,目标在杀伤区的平均滞留时间为 4 min,平均射击周期由 2 min 增加到 5 min,射击概率的计算结果见表 3.6。从计算结果可以看出,随着平均射击周期的增加,射击概率减小。

表 3.6 平均射击周期增加时的射击概率计算结果

通道数 n/个	到达速率 $\lambda/(个 \cdot min^{-1})$	平均射击周期 $1/\mu$/min	目标在杀伤区最大滞留时间 $1/v$/min	射击概率 P	等待时间 W_q/min
5	3	2	4	0.773	0.91
5	3	3	4	0.549	1.80
5	3	4	4	0.415	2.33
5	3	5	4	0.333	2.66

(4)假设通道数为 5 个,目标到达速率为 3 个/min,平均射击周期为 2 min,目标在杀伤区的平均滞留时间由 4 min 增加到 7 min,射击概率的计算结果见表 3.7。从计算结果可以看

出,随着目标在杀伤区平均滞留时间的增加,射击概率增大。

表 3.7 平均射击周期增加时的射击概率计算结果

通道数 n/个	到达速率 λ/(个·min^{-1})	平均射击周期 $1/\mu$/min	目标在杀伤区最大滞留时间 $1/v$/min	射击概率 P	等待时间 W_q/min
5	3	2	4	0.773	0.91
5	3	2	5	0.781	1.09
5	3	2	6	0.788	1.27
5	3	2	7	0.793	1.45

3.2.5 集火射击条件下的目标杀伤概率

1. 导弹对目标的杀伤概率

假定分配给每个来袭目标的导弹数量为 N,单发导弹对目标的杀伤概率为 P_t,则导弹对目标的杀伤概率 P_k 为

$$P_k = 1-(1-P_t)^N \tag{3.30}$$

2. 有剩余导弹射击目标的概率

假定目标数量为 n_t,地空导弹数量为 n_m,P_s 为射击概率,分配给每个来袭目标的导弹数量为 N,则有剩余导弹射击目标的概率 P_m 为

$$P_m = \begin{cases} \dfrac{n_m/N}{n_t P_s} & n_m/N < n_t P_s \\ 1 & n_m/N \geqslant n_t P_s \end{cases} \tag{3.31}$$

式中,分子部分表示对每个来袭目标由 N 发导弹射击时能够射击的目标总数,分母部分表示现有目标通道下能够射击的目标总数。如果分子部分大于或等于分母部分,即导弹数量充足,概率 P_m 为 1,所有被分配射击的目标均能发射导弹。

3. 考虑射击概率和导弹数量的目标杀伤概率

目标被杀伤的前提是目标通道被分配、有剩余导弹发射,因此目标杀伤概率 P 为

$$P = P_s P_m P_k$$

以下分析分配每个给来袭目标的导弹数量 N 对目标杀伤概率 P 的影响。

例:假设地空导弹武器系统通道数为 5 个,每分钟目标到达数量为 3 架,目标数量为 50 架,地空导弹武器系统平均射击周期为 2 min,目标在杀伤区的平均滞留时间为 4 min,导弹对目标的杀伤概率为 0.3,求解对目标的杀伤概率。

根据目标射击概率(服务概率)的计算方法,$P_s = 0.773$。

(1)地空导弹数量为 64 个时对目标的杀伤概率。

当分配给每个来袭目标的导弹数量 $N=1$ 时,对目标的杀伤概率为

$$P = P_s P_m P_k = 0.773 \times \min\left\{\dfrac{64/1}{50 \times 0.773}, 1\right\} \times 0.3 = 0.773 \times 1 \times 0.3 = 0.23$$

当分配给每个来袭目标的导弹数量 $N=2$ 时,对目标的杀伤概率为

$$P=P_sP_mP_k=0.773\times\min\left\{\frac{64/2}{50\times0.773},1\right\}\times[1-(1-0.3)^2]=0.773\times0.827\ 9\times0.51=0.32$$

当分配给每个来袭目标的导弹数量 $N=3$ 时,对目标的杀伤概率为

$$P=P_sP_mP_k=0.773\times\min\left\{\frac{64/3}{50\times0.773},1\right\}\times[1-(1-0.3)^3]=0.773\times0.552\times0.657=0.28$$

当地空导弹数量充足时,随着为每个目标分配导弹数量的增加,对目标的杀伤概率呈现先增大后减小的趋势。当每个目标用 2 发导弹拦截时,对目标的杀伤概率最大。

(2)地空导弹数量为 32 个时对目标的杀伤概率。

根据目标射击概率(服务概率)的计算方法,$P_s=0.773$。

当分配给每个来袭目标的导弹数量 $N=1$ 时,对目标的杀伤概率为

$$P=P_sP_mP_k=0.773\times\min\left\{\frac{32/1}{50\times0.773},1\right\}\times0.3=0.19$$

当分配给每个来袭目标的导弹数量 $N=2$ 时,对目标的杀伤概率为

$$P=P_sP_mP_k=0.773\times\min\left\{\frac{32/2}{50\times0.773},1\right\}\times[1-(1-0.3)^2]=0.773\times0.827\ 9\times0.51=0.16$$

当分配给每个来袭目标的导弹数量 $N=3$ 时,对目标的杀伤概率为

$$P=P_sP_mP_k=0.773\times\min\left\{\frac{32/3}{50\times0.773},1\right\}\times[1-(1-0.3)^3]=0.773\times0.552\times0.657=0.14$$

当地空导弹数量有限时,随着为每个目标分配导弹数量的增加,对目标的杀伤概率呈降低趋势,当每个目标用 1 发导弹拦截时,对目标的杀伤概率最大。

3.3 拒绝随机服务系统

跟 3.2 节的问题不同,当目标进入地空导弹武器系统的杀伤区时,如果没有空闲目标通道进行射击,则目标突防,这种情况发生的场景为:来袭目标为低空高速目标,且目标在杀伤区的滞留时间远小于射击周期。

3.3.1 单目标连续跟进空袭的射击效果分析

在拒绝随机服务系统中,没有等待队列,因此不会出现 $x_{n+k}(k\geq1)$ 的状态。拒绝随机服务系统状态转移图如图 3.2 所示。

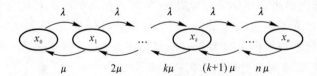

图 3.2 拒绝随机服务系统状态转移图

系统中,如果目标到达,没有空闲目标通道,则目标突防,因此目标在队列中的平均滞留时间为 0,参数 $v\to\infty$。式(3.23)变换为

$$P_k = \lim_{v \to \infty} \frac{\frac{(\lambda/\mu)^k}{k!}}{\sum_{m=0}^{n} \frac{(\lambda/\mu)^m}{m!} + \frac{(\lambda/\mu)^n}{n!} \sum_{s=1}^{\infty} \frac{(\lambda/\mu)^s}{\prod_{m=1}^{s}(n+m(v/\mu))}} \approx \frac{\frac{(\lambda/\mu)^k}{k!}}{\sum_{m=0}^{n} \frac{(\lambda/\mu)^m}{m!}} \quad k=1,2\cdots,n$$

(3.32)

当 n 个通道均被占用时，如果再有目标来袭，将无法被系统拦截。n 个通道均被占用的概率为

$$P_n = \frac{\frac{(\lambda/\mu)^n}{n!}}{\sum_{m=0}^{n} \frac{(\lambda/\mu)^m}{m!}} \quad (3.33)$$

目标被服务的概率为

$$P_s = 1 - P_n = 1 - \frac{\frac{(\lambda/\mu)^n}{n!}}{\sum_{m=0}^{n} \frac{(\lambda/\mu)^m}{m!}} \quad (3.34)$$

例： 假设地空导弹武器系统通道数为 5～8 个，每分钟目标到达数为 3～6 个，战斗持续时间为 8 min，地空导弹武器系统平均射击周期为 2～5 min，求解目标的射击概率。由于战斗持续时间远大于射击周期，可以认为系统是稳定的。

假设目标到达速率为 3 个/min，平均射击周期为 2 min，当通道数由 5 个增加到 8 个时，射击概率的计算结果见表 3.8。从计算结果可以看出，随着通道数增加，射击概率增大。

表 3.8 通道数增加时的射击概率计算结果

通道数 n	到达速率 λ	平均射击周期 $1/\mu$	射击概率 P
5	3	2	0.639
6	3	2	0.735
7	3	2	0.815
8	3	2	0.878

假设通道数为 5 个，平均射击周期为 2 min，当目标到达速率由 3 个/min 增加到 6 个/min 时，射击概率的计算结果见表 3.9。从计算结果可以看出，随着目标到达速率的增加，射击概率减小。

表 3.9 到达速率增加时的射击概率计算结果

通道数 n	到达速率 λ	平均射击周期 $1/\mu$	射击概率 P
5	3	2	0.639
5	4	2	0.521
5	5	2	0.436
5	6	2	0.373

假设通道数为 5 个，目标到达速率为 3 个/min，平均射击周期由 2 min 增加到 5 min，射击概率的计算结果见表 3.10。从计算结果可以看出，随着平均射击周期的增加，射击概率减小。

表 3.10　平均射击周期增加时的射击概率计算结果

通道数 n	到达速率 λ	平均射击周期 $1/\mu$	射击概率 P
5	3	2	0.639
5	3	3	0.475
5	3	4	0.373
5	3	5	0.307

对于决策人员来说，目标的射击概率是重要的评估指标，但不够直观，另外一个重要的评估指标为射击目标的数学期望值。在本例中，战斗持续时间 T 为 8 min，到达速率 λ 为 3 个/min，射击概率 P 为 0.639，则射击目标的数学期望值为 $m=\lambda TP=3\times 8\times 0.369=8.856$ 个。

3.3.2　对成批目标连续空袭的射击效果分析

假设有 n 个同型号火力单元，空袭目标流以编队为单位成批进入，空袭密度为 λ，即单位时间内有 λ 批目标到达防空火力区，每批有 s 架。同批目标可以任意指定先后顺序。系统容量为 n，无等待。以下推导 $n>s$ 时系统状态概率稳态值。

若一批空袭目标到达，系统状态由 S_k 转移到 S_{k+s}，$S_k \to S_{k+s}(k+s<n)$ 或 $S_k \to S_n(k+s\geqslant n)$；而出现一次射击结束，系统状态由 S_k 转移到 $S_{k-1}(1\leqslant k\leqslant n)$。

1. 当 $n>s$ 时

当 $n>s$ 时的同型号火力单元抗击编队目标状态转移密度图如图 3.3 所示。

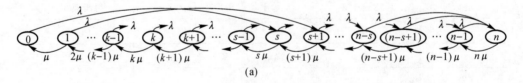

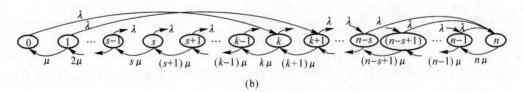

图 3.3　同型号火力单元抗击编队目标状态转移密度图
(a) $k<s$；(b) $s<k<n$

根据概率守恒定律，得出 $n>s$ 状态概率稳态值满足如下方程：

$$\begin{cases} -\lambda P_0+\mu P_1=0 \\ -\lambda P_k-k\mu P_k+(k+1)\mu P_{k+1}=0 & k=1,2,\cdots,s-1 \\ \lambda P_{k-s}-\lambda P_k-k\mu P_k+(k+1)\mu P_{k+1}=0 & k=s,\cdots,n-1 \\ \lambda P_{n-1}+\lambda P_{n-2}+\cdots+\lambda P_{n-s}-n\mu P_n=0 \end{cases}$$

式中：$\sum_{j=0}^{n} P_j = 1$。

令 $\rho = \dfrac{\lambda}{\mu} = \lambda T_s$，上式可写为

$$\left.\begin{aligned} &-\rho P_0 + P_1 = 0 \\ &-(\rho+k)P_k + (k+1)P_{k+1} = 0 \quad k=1,2,\cdots,s-1 \\ &\rho P_{k-s} - (\rho+k)P_k + (k+1)P_{k+1} = 0 \quad k=s,\cdots,n-1 \\ &\rho \sum_{i=n-s}^{n-1} P_i + nP_n = 0 \end{aligned}\right\} \tag{3.35}$$

由式(3.35)可得出

$$\left.\begin{aligned} P_{k+1} &= \dfrac{\rho+k}{k+1} P_k \quad k=0,1,\cdots,s-1 \\ P_{k+1} &= \dfrac{\rho+k}{k+1} P_k - \dfrac{\rho}{k+1} P_{k-s} \quad k=s,s+1,\cdots,n-1 \\ P_n &= \dfrac{\rho}{n} \sum_{i=n-s}^{n-1} P_i \end{aligned}\right\} \tag{3.36}$$

式(3.36)中有 $n+1$ 个方程，由这 $n+1$ 个方程就可求解成批目标连续空袭情况下的稳态状态概率。

在成批目标连续空袭时，从状态转移图来看，当系统处于状态 $S_{n-s+1}, S_{n-s+2}, \cdots, S_n$（$s$ 个状态）时，对于到达的成批目标来说，其中会有一定数量的目标不被射击而直接突防，其对应状态的未受射击的架数分别为 $1, 2, \cdots, s$ 架。

对空袭成批目标的拦截，其抗击概率应为对成批目标进行火力拦截所达到的毁伤概率。所以防空作战单元对到达防空火力空域的成批目标未射击的概率为

$$P_{ws} = \dfrac{1}{s} \sum_{i=1}^{s} i P_{n-s+i} \tag{3.37}$$

作战单元抗击成批目标的抗击概率为

$$P_{kj} = P_{sh}(1 - P_{ws}) \tag{3.38}$$

成批目标突防概率为

$$P_t = 1 - P_{kj} \tag{3.39}$$

平均被击毁目标的架数 L_{jh} 为

$$L_{jh} = P_{sh} \left(\sum_{i=0}^{n} i P_i \right) \tag{3.40}$$

对式(3.36)要直接求出 P_{k+1} 的解析解比较困难，P_{k+1} 可用 P_0 线性表示，即

$$P_{k+1} = \alpha_{k+1} P_0 \quad k=0,1,\cdots,n-1 \tag{3.41}$$

将式(3.41)代入式(3.36)中最后一个方程可得

$$\alpha_0 P_0 + \alpha_1 P_0 + \cdots + \alpha_n P_0 = 1 \tag{3.42}$$

令 $\alpha_0 = 1$，由式(3.42)得

$$P_0 = 1 / \sum_{i=0}^{n} \alpha_i \tag{3.43}$$

则

$$P_{k+1}=\alpha_{k+1}\Big/\sum_{i=0}^{n}\alpha_i \qquad k=0,1,\cdots,n-1 \tag{3.44}$$

将式(3.41)代入式(3.36)中第一个方程可得

$$\alpha_{k+1}=\frac{\rho+k}{k+1}\alpha_k \qquad k=0,1,\cdots,s-1 \tag{3.45}$$

将式(3.41)代入式(3.36)中第二个方程可得

$$\alpha_{k+1}=\frac{\rho+k}{k+1}\alpha_k-\frac{\rho}{k+1}\alpha_{k-s} \qquad k=s,\cdots,n-1 \tag{3.46}$$

由于状态在 $-s,-s+1,\cdots,-1$ 处状态概率不存在,所以

$$\alpha_{-s}=\alpha_{-s+1}=\cdots=\alpha_{-1}=0$$

将式(3.45)和式(3.46)合成,再由式(3.36)可得

$$\left.\begin{aligned}\alpha_{k+1}&=\frac{\rho+k}{k+1}\alpha_k-\frac{\rho}{k+1}\alpha_{k-s} \quad k=0,1,2,\cdots,n-2\\ \alpha_n&=\frac{\rho}{n}\sum_{i=n-s}^{n-1}\alpha_i\\ \alpha_0&=1\end{aligned}\right\} \tag{3.47}$$

所以利用式(3.47)可递推求出 $\alpha_{k+1}(k=0,\cdots,n)$,并代入式(3.44)即可求出 P_{k+1}。

2. 当 $n\leqslant s$ 时

当 $n\leqslant s$ 时的多种型号火力单元抗击单目标连续空袭状态转移密度图如图3.4所示。

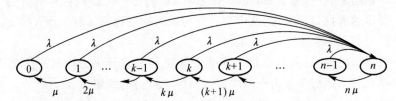

图3.4 多种型号火力单元抗击单目标连续空袭状态转移密度图

根据概率守恒定律得出 $n<s$ 状态概率稳态值满足如下方程:

$$\left.\begin{aligned}&-\lambda P_0+\mu P_1=0\\ &-\lambda P_k-k\mu P_k+(k+1)\mu P_{k+1}=0 \qquad k=1,2,\cdots,n-1\\ &\lambda P_{n-1}+\lambda P_{n-2}+\cdots+\lambda P_0-n\mu P_n=0\\ &\sum_{j=0}^{n}P_j=1\end{aligned}\right\} \tag{3.48}$$

令 $\rho=\dfrac{\lambda}{\mu}=\lambda T_s$,式(3.48)可写为

$$\left.\begin{aligned}&-\rho P_0+P_1=0\\ &-(\rho+k)P_k+(k+1)P_{k+1}=0, \qquad k=1,2,\cdots,n-1\\ &\rho\sum_{i=0}^{n-1}P_i+nP_n=0\\ &\sum_{j=0}^{n}P_j=1\end{aligned}\right\} \tag{3.49}$$

仿照前述方法求解式(3.49)可得

$$\left.\begin{aligned} P_0 &= \frac{1}{\sum_{i=0}^{n} \alpha_i} \\ P_k &= \alpha_k P_0 \\ P_{ws} &= \frac{1}{s} \sum_{i=0}^{n} (n-s+i) P_i \\ \alpha_k &= \frac{\rho+k-1}{k} \alpha_{k-1} \quad k=1,2,\cdots,n-1 \\ \alpha_n &= \frac{\rho}{n} \sum_{i=0}^{n-1} \alpha_i \\ \alpha_0 &= 1 \end{aligned}\right\} \quad (3.50)$$

防空作战单元抗击成批目标的抗击概率、成批目标突防概率、平均每分钟击毁目标的架数 L_{jh} 分别可用式(3.38)、式(3.39)和式(3.40)计算。

计算成批目标单层防御服务系统各状态的稳态概率 P_k 和防空效率的程序框图如图 3.5 所示。

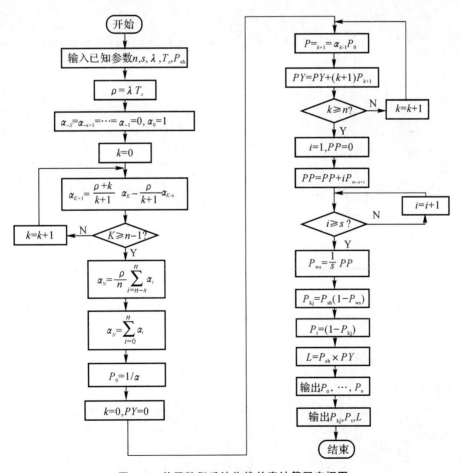

图 3.5 单层防御系统作战效率计算程序框图

3.4 多型防空导弹单层部署射击效果分析

3.4.1 对单架目标连续跟进空袭射击效果分析

假设有 n 个不同型号火力单元，i 型火力单元的射击周期为 T_s^i，其火力密度 $\mu_i = 1/T_s^i$，一个目标只能分配给一个火力单元，其杀伤概率为 P_{sh}^i，其他假设同前。其状态转移密度如图 3.6 所示。

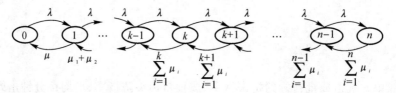

图 3.6 多种型号火力单元抗击单架目标连续跟进状态转移图

根据图 3.6 可知，状态概率稳态值满足如下方程：

$$\left. \begin{aligned} & -\lambda + \mu_1 P_1 = 0 \\ & -\lambda P_{k-1} - \sum_{i=1}^{k}\mu_i P_k + \lambda P_{k-1} + \sum_{i=1}^{k+1}\mu_i P_{k+1} = 0 \quad k = 1,2,\cdots,n-1 \\ & \lambda P_{n-1} - \sum_{i=1}^{n}\mu_i P_n = 0 \\ & \sum_{j=0}^{n} P_j = 1 \end{aligned} \right\} \quad (3.51)$$

求解上述方程组可得 $P_j (j = 0, \cdots, n)$ 为

$$\left. \begin{aligned} & P_1 = \frac{\lambda}{\mu_1} P_0 \\ & \quad \cdots\cdots \\ & P_k = \frac{\lambda^k}{\mu_1(\mu_1+\mu_2)\cdots(\mu_1+\mu_2+\cdots+\mu_k)} P_0 \\ & \quad \cdots\cdots \\ & P_{n-1} = \frac{\lambda^{n-1}}{\mu_1(\mu_1+\mu_2)\cdots(\mu_1+\mu_2+\cdots+\mu_{n-1})} P_0 \\ & P_n = \frac{\lambda^n}{\mu_1(\mu_1+\mu_2)\cdots(\mu_1+\mu_2+\cdots+\mu_{n-1})(\mu_1+\cdots+\mu_n)} P_0 \end{aligned} \right\} \quad (3.52)$$

将式(3.52)代入 $\sum_{j=0}^{n} P_j = 1$ 中，得

$$P_0 \left[\frac{\lambda}{\mu_1} + \frac{\lambda^2}{\mu_1(\mu_1+\mu_2)} + \cdots + \frac{\lambda^k}{\mu_1(\mu_1+\mu_2)\cdots(\mu_1+\cdots+\mu_k)} + \cdots + \frac{\lambda^n}{\mu_1(\mu_1+\mu_2)\cdots(\mu_1+\cdots+\mu_n)} \right] = 1$$

归纳上式可得

$$P_0 = \frac{1}{\sum_{i=1}^{n} \frac{\lambda^i}{\prod_{l=1}^{i}(\sum_{j=1}^{l} \mu_j)}} \tag{3.53}$$

所以

$$P_k = \frac{\frac{\lambda^k}{\prod_{l=1}^{k}(\sum_{j=1}^{l} \mu_j)}}{\sum_{i=1}^{n} \frac{\lambda^i}{\prod_{l=1}^{n}(\sum_{j=1}^{l} \mu_j)}} \quad k = 0, 1, \cdots, n \tag{3.54}$$

同样可求得在该情况下单架目标连续跟进空袭不被射击的概率为

$$P_{\mathrm{ws}} = P_n = \frac{\frac{\lambda^n}{\prod_{l=1}^{n}(\sum_{j=1}^{l} \mu_j)}}{\sum_{i=1}^{n} \frac{\lambda^i}{\prod_{l=1}^{n}(\sum_{j=1}^{l} \mu_j)}} \tag{3.55}$$

n 个火力单元的平均杀伤概率 $\bar{P}_{\mathrm{sh}} = \frac{1}{n}\sum_{i=1}^{n} P_{\mathrm{sh}}^{i}$，用 $\bar{P}_{\mathrm{sh}}$ 代替式(3.38)和式(3.40)中的杀伤概率 P_{sh}，并利用式(3.38)～式(3.40)可计算出多种型号混合部署防空导弹的抗击概率、目标突防概率和平均毁伤架数。

3.4.2 对编队成批目标连续空袭射击效果分析

假设有 n 个不同型号火力单元，i 型火力单元的射击周期为 T_s^i，其火力密度 $\mu_i = 1/T_s^i$，一个目标只能分配给一个火力单元，其杀伤概率为 P_{sh}^i，目标空袭密度为 λ。其他假设同前面。当 $n > s$ 时，其状态概率转移密度图如图3.7所示(在此略去 $n \leq s$ 的情况)。

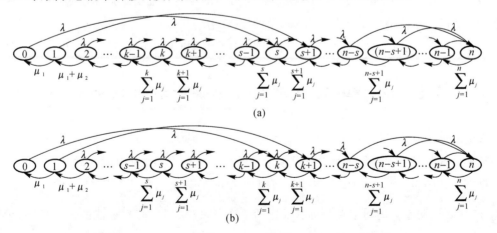

图 3.7　多型地空导弹防空火力单元抗击编队连续空袭目标状态转移图
(a) $k < s$; (b) $s < k < n$

根据状态概率守恒得

$$\left.\begin{aligned}&-\lambda P_0+\mu_1 P_1=0\\&-\lambda P_k-(\sum_{j=1}^{k}\mu_j)P_k+(\sum_{j=1}^{k+1}\mu_j)P_{k+1}=0\quad k=1,2,\cdots,s-1\\&-\lambda P_{k-s}-(\sum_{j=1}^{k}\mu_j)P_k-\lambda P_k+(\sum_{j=1}^{k+1}\mu_j)P_{k+1}=0\quad k=s,\cdots,n-1\\&-(\sum_{j=1}^{n}\mu_j)P_n+(\lambda\sum_{j=n-s}^{n-1}P_j)=0\end{aligned}\right\} \quad (3.56)$$

式中：$\sum_{j=0}^{n} P_j = 1$。解以上 $n+1$ 个方程即可求出状态的稳态概率 $P_j(j=0,\cdots,n)$。要通过式(3.56)的解析式求出 $P_j(j=0,\cdots,n)$ 是很困难的，仿照式(3.35)、式(3.47)可求出递推公式。

令 $\alpha_{-s}=\alpha_{-s+1}=\cdots=\alpha_{-1}=0, P_{k+1}=\alpha_{k+1}P_0(k=0,1,\cdots n-1)$，则

$$\left.\begin{aligned}&\alpha_k=\frac{1}{\sum_{j=1}^{k}\mu_j}(\lambda+\sum_{j=1}^{k-1}\mu_j)\alpha_{k-1}-\frac{\lambda}{\sum_{j=1}^{k}\mu_j}\alpha_{k-1-s}\quad k=1,2,\cdots,n-1;\alpha_0=1\\&\alpha_n=\frac{\lambda}{\sum_{j=1}^{n}\mu_j}(\sum_{j=n-s}^{n-1}\alpha_j)\end{aligned}\right\} \quad (3.57)$$

令 $V_k = \sum_{j=1}^{k}\mu_j$，可得

$$\left.\begin{aligned}&\alpha_k=\frac{1}{V_k}(\lambda+V_{k-1})\alpha_{k-1}-\frac{\lambda}{V_k}\alpha_{k-1-s}\quad k=1,2,\cdots,n-1;\alpha_0=1\\&\alpha_n=\frac{\lambda}{V_n}\sum_{j=n-s}^{n-1}\alpha_j\end{aligned}\right\} \quad (3.58)$$

将图 3.5 中的 k 用 V_k 代替，ρ 用 λ 代替，即可得出当多型地空导弹混合部署时，对成批目标连续空袭的防空作战效率及各型各状态的稳态概率。

由式(3.37)~式(3.40)和式(3.41)求出多型地空导弹火力单元混合部署作战效率指标。

3.5 火力单元多层混合部署的射击效果分析

为了掩护重点被掩护对象，使其在目标空袭中不受损伤或少受损伤，一般将防空火力单元多层部署。这时可将地空导弹混合作战防空系统假设成一个多级随机服务系统。

设第 u 层有 n_u 个火力单元，其第 j 个火力单元的射击周期为 T_s^{uj}，火力密度为 $\mu_u^j=1/T_s^{uj}$。由于每层防空火力对空袭目标有一定的毁伤，所以每层空袭目标流的密度不同，设第 u 层的空袭目标流的密度为 λ_u。多层混合部署的随机服务系统如图3.8所示。图中 $P_n^u(u=1,2,\cdots,J)$ 为空袭目标在第 u 层防御区的未被射击概率。

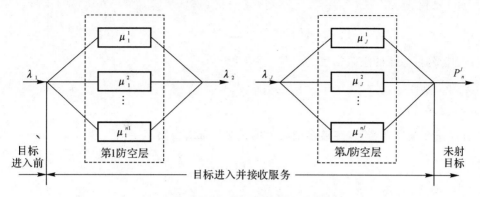

图 3.8　防空导弹多层混合部署防空随机服务系统

3.5.1　多层混合部署抗击单目标连续跟进空袭射击效果分析

根据单层混合部署各火力单元抗击单目标连续跟进空袭的作战效率模型,可建立多层混合部署抗击单目标连续跟进空袭的作战效率模型。

由式(3.53)和式(3.54)可建立第 u 层 n_u 个火力单元射击单目标的各状态稳态概率密度为:

$$P_k^u = \frac{\lambda_u^k}{\prod_{l=1}^{k}(\sum_{j=1}^{l}\mu_{uj})} \bigg/ \sum_{i=1}^{n_u}\frac{\lambda_u^i}{\prod_{l=1}^{i}(\sum_{j=1}^{l}\mu_{uj})} \tag{3.59}$$

式中: $k=1,2,\cdots,n_u$; $u=1,2,\cdots,J$。

第 u 层 $(u=1,2,\cdots,J)$ 空袭目标未被射击的概率为

$$P_{n_u}^u = \frac{\lambda_u^{n_u}}{\prod_{l=1}^{n_u}(\sum_{j=1}^{l}\mu_{uj})} \bigg/ \sum_{i=1}^{n_u}\frac{\lambda_u^i}{\prod_{l=1}^{i}(\sum_{j=1}^{l}\mu_{uj})} \tag{3.60}$$

第 u 层 $(u=1,2,\cdots,J)$ 火力单元抗击单目标连续跟进空袭的抗击概率为

$$P_{kj}^u = \bar{P}_{sh}^u(1-P_{ws}^u) = \bar{P}_{sh}^u(1-P_{n_u}^u) \tag{3.61}$$

式中: $\bar{P}_{sh}^u$ 为第 u 层火力单元的平均杀伤概率。

空袭目标突破第 u 层 $(u=1,2,\cdots,J)$ 防空火力区的突防概率为

$$P_t^u = 1 - P_{kj}^u \tag{3.62}$$

第 u 层 $(u=1,2,\cdots,J)$ 平均击毁空袭目标数为

$$L_{jh}^u = \bar{P}_{sh}^u \left(\sum_{j=0}^{n_u} j P_j^u\right) \tag{3.63}$$

第 $u+1$ 层空袭目标流的空袭密度为

$$\lambda_{u+1} = \lambda_u P_t^u \tag{3.64}$$

式中：$u=1,2,\cdots,J$。

单目标连续跟进空袭下，突破多型火力单元多层部署突防概率为

$$P_t = \prod_{u=1}^{J} P_t^u \tag{3.65}$$

多层混合部署抗击单目标连续空袭的抗击概率为

$$P_{kj} = 1 - P_t \tag{3.66}$$

多层混合部署抗击单目标连续跟进空袭平均击毁目标数为

$$L_{jh} = \sum_{u=1}^{J} L_{jh}^u \tag{3.67}$$

3.5.2 多层混合部署抗击编队目标连续空袭射击效果分析

在编队批目标连续空袭情况下，很难用解析式写出各状态的稳态概率，这里只给出各层各状态的稳态概率满足的方程组，最后用计算机程序进行求解。

设成批目标的架数为 s，其他假设同前。根据式(3.52)可写出第 u 层各状态概率满足的方程组为

$$\left. \begin{aligned} &-\lambda_u P_0^u + \mu_{u1} P_1^u = 0 \\ &-\lambda_u P_k^u - \left(\sum_{j=1}^{k} \mu_{uj}\right) P_k^u + \left(\sum_{j=1}^{k+1} \mu_{uj}\right) P_{k+1}^u = 0 \quad k=1,2,\cdots,s-1 \\ &\lambda_u P_{s-k}^u - \lambda_u P_k^u - \left(\sum_{j=1}^{k} \mu_j\right) P_k^u + \left(\sum_{j=n_u-s}^{n_u} \mu_j\right) P_{k+1}^u = 0 \quad k=s,\cdots,n_u-1 \\ &-\left(\sum_{j=1}^{n_u} \mu_j\right) P_{n_u}^u + \left(\lambda_u \sum_{j=1}^{n_u-1} P_j^u\right) = 0 \end{aligned} \right\} \tag{3.68}$$

式中：$\sum_{j=1}^{n_u} P_j^u = 1, \lambda_{u+1} = \lambda_u P_t^u, P_t^u = 1 - P_{kj}^u, P_{kj}^u = \bar{P}_{sh}^u (1 - P_{n_u}^u), u=1,2,\cdots,J$。

到达第 u 层 ($u=1,2,\cdots,J$) 防空火力区的成批目标未被射击的概率为

$$P_{ws}^u = \frac{1}{s} \sum_{j=1}^{s} (j P_{n_u-s+j}^u) \tag{3.69}$$

第 u 层 ($u=1,2,\cdots,J$) 防空火力抗击成批目标的概率为

$$P_{kj}^u = \bar{P}_{sh}^u (1 - P_{ws}^u) \tag{3.70}$$

由式(3.62)～式(3.67)可求出其他防空效率指标。

对方程组(3.68)的求解可用以下递推公式进行：

$$\begin{aligned}
V_k^u &= \sum_{j=1}^{k} \mu_{uj} \\
\alpha_k^u &= \frac{1}{V_k^{(u)}}(\lambda_u + V_{k-1}^u)\alpha_{k-1}^u - \frac{\lambda_u}{V_k^u}\alpha_{k-1-s}^u \quad k=1,2,\cdots,n_u-1 \\
\alpha_{n_u}^u &= \frac{\lambda_u}{V_{n_u}^u} \sum_{j=n_u-s}^{n_u-1} \alpha_j^u \\
P_k^u &= \alpha_k^u P_0^u \\
P_0^u &= 1 \Big/ \sum_{i=0}^{n_u} \alpha_i^u
\end{aligned} \quad (3.71)$$

式中：$\alpha_0^u = 1; \alpha_{-s} = \alpha_{-s+1} = \alpha_{-s+2} = \cdots = \alpha_{-1} = 0; u = 1, 2, \cdots, J$。

多层混合部署作战效率计算框图如图 3.9 所示。

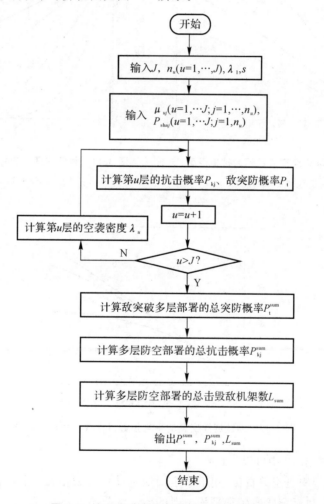

图 3.9 多层混合部署作战效率计算框图

3.6 混合部署射击效果分析举例

3.6.1 同型号火力单元部署射击效果分析举例

假设单架或编队连续空袭时的空袭目标流密度 $\lambda=4$ 批/min，防空火力单元的火力密度为 $\mu=2$ 发/min，每个防空火力单元能杀伤目标的概率为 $P_{sh}=0.8$。当编队空袭每批目标架数分别为 $s=1$、$s=2$、$s=4$ 和 $s=6$ 时，通过计算机仿真给出防空作战效率与火力单元数量间的关系如图 3.10～图 3.12 所示。

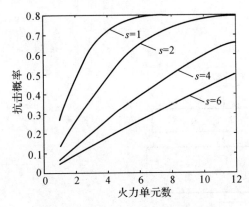

图 3.10 编队连续空袭目标的抗击概率 ($s=1,2,4,6$)

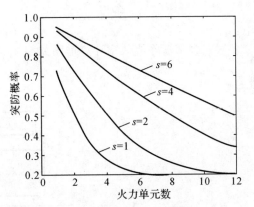

图 3.11 编队连续空袭目标的突防概率 ($s=1,2,4,6$)

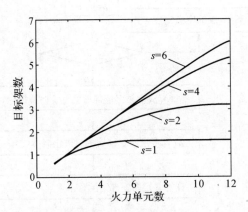

图 3.12 编队连续空袭的平均拦截目标数($s=1,2,4,6$)

从图 3.10～图 3.12 中可以看出：

(1) 对单架连续跟进空袭目标，用于确定的地空导弹火力单元，当火力单元数增加到一定值时，其抗击概率、目标突防概率和平均击毁的架数变化不大。

(2) 对编队连续空袭目标，批目标中目标的架数越多，需要的火力单元数量越多。当火力单元数量增加到一定值时，其抗击概率、目标突防概率和平均击毁的架数变化不大。

(3) 要想既提高防空作战的效率，又节省兵力，则火力单元的数量应根据成批目标的架数适当选择,并不是火力单元数量增加就能大幅度提高防空效率。

假设防空作战的抗击概率要求已确定,当单架目标或编队目标连续空袭时,混合部署防空火力单元的服务强度与火力单元数量之间的关系如图 3.13~图 3.15 所示。

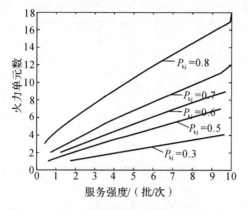

图 3.13　火力单元数随服务强度的变化($s=1$)

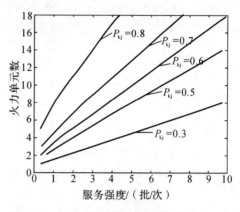

图 3.14　火力单元数随服务强的变化($s=2$)

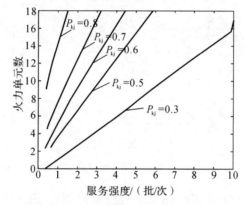

图 3.15　火力单元数量随服务强度的变化($s=4$)

从图 3.13~图 3.15 中可以看出:

(1)当抗击概率确定时,服务强度越大,需用的火力单元数量越多;

(2)当抗击概率确定时,编队每批空袭目标架数越多,需用的火力单元数量越多;

(3)当服务强度确定时,每批空袭目标架数越多,需用的火力单元数量越多。

综上所述,选择一定型号适当数量的防空火力单元,可达到既节省兵力,又提高防空作战效率的目的。

3.6.2　多层混合部署射击效果分析举例

用两层防空部署进行仿真,第 1 层部署 I 型地空导弹火力单元的火力密度 $\mu_1 = 2$ 发/min,第 2 层部署 J 型地空导弹火力单元的火力密度 $\mu_2 = 1.5$ 发/min,目标来袭密度 $\lambda = 4$ 批/min。

当 $s=4$ 架/批时,图 3.16~图 3.18 分别给出了在两层防空部署的条件下,当目标连续空袭,且第 1 层火力单元数变化时的总突防概率、总抗击概率和击毁目标总数的变化情况。从图中可以看出,多层防空部署可大大提高地空导弹防空部署的射击效率。

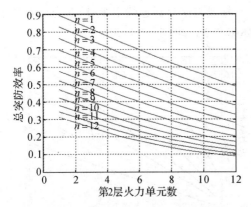 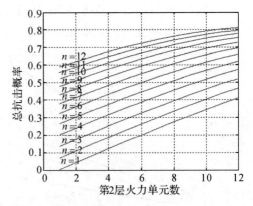

图 3.16　两层火力单元数对总突防概率的影响($s=4$)　　图 3.17　两层火力单元数对总抗击概率的影响($s=4$)

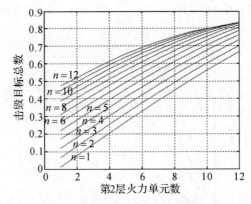

图 3.18　两层火力单元数对总击毁目标数的影响($s=4$)

图 3.19、图 3.20 给出了当空袭密度($\lambda=4$ 批/min)相同,而每批架数不同(分别为 $s=4$ 架和 $s=6$ 架)时,在两层防空部署中,第 1 层为 4 个火力单元,即 $n_1=4$ 个,突防概率和击毁目标总数随第 2 层火力单元变化情况。从图中可以看出,当目标来袭密度相同时,每批目标架数越多,进入第 2 层防空部署的空袭密度越大,且随着第 1 层火力单元数量的增大而减小。

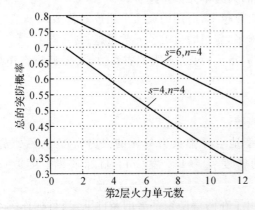 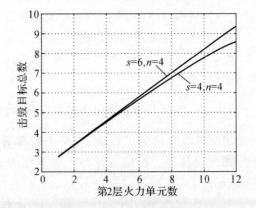

图 3.19　两层火力单元数与总突防概率的关系　　图 3.20　两层火力单元数与击毁目标总数的关系

图 3.21 给出了第 1 层空袭密度 $\lambda=4$ 批/min 不变,而每批目标架数不同(分别为 $s=4$ 架和 $s=6$ 架)时,在两层防空部署中,第 2 层空袭密度随第 1 层火力单元数的变化情况。从图中可看出,每批架数越多,进入第 2 层防空部署的空袭密度越大,且随着第 1 层火力单元数量的增大而减小。

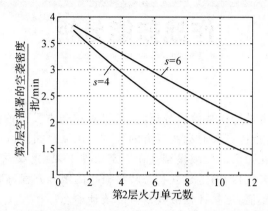

图 3.21 批架数不同时第 1 层火力单元数与第 2 层空袭密度的关系

第4章 基于兰彻斯特方程的防空作战效能分析

在制定作战计划或者进行作战效能分析时,需要对空袭方及地面防空部队随时间变化的战斗态势进行量化分析,指挥员关心敌我双方的数量对比以及如何运用优势兵力,因此需要建立一个考虑敌我双方相互毁伤的交战模型。在一定条件下,敌我双方对抗的真实随机过程可以看作时间连续马尔可夫过程,通过建立状态转移概率的微分方程,确定敌我双方在每个时刻未被毁伤作战单元的期望值,定量评估敌我双方的统计动态。

4.1 时间连续马尔可夫过程

4.1.1 基本概念

马尔可夫过程是具有无后效的随机过程,即当过程在时刻 t 所处状态为已知时,过程在大于 t 的某一时刻所处状态的概率特性只与过程在 t 时刻所处的状态有关,而与过程在 t 时刻以前的状态无关。设随机过程 $\{X(t),t\in T\}$ 的状态空间为 I,如果对时间 t 的任意 n 个数值 $t_1<t_2<\cdots<t_n,t_i\in T$,在条件 $X(t_i)=x_i,x_i\in R,i=1,2,\cdots,n-1$ 下,$X(t_n)$ 的条件分布函数恰等于在条件 $X(t_{n-1})=x_{n-1}$ 下 $X(t_n)$ 的条件分布函数

$$P\{X(t_n)\leqslant x_n|X(t_1)=x_1,X(t_2)=x_2,\cdots,X(t_{n-1})=x_{n-1}\}=P\{X(t_n)\leqslant x_n|X(t_{n-1})=x_{n-1}\},x_n\in \mathbf{R}$$

则称过程 $\{X(t),t\in T\}$ 具有马尔可夫性,或称此过程为马尔可夫过程。

马尔可夫过程 $\{X(t),t\in T\}$ 按参数集 T 和状态空间 E 的情况可分为三类:

(1)时间离散、状态离散的马尔可夫过程。通常也称之为马尔可夫链,其中 T 为离散参数集,I 为离散状态空间。

(2)时间连续、状态离散的马尔可夫过程,比如 $T=[0,\infty)$,I 为离散状态空间。

(3)时间连续、状态连续的马尔可夫过程,比如 $T=[0,\infty)$,$I=(-\infty,+\infty)$。

如果将交战双方的数量作为状态量,状态空间 I 认为是离散状态空间,这些状态可以在任意一个随机时刻发生状态转换,可以将其看作是时间连续、状态离散的马尔可夫过程,本章主要针对时间连续马尔可夫过程开展防空作战过程中未被毁伤作战单元的动态分析。

4.1.2 转移概率

对于时间连续、状态离散的马尔可夫过程,在研究状态转移的统计规律与性质时,需要引入转移概率的概念:

$$p_{ij}(s,t)=P(X_{s+t}=j|X_s=i)$$

称 $P_{ij}(s,t)$ 为 $\{X(t), t \in T\}$ 在 s 时处于状态 i 的条件下,于 $s+t$ 时刻到达状态 j 的转移概率。

如果时间连续、状态离散的马尔可夫过程的转移概率 $P_{ij}(s,t)$ 恒与起始时间 s 的具体取值无关,而只依赖于时间段 t,即 $P_{ij}(s,t) = P_{ij}(t)$,说明转移概率具有平稳性,称 $\{X(t), t \in T\}$ 是齐次的,这时 $\{X(t), t \in T\}$ 的转移概率可写为 $P_{ij}(t), t \geqslant 0, i, j \in I$。

设 $P_{ij}(t), t \geqslant 0$ 是时间连续、状态离散的连续马尔可夫过程,$\{X(t), t \in T\}$ 的转移概率满足以下正则性条件:

$$\lim_{t \to 0^+} P_{ij}(t) = \delta_{ij} = \begin{cases} 1, & i = j \\ 0, & i \neq j \end{cases} i, j \in I$$

下列极限形式称为马尔可夫过程从状态 i 到状态 j 的转移速率:

$$q_{ij}(t) = \lim_{\Delta t \to 0} \frac{P_{ij}(t, \Delta t)}{\Delta t}, \quad i \neq j$$

$$q_{ii}(t) = \lim_{\Delta t \to 0} \frac{1 - P_{ii}(t, \Delta t)}{\Delta t}$$

其中
$$q_{ii}(t) = \lim_{\Delta t \to 0} \frac{1 - P_{ii}(t, \Delta t)}{\Delta t} = \lim_{\Delta t \to 0} \frac{\sum_{j \neq i} P_{ij}(t, \Delta t)}{\Delta t} = \sum_{j \neq i} q_{ij}(t)$$

转移概率 $P_{ij}(t+s)$ 变换如下:

$$\begin{aligned} P_{ij}(t+s) &= P\{X(t+s) = j \mid X(0) = i\} \\ &= \sum_{k \in I} P\{X(t+s) = j, X(t) = k \mid X(0) = i\} \\ &= \sum_{k \in I} P\{X(t) = k, X(0) = i\} P\{X(t+s) = j, X(t) = k\} \\ &= \sum_{k \in I} P_{ik}(t) P_{kj}(s) \end{aligned}$$

可得柯尔莫哥洛夫(Kolmogorov)向前方程:

$$\begin{aligned} \frac{\mathrm{d} P_{ij}(t)}{\mathrm{d} t} &= \lim_{h \to 0} \frac{P_{ij}(t+h) - P_{ij}(t)}{h} \\ &= \lim_{h \to 0} \frac{\sum_{\substack{k \in I \\ k \neq j}} P_{ik}(t) P_{kj}(h) + P_{ij}(t) P_{jj}(h) - P_{ij}(t)}{h} \\ &= \lim_{h \to 0} \frac{\sum_{\substack{k \in I \\ k \neq j}} P_{ik}(t) P_{kj}(h) - P_{ij}(t)[1 - P_{jj}(h)]}{h} \\ &= \sum_{k=0, k \neq j}^{N} P_{ik}(t) q_{kj} - P_{ij}(t) q_{jj} \end{aligned} \quad (4.1)$$

如果 $\{X(t), t \in T\}$ 为时间连续、状态离散的马尔可夫过程,其状态空间 I 为有限子集,令 $P_i = P\{X(0) = i\}, i \in I$,且对任意的 $i \in I$,均有 $P_i \geqslant 0, \sum_{i \in I} P_i = 1$,则称 $\{P_i, i \in I\}$ 为该马尔可夫过程的初始分布,也称初始概率。

设 $\{X(t), t \in T\}$ 为一马尔可夫过程,其状态空间 I 为有限子集,令 $P_i(t) = P\{X(t) = i\}, i \in I$,且对任意的 $i \in I$,均有 $P_i(t) \geqslant 0, \sum_{i \in I} P_i(t) = 1$,则称 $\{P_i(t), i \in I\}$ 为绝对分布,

也称绝对概率。绝对概率由初始分布和相应的转移概率唯一确定，即

$$P_j(t) = P\{X(t) = j\} = \sum_{i \in I} P_i P_{ij}(t) \tag{4.2}$$

将柯尔莫哥洛夫向前方程两边同乘以 p_i，并对 i 个等式两边求和，得

$$\sum_{i \in I} P_i P'_{ij}(t) = \sum_{i \in I} [-P_i P_{ij}(t) q_{jj}] + \sum_{i \in I} \sum_{k \neq j} P_i P_{ik}(t) q_{kj} \tag{4.3}$$

根据绝对概率的定义，式(4.3)可以写为

$$P'_j(t) = -P_j(t) q_{jj} + \sum_{k \neq j} P_k(t) q_{kj} \tag{4.4}$$

式(4.4)称为福克-普朗克(Fokker-Planck)方程。

4.1.3 速率函数

简单流密度 λ 与马尔可夫过程的速率函数 $q_{ij}(t)$ 之间的关系为：一个相当小的时间间隔 Δt，鉴于小间隔流的单一性，可能发生一个概率为 $P_1(\Delta t)$ 的事件（发生两个以上的情况很少）或者不发生该事件，概率为 $P_0(\Delta t)$，在小间隔上会构成整组相斥事件：

$$P_0(\Delta t) + P_1(\Delta t) = 1$$

$$P_1(\Delta t) = 1 - P_0(\Delta t) = 1 - e^{-\lambda \Delta t} \approx \lambda \Delta t \tag{4.5}$$

对于一个事件发生的情况，由一个状态 i 转移到另一个状态 j 的概率 $P_{ij}(\Delta t) = \lambda \Delta t$，速率函数 $q_{ij}(t)$ 为

$$q_{ij}(t) = \lim_{\Delta t \to 0} \frac{P_{ij}(t, \Delta t)}{\Delta t} = \lim_{\Delta t \to 0} \frac{\lambda \Delta t}{\Delta t} = \lambda \tag{4.6}$$

对于来袭流为泊松流的防空作战问题，由一个状态 i 转移到相邻状态 $i-1$ 的概率 $P_{i,i-1}(\Delta t)$ 为 $\lambda \Delta t$，其他转移概率均可认为是 0，因此速率函数 $q_{i,i-1}(t)$ 为 λ，其他 $q_{i,j(j \neq i, j \neq i-1)}(t) = 0$。

4.2 防空作战的微分模型

本节讨论防空及空袭双方的交战模型。假定交战双方各自的战斗单元是同类型的，防空部队任一战斗单元对空袭方战斗单元的毁伤概率相同，空袭方任一战斗单元对防空部队战斗单元的毁伤概率相同。假设 R 代表防空部队（红方），B 代表空袭方（蓝方），防空部队初始战斗单元数量为 N_R，空袭方初始战斗单元数量为 N_B，λ_B 代表状态转换流密度，也可以理解为一方当前所有战斗单元对另一方的有效射击速率。

4.2.1 红方微分方程形式

图 4.1 为红方状态转移图，假定蓝方战斗单元对红方某一战斗单元有效毁伤后，红方该战斗单元短时间内没有维修恢复，即失去继续作战的能力。

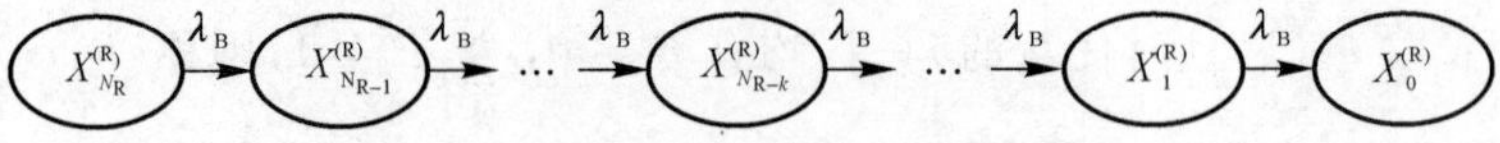

$$X_{N_R}^{(R)} \xrightarrow{\lambda_B} X_{N_R-1}^{(R)} \xrightarrow{\lambda_B} \cdots \xrightarrow{\lambda_B} X_{N_R-k}^{(R)} \xrightarrow{\lambda_B} \cdots \xrightarrow{\lambda_B} X_1^{(R)} \xrightarrow{\lambda_B} X_0^{(R)}$$

图 4.1 红方状态转移图

根据式(4.4)，红方的 $0 \sim N_R$ 个状态可以写成 $N_R + 1$ 个微分方程形式

$$\begin{aligned}
\frac{\mathrm{d}P_{N_R}^{(R)}(t)}{\mathrm{d}t} &= -P_{N_R}^{(R)}(t)q_{N_RN_R}^{(R)} + P_{N_R-1}^{(R)}(t)q_{N_R-1N_R}^{(R)} + P_{N_R-2}^{(R)}(t)q_{N_R-2N_R}^{(R)} + \cdots \\
\frac{\mathrm{d}P_{N_R-1}^{(R)}(t)}{\mathrm{d}t} &= -P_{N_R-1}^{(R)}(t)q_{N_R-1N_R-1}^{(R)} + P_{N_R}^{(R)}(t)q_{N_RN_R-1}^{(R)} + P_{N_R-2}^{(R)}(t)q_{N_R-2N_R-1}^{(R)} + \cdots \\
\frac{\mathrm{d}P_{N_R-2}^{(R)}(t)}{\mathrm{d}t} &= -P_{N_R-2}^{(R)}(t)q_{N_R-2N_R-2}^{(R)} + P_{N_R}^{(R)}(t)q_{N_RN_R-2}^{(R)} + P_{N_R-1}^{(R)}(t)q_{N_R-1N_R-2}^{(R)} + \cdots \\
&\cdots\cdots \\
\frac{\mathrm{d}P_1^{(R)}(t)}{\mathrm{d}t} &= -P_1^{(R)}(t)q_{11}^{(R)} + P_0^{(R)}(t)q_{01}^{(R)} + P_2^{(R)}(t)q_{21}^{(R)} + \cdots \\
\frac{\mathrm{d}P_0^{(R)}(t)}{\mathrm{d}t} &= -P_0^{(R)}(t)q_{00}^{(R)} + P_1^{(R)}(t)q_{10}^{(R)} + P_2^{(R)}(t)q_{20}^{(R)} + \cdots
\end{aligned} \right\} \quad (4.7)$$

式中：初始条件为 $P_{N_R}^{(R)}(0)=1$；$P_i^{(R)}(0)=0(i=0,1,\cdots,N_R-1)$。如果状态 i 与状态 j 不相邻，则 $q_{ij}^{(R)}=0$；如果状态 i 与状态 j 相邻且 $i>j$，则 $q_{ij}^{(R)}=1$；如果状态 i 与状态 j 相邻且 $i<j$ 时，$q_{ij}^{(R)}=0$。

当 $i=j$ 时，$q_{ij}^{(R)}$ 取值情况如下：

$$q_{N_RN_R}^{(R)} = \sum_{j\neq N_R} q_{N_Rj}^{(R)}(t) = q_{N_RN_R-1}^{(R)} + q_{N_RN_R-2}^{(R)} + q_{N_RN_R-3}^{(R)} + \cdots = \lambda_B + 0 + 0 + 0 + \cdots = \lambda_B$$

$$q_{N_R-1N_R-1}^{(R)} = \sum_{j\neq N_R-1} q_{N_R-1j}^{(R)}(t) = q_{N_R-1N_R}^{(R)} + q_{N_R-1N_R-2}^{(R)} + q_{N_R-1N_R-3}^{(R)} + \cdots = 0 + \lambda_B + 0 + 0 + \cdots = \lambda_B$$

可以类推，当 $i\neq 0$ 时，$q_{ii}^{(R)}=\lambda_B$；当 $i=0$ 时，$q_{00}^{(R)}=q_{01}^{(R)}+q_{02}^{(R)}+q_{03}^{(R)}+\cdots=0+0+0+\cdots=0$

红方的 $0\sim N_R$ 个状态可以写成 N_R+1 个微分方程形式：

$$\begin{aligned}
\frac{\mathrm{d}P_{N_R}^{(R)}(t)}{\mathrm{d}t} &= -P_{N_R}^{(R)}(t)\cdot\lambda_B + P_{N_R-1}^{(R)}(t)\cdot 0 + 0 + \cdots = -\lambda_B P_{N_R}^{(R)}(t) \\
\frac{\mathrm{d}P_{N_R-1}^{(R)}(t)}{\mathrm{d}t} &= -P_{N_R-1}^{(R)}(t)\lambda_B + P_{N_R}^{(R)}(t)\lambda_B + 0 + \cdots = -\lambda_B P_{N_R-1}^{(R)}(t) + \lambda_B P_{N_R}^{(R)}(t) \\
\frac{\mathrm{d}P_{N_R-2}^{(R)}(t)}{\mathrm{d}t} &= -P_{N_R-2}^{(R)}(t)\lambda_B + P_{N_R}^{(R)}(t)\cdot 0 + P_{N_R-1}^{(R)}(t)\lambda_B + \cdots \\
&= -\lambda_B P_{N_R-2}^{(R)}(t) + \lambda_B P_{N_R-1}^{(R)}(t) \\
&\cdots\cdots \\
\frac{\mathrm{d}P_1^{(R)}(t)}{\mathrm{d}t} &= -\lambda_B P_1^{(R)}(t) + \lambda_B P_2^{(R)}(t) \\
\frac{\mathrm{d}P_0^{(R)}(t)}{\mathrm{d}t} &= \lambda_B P_1^{(R)}(t)
\end{aligned} \right\} \quad (4.8)$$

对于红方状态 N_R，将等式两边同乘以 N_R

$$N_R \frac{P_{N_R}^{(R)}(t)}{\mathrm{d}t} = -\lambda_B N_R P_{N_R}^{(R)}(t) \quad (4.9)$$

对于红方状态 N_R-1，将等式两边同乘以 N_R-1

$$(N_R-1)\frac{\mathrm{d}P_{N_R-1}^{(R)}(t)}{\mathrm{d}t} = -\lambda_B(N_R-1)P_{N_R-1}^{(R)}(t) + \lambda_B(N_R-1)P_{N_R}^{(R)} \quad (4.10)$$

对于红方状态 N_R-2,将等式两边同乘以 N_R-2

$$(N_R-2)\frac{dP_{N_R-2}^{(R)}(t)}{dt}=-\lambda_B(N_R-2)P_{N_R-2}^{(R)}(t)+\lambda_B(N_R-2)P_{N_R-1}^{(R)}(t) \quad (4.11)$$

依此类推,对于红方状态 1,将等式两边同乘以 1

$$\frac{dP_1^{(R)}(t)}{dt}=\lambda_B P_1^{(R)}(t)+\lambda_B P_2^{(R)}(t)。$$

将以上 N_R 个等式的两边分别求和,得

$$N_R\frac{dP_{N_R}^{(R)}(t)}{dt}+(N_R-1)\frac{dP_{N_R-1}^{(R)}(t)}{dt}+(N_R-2)\frac{dP_{N_R-2}^{(R)}(t)}{dt}\cdots+1\cdot\frac{dP_1^{(R)}(t)}{dt}+0\cdot\frac{dP_0^{(R)}(t)}{dt}$$
$$=-\lambda_B N_R P_{N_R}^{(R)}(t)-\lambda_B(N_R-1)P_{N_R-1}^{(R)}(t)+\lambda_B(N_R-1)P_{N_R}^{(R)}(t)-\lambda_B(N_R-2)P_{N_R-2}^{(R)}(t)+$$
$$\lambda_B(N_R-2)P_{N_R-1}^{(R)}(t)+\cdots-2\lambda_B P_2^{(R)}(t)+2\lambda_B P_3^{(R)}(t)-\lambda_B P_1^{(R)}(t)+\lambda_B P_2^{(R)}(t)+0$$
$$=-\lambda_B P_1^{(R)}(t)-\lambda_B P_2^{(R)}(t)-\cdots-\lambda_B P_{N_R}^{(R)}(t) \quad (4.12)$$

等式左边可以写为

$$\left[N_R\frac{dP_{N_R}^{(R)}(t)}{dt}+(N_R-1)\frac{dP_{N_R-1}^{(R)}(t)}{dt}+\cdots+1\times\frac{dP_1^{(R)}(t)}{dt}+0\cdot\frac{dP_0^{(R)}(t)}{dt}\right]'$$
$$=\left[\sum_{k=0}^{N_R}kP_k^{(R)}(t)\right]' \quad (4.13)$$

等式右边可以写为

$$-\lambda_B P_1^{(R)}(t)-\lambda_B P_2^{(R)}(t)\cdots-\lambda_B P_{N_R}^{(R)}(t)=-\lambda_B[1-P_0^{(R)}(t)] \quad (4.14)$$

式中:$\sum_{k=0}^{N_1}kP_k^{(R)}(t)$ 是 t 时刻剩余战斗单元数量的期望值,可以写为 $m_R(t)$,因此对于红方,式(4.12)可以写为

$$m'_R(t)=-\lambda_B[1-P_0^{(R)}(t)] \quad (4.15)$$

假定蓝方每个战斗单元的有效射速为 α_B,当前蓝方期望数量 $m_B(t)$ 的有效射速为 $\alpha_B m_B(t)$ 时,来袭流密度 $\lambda_B=\alpha_B m_B(t)$,因此式(4.15)可以变为

$$m'_R(t)=-\alpha_B m_B(t)[1-P_0^{(R)}(t)] \quad (4.16)$$

由于在任意时间 t,红方剩余战斗单元数为 0 的概率 $P_0^{(R)}(t)$ 几乎为 0,因此式(4.16)可以简化为

$$m'_R(t)=-\alpha_B m_B(t) \quad (4.17)$$

4.2.2 蓝方微分方程形式

图 4.2 为蓝方状态转移图,假定红方战斗单元对蓝方某一战斗单元有效毁伤后,蓝方该战斗单元短时间内没有维修恢复,即失去继续作战的能力。

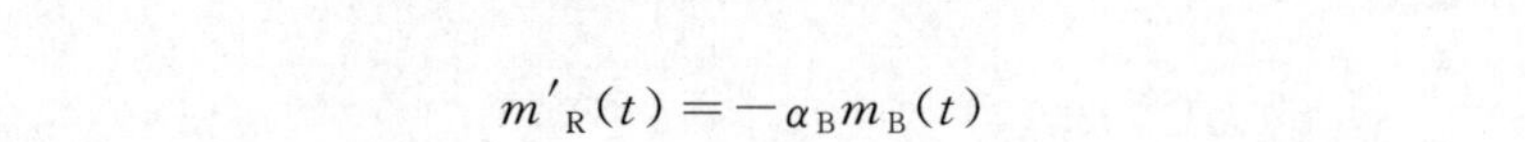

$$X_{N_B}^{(B)} \xrightarrow{\lambda_R} X_{N_B-1}^{(B)} \xrightarrow{\lambda_R} \cdots \xrightarrow{\lambda_R} X_{N_B-k}^{(B)} \xrightarrow{\lambda_R} \cdots \xrightarrow{\lambda_R} X_1^{(B)} \xrightarrow{\lambda_R} X_0^{(B)}$$

图 4.2 蓝方状态转移图

根据式(4.4),蓝方的 $0 \sim N_B$ 个状态可以写成 N_B+1 个微分方程形式

$$\frac{dP_{N_B}^{(B)}(t)}{dt} = -P_{N_B}^{(B)}(t)q_{N_B N_B}^{(B)} + P_{N_B-1}^{(B)}(t)q_{N_B-1 N_B}^{(B)} + P_{N_B-2}^{(B)}(t)q_{N_B-2 N_B}^{(B)} + \cdots$$
$$= -P_{N_B}^{(B)}(t) \cdot \lambda_R + P_{N_B-1}^{(B)}(t) \cdot 0 + 0 + \cdots = -\lambda_R P_{N_B}^{(B)}(t)$$

$$\frac{dP_{N_B-1}^{(B)}(t)}{dt} = -P_{N_B-1}^{(B)}(t)q_{N_B-1 N_B-1}^{(B)} + P_{N_R}^{(B)}(t)q_{N_B N_B-1}^{(B)} + P_{N_B-2}^{(B)}(t)q_{N_B-2 N_B-1}^{(B)} + \cdots$$
$$= -P_{N_B-1}^{(B)}(t)\lambda_R + P_{N_B}^{(B)}(t)\lambda_R + 0 + \cdots = -\lambda_R P_{N_B-1}^{(B)}(t) + \lambda_R P_{N_B}^{(B)}(t)$$

$$\frac{dP_{N_B-2}^{(B)}(t)}{dt} = -P_{N_B-2}^{(B)}(t)q_{N_B-2 N_B-2}^{(B)} + P_{N_B}^{(B)}(t)q_{N_B N_B-2}^{(B)} + P_{N_B-1}^{(B)}(t)q_{N_B-1 N_B-2}^{(B)} + \cdots$$
$$= -P_{N_B-2}^{(B)}(t)\lambda_R + P_{N_B}^{(B)}(t) \cdot 0 + P_{N_B-1}^{(B)}(t)\lambda_R + \cdots$$
$$= -\lambda_R P_{N_B-2}^{(B)}(t) + \lambda_R P_{N_B-1}^{(B)}(t)$$

$$\cdots\cdots$$

$$\frac{dP_1^{(B)}(t)}{dt} = -P_1^{(B)}(t)q_{11}^{(B)} + P_0^{(B)}(t)q_{01}^{(B)} + P_2^{(B)}(t)q_{21}^{(B)} + \cdots = -\lambda_R P_1^{(B)}(t) + \lambda_R P_2^{(B)}(t)$$

$$\frac{dP_0^{(B)}(t)}{dt} = -P_0^{(B)}(t)q_{00}^{(B)} + P_1^{(B)}(t)q_{10}^{(B)} + P_2^{(B)}(t)q_{20}^{(B)} + \cdots = \lambda_R P_1^{(R)}(t)$$

(4.18)

式中:初始条件为 $P_{N_B}^{(B)}(0)=1, P_i^{(B)}(0)=0 (i=0,1,\cdots,N_B-1)$。

与红方剩余兵力微分方程推导方法类似,通过式(4.18)可以给出蓝方剩余兵力微分方程

$$m'_B(t) = -\lambda_R [1 - P_0^{(B)}(t)] \tag{4.19}$$

假定红方每个战斗单元的有效射速为 α_R,当前蓝方期望数量 $m_R(t)$ 的有效射速为 $\alpha_R m_R(t)$,来袭流密度 $\lambda_R = \alpha_R m_R(t)$,因此式(4.19)可以变为

$$m'_B(t) = -\alpha_R m_R(t)[1 - P_0^{(B)}(t)] \tag{4.20}$$

由于在任意时间 t,蓝方剩余战斗单元数为 0 的概率 $P_0^{(B)}(t)$ 几乎为 0,因此式(4.20)可以简化为

$$m'_B(t) = -\alpha_R m_R(t) \tag{4.21}$$

4.2.3 兰彻斯特方程

通过以上推导,红蓝双方剩余战斗单元数期望值的变化率可以写为

$$\left.\begin{array}{l} m'_R(t) = -\alpha_B m_B(t) \\ m'_B(t) = -\alpha_R m_R(t) \end{array}\right\} \tag{4.22}$$

式中:初始时刻红蓝双方战斗单元数的期望值分别为 0,即 $m_B(0)=N_B, m_R(0)=N_R$。该方程由英国工程师兰彻斯特最先提出,因此也称为兰彻斯特方程,其中通过考虑作战双方初始数量、双方单元效能等重要因素的贡献及影响,对战斗发展进行量化分析。兰彻斯特方程假设交战双方相互暴露,可以完全利用各自的数量优势,方程中只考虑了可量化的因素,忽略了不可能量化的因素,如心理因素、战斗意志、战场环境等影响。利用兰彻斯特方程建立地空导弹武器系统的防空对抗模型,不仅可对防空部署的抗攻击能力做出评价,而且可以掌握在防空战斗进行的某一时刻双方兵力的期望数量,也可为防空部署提供一定的参考。

4.3 微分模型求解方法

4.3.1 解析求解方法

一般情况下,认为每个战斗单元的有效射速 α_B 是常数,将式(3.22)的第一个表达式变换为: $m_B(t) = -m'_R(t)/\alpha_B$,代入式(3.22)的第二个表达式,可得

$$m''_R(t) - \alpha_R \alpha_B m_R(t) = 0 \tag{4.23}$$

初值为: $m_R(0) = N_R, m'_R(0) = -\alpha_B N_B$。

容易得到 $m_R(t)$ 的表达形式为

$$m_R(t) = C_{1(R)} e^{\sqrt{\alpha_R \alpha_B} t} + C_{2(R)} e^{-\sqrt{\alpha_R \alpha_B} t} \tag{4.24}$$

式中: $C_{1(R)} = \frac{1}{2}\left(N_R - N_B \sqrt{\frac{\alpha_B}{\alpha_R}}\right)$;$C_{2(R)} = \frac{1}{2}\left(N_R + N_B \sqrt{\frac{\alpha_B}{\alpha_R}}\right)$。

同理,可以推导出 $m_B(t)$ 的表达形式

$$m_B(t) = C_{1(B)} e^{\sqrt{\alpha_R \alpha_B} t} + C_{2(B)} e^{-\sqrt{\alpha_R \alpha_B} t} \tag{4.25}$$

式中: $C_{1(B)} = \frac{1}{2}\left(N_B - N_R \sqrt{\frac{\alpha_R}{\alpha_B}}\right)$;$C_{2(B)} = \frac{1}{2}\left(N_B + N_R \sqrt{\frac{\alpha_R}{\alpha_B}}\right)$。

在任一时间 t,双方剩余战斗单元之差为

$$\begin{aligned} m_R(t) - m_B(t) &= C_{1(R)} e^{\sqrt{\alpha_R \alpha_B} t} + C_{2(R)} e^{-\sqrt{\alpha_R \alpha_B} t} - C_{1(B)} e^{\sqrt{\alpha_R \alpha_B} t} - C_{2(B)} e^{-\sqrt{\alpha_R \alpha_B} t} \\ &= \left(\frac{N_R}{N_B}\sqrt{\frac{\alpha_R}{\alpha_B}} - \frac{N_B}{N_R}\sqrt{\frac{\alpha_B}{\alpha_R}}\right) \frac{e^{\sqrt{\alpha_R \alpha_B} t} + e^{-\sqrt{\alpha_R \alpha_B} t}}{2} \end{aligned} \tag{4.26}$$

根据以上特点,给出优势系数 k

$$k = \frac{N_R}{N_B} \sqrt{\frac{\alpha_R}{\alpha_B}} \tag{4.27}$$

根据式(4.26)可知,如果优势系数 $k=1$,$m_R(t) = m_B(t)$,则双方剩余战斗单元相同,双方兵力均衡;如果优势系数 $k>1$,则红方战斗单元剩余数大于蓝方战斗单元剩余数,红方占有优势;如果优势系数 $k<1$,则红方战斗单元剩余数小于蓝方战斗单元剩余数,蓝方占有优势。

假设 $N_B = 2N_R$,红方为了保证其优势,需要满足优势系数 $k>1$ 的条件,即 $\alpha_R > 4\alpha_B$,也就是说红方可能用比蓝方大 4 倍的作战效能来补偿其小 2 倍的初始数量劣势。增加数量优势能比提高战斗单元效能提供更多的作战优势,此结论完全符合自古到今屡经实战检验的集中兵力于决胜方向的用兵原则。

例 4.1 N_B 架战斗机群向地空导弹阵地来袭,地空导弹战斗单元数量为 N_R,地空导弹战斗单元效能 α_R 为 0.08,战斗机群的战斗单元效能 α_B 为 0.06,$N_B = 20$,$N_R = 25$,战斗持续时间为 10 min。

根据式(4.24)和式(4.25)可以得到红方、蓝方战斗单元随时间变化的曲线,如图 4.3 所示,在 10 min 后,红方剩余战斗单元数量的期望值为 18.26,蓝方剩余战斗单元数量的期望值为 3.36。

引入剩余战斗单元相对数量指标

$$\varphi(t)=\frac{m(t)}{N} \tag{4.28}$$

可以得到红方、蓝方剩余战斗单元相对数量随时间变化的曲线,如图4.4所示。可以看出红方剩余战斗单元的相对数量曲线一直在蓝方剩余战斗单元的相对数量曲线上方,说明红方具有优势。

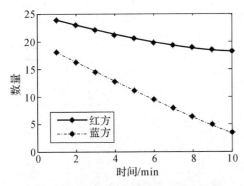

图4.3 双方战斗单元数量随时间变化曲线　　图4.4 双方战斗单元相对数量随时间变化曲线

4.3.2 数值求解方法

尽管本章给出的兰彻斯特方程组相对简单,可以很容易确定其解,但如果考虑一些复杂因素,则需要对兰彻斯特方程进行改进,用解析方法计算存在一定的困难。计算机数值积分计算是求解防空作战微分模型的有效方法,常用的数值积分算法是四阶龙格库塔法,具有四阶精度,计算量适中,本节采用四阶龙格库塔法求解防空作战微分模型。

设变量 $\boldsymbol{y}=[m_R(t),m_B(t)]$,右函数 $\boldsymbol{f}=(f_1,f_2)$,其中 $\boldsymbol{f}(t,\boldsymbol{y})$ 由2个微分方程的右函数组成,即

$$\left.\begin{aligned}f_1&=-\alpha_B m_B(t)\\f_2&=-\alpha_R m_R(t)\end{aligned}\right\} \tag{4.29}$$

将微分方程组写为标准形式

$$\left.\begin{aligned}\frac{\mathrm{d}\boldsymbol{y}}{\mathrm{d}t}&=\boldsymbol{f}(t,\boldsymbol{y})\\\boldsymbol{y}_0&=[m_R(0),m_B(0)]=(N_R,N_B)\end{aligned}\right\} \tag{4.30}$$

对于以上一阶微分方程组,利用经典四阶龙格库塔法进行求解

$$\left.\begin{aligned}\boldsymbol{y}_{k+1}&=\boldsymbol{y}_k+\frac{h}{6}(\boldsymbol{K}_1+2\boldsymbol{K}_2+2\boldsymbol{K}_3+\boldsymbol{K}_4)\\\boldsymbol{K}_1&=f(t_k,\boldsymbol{y}_k)\\\boldsymbol{K}_2&=f(t_k+\frac{h}{2},\boldsymbol{y}_k+\frac{h}{2}\boldsymbol{K}_1)\\\boldsymbol{K}_3&=f(t_k+\frac{h}{2},\boldsymbol{y}_k+\frac{h}{2}\boldsymbol{K}_2)\\\boldsymbol{K}_4&=f(t_k+h,\boldsymbol{y}_k+h\boldsymbol{K}_3)\end{aligned}\right\} \tag{4.31}$$

取计算步长 $h=0.2$，迭代求解红方和蓝方剩余战斗单元数的期望值，计算结果见表 4.1。

表 4.1　不同时刻双方战斗单元剩余数量

时间/分钟	$m_R(t)$	$m_B(t)$	时间/分钟	$m_R(t)$	$m_B(t)$
0.2	24.76	19.60	5.2	20.26	10.68
0.4	24.53	19.20	5.4	20.13	10.36
0.6	24.30	18.81	5.6	20.01	10.04
0.8	24.08	18.43	5.8	19.89	9.72
1.0	23.86	18.05	6.0	19.78	9.40
1.2	23.64	17.66	6.2	19.67	9.08
1.4	23.43	17.29	6.4	19.56	8.77
1.6	23.23	16.92	6.6	19.46	8.46
1.8	23.03	16.55	6.8	19.36	8.15
2.0	22.83	16.18	7.0	19.26	7.84
2.2	22.64	15.81	7.2	19.17	7.53
2.4	22.45	15.45	7.4	19.08	7.23
2.6	22.27	15.10	7.6	18.99	6.92
2.8	22.09	14.74	7.8	18.91	6.62
3.0	21.91	14.39	8.0	18.84	6.32
3.2	21.74	14.04	8.2	18.76	6.01
3.4	21.58	13.70	8.4	18.69	5.72
3.6	21.42	13.35	8.6	18.63	5.42
3.8	21.26	13.01	8.8	18.56	5.12
4.0	21.10	12.67	9.0	18.50	4.82
4.2	20.95	12.33	9.2	18.45	4.53
4.4	20.80	11.99	9.4	18.39	4.24
4.6	20.67	11.67	9.6	18.34	3.94
4.8	20.53	11.34	9.8	18.30	3.64
5.0	20.40	11.01	10.0	18.26	3.35

4.4　其他微分模型形式

4.4.1　低水平战斗模型

在战斗过程中，空袭方和地空导弹部队均不掌握对方的战斗消耗情况，也就是继续对不具备战斗能力的战斗单元进行射击。此时可以认为对方失去战斗能力的战斗单元和正常战斗单元是均匀分布的:红方对蓝方未毁伤战斗单元的射击概率为 $m_B(t)/N_B$,另外 $1-m_B(t)/N_B$ 的概率为无效射击;同理,蓝方对红方未毁伤战斗单元的射击概率为 $m_R(t)/N_R$,另外 $1-m_R(t)/N_R$ 的概率为无效射击。红方每个战斗单元的效能降为 $\alpha_R m_B(t)/N_B$,蓝方每个战斗单元的效能降为 $\alpha_B m_R(t)/N_R$,微分模型可以写为

$$\left.\begin{aligned} m'_R(t) &= -\alpha_B \frac{m_R(t)}{N_R} m_B(t) \\ m'_B(t) &= -\alpha_R \frac{m_B(t)}{N_B} m_R(t) \end{aligned}\right\} \quad (4.32)$$

初始条件为 $m_B(0)=N_B;m_R(0)=N_R$。

利用四阶龙格库塔法进行数值求解,右函数 $\boldsymbol{f}=(f_1,f_2)$,其中 $\boldsymbol{f}(t,\boldsymbol{y})$ 由 2 个微分方程的右函数组成

$$\left.\begin{aligned} f_1 &= -\alpha_B \frac{m_R(t)}{N_R} m_B(t) \\ f_2 &= -\alpha_R \frac{m_B(t)}{N_B} m_R(t) \end{aligned}\right\} \quad (4.33)$$

仍引用例 4.1,红蓝双方并不了解对方的状态信息,计算时间持续 10 min,计算步长取 0.2,迭代求解红方和蓝方剩余战斗单元数的期望值。在 10 min 后红方剩余战斗单元数量的期望值为 18.19,蓝方剩余战斗单元数量的期望值为 8.65。红方、蓝方剩余战斗单元相对数量随时间变化的曲线如图 4.5 所示。

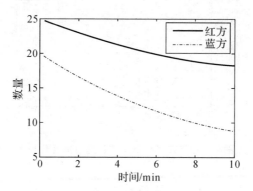

图 4.5 双方战斗单元数量随时间变化曲线

由于双方并不了解对方的状态信息,故造成无效射击。在剩余战斗单元出现较大幅度减少的情况下,降低了红方对蓝方的射击概率,与例 4.1 相比,在相同时刻蓝方剩余战斗单元数有较大提升。

4.4.2 不对称战斗模型

在战斗过程中,红方了解蓝方战斗单元的毁伤情况,而蓝方不清楚红方战斗单元的毁伤情况;或者相反。这是一种不对称的战斗形态,相当于其中的一方对另一方保持"透明",处于相对劣势。以下分两种情况说明。

1. 红方了解蓝方战斗单元毁伤状态的战斗模型

在战斗过程中,红方掌握蓝方的战斗消耗情况,而蓝方不掌握红方的毁伤情况,也就是继续对红方不具备战斗能力的战斗单元进行射击。蓝方对红方未毁伤战斗单元的射击概率为 $m_R(t)/N_R$,无效射击概率为 $1-m_R(t)/N_R$,蓝方每个战斗单元的效能降为 $\alpha_B m_R(t)/N_R$,微分模型可以写为

$$\left. \begin{aligned} m'_R(t) &= -\alpha_B \frac{m_R(t)}{N_R} m_B(t) \\ m'_B(t) &= -\alpha_R m_R(t) \end{aligned} \right\} \quad (4.34)$$

初始条件为 $m_B(0)=N_B$;$m_R(0)=N_R$。利用四阶龙格库塔法进行数值求解,右函数 $\boldsymbol{f}=(f_1,f_2)$,其中 $\boldsymbol{f}(t,\boldsymbol{y})$ 由 2 个微分方程的右函数组成:

$$\left. \begin{aligned} f_1 &= -\alpha_B \frac{m_R(t)}{N_R} m_B(t) \\ f_2 &= -\alpha_R m_R(t) \end{aligned} \right\} \quad (4.35)$$

仍引用例 4.1,计算时间持续 10 min,计算步长取 0.2,迭代求解红方和蓝方剩余战斗单元数的期望值。在 10 min 后,红方剩余战斗单元数量的期望值为 19.13,蓝方剩余战斗单元数量的期望值为 3.02。与例 4.1 相比,红方剩余战斗单元数有所增加,蓝方剩余战斗单元数有所下降,如图 4.6 所示。

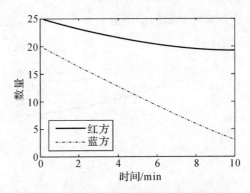

图 4.6 双方战斗单元数量随时间变化曲线

2. 蓝方了解红方战斗单元毁伤状态的战斗模型

在战斗过程中,蓝方掌握红方的战斗消耗情况,而红方不掌握蓝方的毁伤情况。红方对蓝方未毁伤战斗单元的射击概率为 $m_B(t)/N_B$,无效射击概率为 $1-m_B(t)/N_B$,红方每个战斗单元的效能降为 $\alpha_R m_B(t)/N_B$,微分模型可以写为

$$\left. \begin{aligned} m'_R(t) &= -\alpha_B m_B(t) \\ m'_B(t) &= -\alpha_R \frac{m_B(t)}{N_B} m_R(t) \end{aligned} \right\}$$

初始条件为 $m_B(0)=N_B$;$m_R(0)=N_R$。利用四阶龙格库塔法进行数值求解,右函数 $\boldsymbol{f}=(f_1,f_2)$,其中 $\boldsymbol{f}(t,\boldsymbol{y})$ 由 2 个微分方程的右函数组成:

$$\left.\begin{aligned}f_1 &= -\alpha_B m_B(t) \\ f_2 &= -\alpha_R \frac{m_B(t)}{N_B} m_R(t)\end{aligned}\right\}$$

仍引用例 4.1,计算时间持续 10 min,计算步长取 0.2,迭代求解红方和蓝方剩余战斗单元数的期望值。在 10 min 后,红方剩余战斗单元数量的期望值为 17.01,蓝方剩余战斗单元数量的期望值为 8.82。与例 4.1 相比,红方剩余战斗单元数有所下降,蓝方剩余战斗单元数有较大幅度增加,如图 4.7 所示。

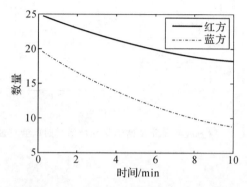

图 4.7 双方战斗单元数量随时间变化曲线

4.4.3 蓝方携带诱饵的战斗模型

假定空袭机群携带诱饵,地空导弹部队无法对诱饵和真实目标进行有效区分,将降低敌对空袭机群有效目标的射击概率。在时刻 t 未被毁伤的诱饵数的期望值用 $m_f(t)$ 表示,红方对蓝方战斗单元的射击概率为:$m_f(t)/[m_B(t)+m_f(t)]$。微分模型可以写为

$$\left.\begin{aligned}m'_R(t) &= -\alpha_B m_B(t) \\ m'_B(t) &= -\alpha_R \frac{m_B(t)}{m_B(t)+m_f(t)} m_R(t) \\ m'_f(t) &= -\alpha_R \frac{m_f(t)}{m_B(t)+m_f(t)} m_R(t)\end{aligned}\right\} \quad (4.36)$$

初始条件为 $m_B(0)=N_B$;$m_R(0)=N_R$;$m_f(0)=N_f$。

利用四阶龙格库塔法进行数值求解,右函数 $\boldsymbol{f}=(f_1,f_2,f_3)$,其中 $\boldsymbol{f}(t,\boldsymbol{y})$ 个微分方程的右函数组成:

$$\left.\begin{aligned}f_1 &= -\alpha_B m_B(t) \\ f_2 &= -\alpha_R \frac{m_B(t)}{m_B(t)+m_f(t)} m_R(t) \\ f_3 &= -\alpha_R \frac{m_f(t)}{m_B(t)+m_f(t)} m_R(t)\end{aligned}\right\} \quad (4.37)$$

例 4.2 N_B 架战斗机群向地空导弹阵地来袭,携带诱饵数量为 N_f,地空导弹战斗单元数量为 N_R,地空导弹战斗单元效能 α_R 为 0.08,战斗机群的战斗单元效能 α_B 为 0.06,$N_B=20$,$N_f=5$,$N_R=25$,战斗持续时间为 10 min。

利用四阶龙格库塔法进行数值求解,在 10 min 后红方剩余战斗单元数量的期望值为 17.

17,蓝方剩余战斗单元数量的期望值为6.92,诱饵剩余数量为1.73。与例4.1相比,红方剩余战斗单元数略有下降,蓝方剩余战斗单元数有较大幅度增加,说明携带诱饵可以大幅提高战斗单元的生存能力。红、蓝方剩余战斗单元数量以及诱饵剩余数量随时间变化的曲线如图4.8所示。

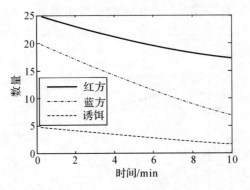

图4.8 双方战斗单元及诱饵剩余数量随时间变化曲线

第 5 章 基于试验数据的地空导弹武器系统效能分析

在地空导弹武器系统的一些重要的效能指标中,及时发现并稳定跟踪的平均目标数、平均拦截目标数都与随机变量的数学期望值有关。另外,武器系统的测量误差、引导误差、瞄准误差等指标都与随机变量的方差有关。为了对武器系统工作过程中的特定随机量有一个深入的认识,还需要确定这些随机量的概率分布模型,而概率、期望值、方差、分布类型以及分布参数往往是未知的。通过对大量随机现象的观察,可以发现这些现象中存在某种稳定性或确定性,试验次数越多,特征规律就越明显。通过试验,可以确定武器系统作战过程中随机事件的概率、随机变量的数字特征、概率分布模型,并进行统计假设检验,在此基础上计算相关效能指标。

5.1 参数估计

在效能分析过程中,对于未知的数学期望、方差、概率以及概率分布参数,可以通过 n 次试验的观测值 $x_1, x_2, \cdots, x_n$ 进行估计,再通过这些估计值评估一些重要的战斗力指标参数。

1. 数学期望估计

设 $X_1, X_2, \cdots, X_n$ 是来自总体 X 的一个样本,样本均值为

$$\bar{X} = \frac{1}{n} \sum_{i=1}^{n} X_i$$

由于 $X_1, X_2, \cdots, X_n$ 独立且与 X 同分布,每个随机量都具有与随机量 X 相同的分布律和数字特性,假设 $E(X) = \mu$,则 $\bar{X}$ 的数学期望为

$$E(\bar{X}) = E\left(\frac{1}{n} \sum_{i=1}^{n} X_i\right) = \frac{1}{n} E\left(\sum_{i=1}^{n} X_i\right) = \frac{1}{n} \cdot n \cdot \mu = \mu$$

因此 $\bar{X}$ 是 μ 的无偏估计量。

对于 $\hat{\mu} = \sum_{i=1}^{n} c_i X_i$,可以证明 $\hat{\mu}$ 是数学期望值 μ 的无偏估计量。由于 $D(\hat{\mu}) = D(X) \sum_{i=1}^{n} c_i^2$,而 $D(\bar{X}) = \frac{D(X)}{n}$,根据柯西-施瓦茨不等式 $\left(\sum_{i=1}^{n} x_i y_i\right)^2 \leqslant \sum_{i=1}^{n} x_i^2 \sum_{i=1}^{n} y_i^2$,取 $x_i = 1, y_i = c_i$,可得 $\frac{1}{n} \leqslant \sum_{i=1}^{n} c_i^2$,因此 $D(\bar{X}) \leqslant D(\hat{\mu})$,$\bar{X}$ 较 $\hat{\mu} = \sum_{i=1}^{n} c_i X_i$ 有效。

根据辛钦大数定律,对于任意正数 $\varepsilon > 0$,存在

$$\lim_{n \to \infty} P\left\{ \left| \frac{1}{n} \sum_{i=1}^{n} x_i - \mu \right| < \varepsilon \right\} = 1$$

即 $\bar{X}$ 依概率收敛于 μ,$\bar{X}$ 是 μ 的相合估计量。

由于样本均值 $\bar{X}$ 可以看作 n 个具有相同方差的独立随机量之和,根据中心极限定理,当 n 足够大时,和数的分布律无限近似于参数为 μ 和 $\sigma/\sqrt{n}$ 的正态分布,记为

$$\bar{X} \sim N(\mu, \sigma/\sqrt{n}) \tag{5.1}$$

2. 方差估计

设 $X_1, X_2, \cdots, X_n$ 是来自总体 X 的一个样本,$x_1, x_2, \cdots x_n$ 为这一样本的观察值,样本的二阶中心矩为

$$\hat{\sigma}^2 = \frac{1}{n} \sum_{i=1}^{n} (X_i - \bar{X})^2$$

由于 $X_1, X_2, \cdots, X_n$ 独立且与 X 同分布,每个随机量都具有与随机量 X 相同的分布律和数字特性,假设 $D(X) = \sigma^2$,计算可得

$$E\left[\frac{1}{n} \sum_{i=1}^{n} (X_i - \bar{X})^2 \right] = \frac{n-1}{n} \sigma^2 \neq \sigma^2$$

因此 $\hat{\sigma}^2$ 是有偏的,如果将 $\hat{\sigma}^2$ 乘以 $n/n-1$,可以得到 σ^2 的无偏估计量,这个估计量就是样本的方差 S^2:

$$S^2 = \frac{1}{n-1} \sum_{i=1}^{n} (X_i - \bar{X})^2$$

对于 $\hat{\sigma}^2$,有如下变换:

$$\hat{\sigma}^2 = \frac{1}{n} \sum_{i=1}^{n} (X_i - \bar{X})^2 = \frac{1}{n} \sum_{i=1}^{n} (X_i^2 - 2X_i\bar{X} + \bar{X}^2) = \frac{1}{n} \sum_{i=1}^{n} X_i^2 - \bar{X}^2$$

由大数定律可知,$\frac{1}{n} \sum_{i=1}^{n} X_i^2$ 依概率收敛于 $E(X^2)$,$\bar{X}$ 依概率收敛于 $E(X)$,因此 $\hat{\sigma}^2$ 依概率收敛于 $E(X^2) - [E(X)]$,$\hat{\sigma}^2$ 是 σ^2 的相合估计量。

样本方差 S^2 可以写为

$$S^2 = \frac{1}{n-1} \sum_{i=1}^{n} (X_i - \bar{X})^2 = \frac{n}{n-1} \hat{\sigma}^2$$

由于 $\lim_{n \to \infty} \frac{n}{n-1} = 1$,$S^2 = \frac{1}{n-1} \sum_{i=1}^{n} (X_i - \bar{X})^2 \approx \hat{\sigma}^2$,故样本方差 S^2 也是 σ^2 的相合估计量。

由于样本方差 S^2 可以看作 n 个具有相同方差的独立随机量之和,根据中心极限定理,当 n 足够大时,和数的分布律无限近似于参数为 σ^2 和 $\sqrt{\frac{2}{n}} \sigma^2$ 的正态分布,记为

$$S^2 \sim N\left(\sigma^2, \sqrt{\frac{2}{n}} \sigma^2\right) \tag{5.2}$$

3. 概率估计

事件 A 发生的频率 p^* 表示为

$$p^* = \frac{n_A}{n}$$

式中：n_A 表示 n 次独立试验中事件 A 发生的次数。

下面讨论事件 A 发生的频率 p^* 的分布规律。假设随机量 X_i 为事件 A 在第 i 次试验中的出现次数，每个随机量都具有两点式分布，假设事件 A 在每次试验中未发生的概率为 q，可得 $E(X_i) = p, D(X_i) = pq$。那么事件 A 发生的频率 p^* 的期望值为

$$E(p^*) = E\left(\frac{n_A}{n}\right) = E\left(\frac{\sum_{i=1}^{n} X_i}{n}\right) = p$$

因此频率 p^* 是概率 p 的无偏估计。

频率 p^* 的方差为

$$D(p^*) = D\left(\frac{n_A}{n}\right) = D\left(\frac{\sum_{i=1}^{n} X_i}{n}\right) = \frac{pq}{n}$$

可以证明频率 p^* 是概率 p 的有效估计。

根据贝努利大数定律，对于任意整数 $\varepsilon > 0$，存在

$$\lim_{n \to \infty} P\{p^* < \varepsilon\} = 1$$

说明事件发生的频率 p^* 是概率 p 的相合估计量。

由于频率 p^* 可以看作 n 个具有相同方差的独立随机量之和，根据中心极限定理，当 n 足够大时，和数的分布律无限近似于参数为 p 和 $\sqrt{pq/n}$ 的正态分布，记为

$$p^* \sim N(p, \sqrt{\frac{pq}{n}}) \tag{5.3}$$

4. 分布参数的估计

由观测数据估计分布参数是进行统计分析的前提条件，常用的估计方法有最大似然估计、最小二乘估计等，这里主要介绍最大似然估计。

如果连续随机量的概率密度为 $f(x, \theta)$，θ 为待估计参数，设 $x_1, x_2, \cdots, x_n$ 为观测样本值，定义似然函数

$$L(\theta) = L(x_1, x_2, \cdots, x_n; \theta) = \prod_{i=1}^{n} f(x_i, \theta)$$

如果 $L(x_1, x_2, \cdots, x_n; \hat{\theta}) = \max L(x_1, x_2, \cdots, x_n; \theta)$，则称 $\hat{\theta}(x_1, x_2, \cdots, x_n)$ 为 θ 的最大估计值。表 5.1 给出了均匀分布、指数分布、正态分布、韦伯分布等常见连续随机变量的分布参数及其最大似然估计计算公式。

表 5.1 常用连续随机变量分布参数及其最大似然估计

名称	密度函数	参数	最大似然估计
均匀分布 $U(a,b)$	$f(x)=\begin{cases}\dfrac{1}{b-a} & a\leqslant x\leqslant b \\ 0 & 其他\end{cases}$	a、b	$\hat{a}=\min\limits_{1\leqslant i\leqslant n}x_i$ $\hat{b}=\max\limits_{1\leqslant i\leqslant n}x_i$
指数分布	$f(x)=\begin{cases}\dfrac{1}{\theta}\mathrm{e}^{-x/\theta} & x\geqslant 0 \\ 0 & 其他\end{cases}$	θ	$\hat{\theta}=\dfrac{1}{n}\sum\limits_{i=1}^{n}x_i$
正态分布 $N(\mu,\sigma^2)$	$f(x)=\dfrac{1}{\sqrt{2\pi\sigma^2}}\mathrm{e}^{-(x-\mu)^2/2\sigma^2}$	μ、σ	$\hat{\mu}=\dfrac{1}{n}\sum\limits_{i=1}^{n}x_i$ $\hat{\sigma}=\sqrt{\dfrac{n-1}{n}S^2(n)}$
韦伯分布	$f(x)=\begin{cases}\alpha\beta^{-\alpha}x^{\alpha-1}\mathrm{e}^{-(x/\beta)^\alpha} & x>0 \\ 0 & 其他\end{cases}$	α、β	$\dfrac{\sum\limits_{i=1}^{n}x_i^{\hat{\alpha}}\ln x_i}{\sum\limits_{i=1}^{n}x_i^{\hat{\alpha}}}-\dfrac{1}{\hat{\alpha}}=\dfrac{\sum\limits_{i=1}^{n}\ln x_i}{n}$ $\hat{\beta}=\left(\dfrac{\sum\limits_{i=1}^{n}x_i^{\hat{\alpha}}}{n}\right)^{\frac{1}{\hat{\alpha}}}$

5.2 分布类型的确定

5.2.1 分布类型的假设

常用的观测数据样本的分布类型假设方法有点统计法、直方图法和概率图法。

1. 点统计法

点统计法的思想是通过比较随机变量概率分布的偏差系数,来进行分布类型的假设。对于随机变量 x,概率分布的偏差系数定义为

$$\delta=\frac{\sqrt{D(x)}}{E(x)} \tag{5.4}$$

式中:$D(x)$ 为随机变量的方差;$E(x)$ 为随机变量的数学期望值。

对于 n 个观测数据样本,其样本均值为 $\bar{t}$,样本方差为 S^2,δ 的似然估计为

$$\hat{\delta}=\frac{\sqrt{S^2(n)}}{\bar{t}(n)} \tag{5.5}$$

将估计值 $\hat{\delta}$ 与各类分布的偏差系数 δ 进行比较,确定观测数据样本的分布类型。

均匀分布、指数分布、正态分布以及韦伯分布等常见分布的偏差系数其取值范围见表5.2。

表 5.2 几种常见分布的偏差系数及其取值范围

名称	密度函数	δ	δ 取值范围
均匀分布 $U(a,b)$	$f(x)=\begin{cases}\dfrac{1}{b-a} & a\leqslant x\leqslant b \\ 0 & 其他\end{cases}$	$\dfrac{b-a}{\sqrt{3}(a+b)}$	$(-\infty,+\infty)$, 0 除外
指数分布	$f(x)=\begin{cases}\dfrac{1}{\theta}\mathrm{e}^{-x/\theta} & x\geqslant 0 \\ 0 & 其他\end{cases}$	1	1
正态分布 $N(\mu,\sigma^2)$	$f(x)=\dfrac{1}{\sqrt{2\pi\sigma^2}}\mathrm{e}^{-(x-\mu)^2/2\sigma^2}$	σ/μ	$(-\infty,+\infty)$, 0 除外
韦伯分布	$f(x)=\begin{cases}\alpha\beta^{-\alpha}x^{\alpha-1}\mathrm{e}^{-(x/\beta)^\alpha} & x>0 \\ 0 & 其他\end{cases}$	$\sqrt{\dfrac{\Gamma\left(\dfrac{2}{\alpha}+1\right)}{\left[\Gamma\left(\dfrac{1}{\alpha}+1\right)\right]^2}-1}$	当 $\alpha<1$ 时,$\delta>1$ 当 $\alpha=1$ 时,$\delta=1$ 当 $\alpha>1$ 时,$\delta<1$

由表5.2可知,许多分布偏差系数的取值范围是重合的,并且估计值 $\hat{\delta}$ 并不一定是偏差系数 δ 的无偏估计,因此点统计法有较大的局限性。

2. 直方图法

该方法是一种直观地近似求概率密度函数的图解方法。当观测数较大时,将观测数据由小到大排列,并分为 $(t_1^*,t_2^*),(t_2^*,t_3^*),\cdots,(t_k^*,t_{k+1}^*)$ k 个区间,其中 $t_1^*<t_2^*<\cdots<t_k^*<t_{k+1}^*$。在每一个区间 k 中,统计观测数在该区间中的个数(频数用 n_k 表示),其频率为: $p_k^*=\dfrac{n_k}{n}$。在直角坐标系的横轴上,标出 $t_1^*<t_2^*,\cdots<t_k^*<t_{k+1}^*$ 各点,分别以 (t_k^*,t_{k+1}^*) 为底边,作高为 p_k^* 的矩形。由 $\sum_{i=1}^{k}p_k^*=1$ 可知,整个直方图的面积为1。当增大划分区间数时,直方图也越来越接近于面积为1的某种曲线,也就是随机变量的概率密度曲线。

3. 概率图法

随机量 T 的经验分布函数用 $\tilde{F}[x]$ 表示,将 n 个抽样单元按照有小到大排列,考虑到可能出现两个或者多个抽样单元相等的情况,互不相等的抽样单元有 m 个,依次为 $x_1,x_2<\cdots x_m$,即 $x_1<x_2<\cdots<x_m$,经验分布函数为

$$\tilde{F}(t_i)=P^*(T<t_i)=\dfrac{n_i}{n} \tag{5.6}$$

式中: n_i 表示小于或等于 x_i 的抽样单元个数,$1\leqslant i\leqslant m$。

为了确定抽样单元的分布形式,可以用一种已知的分布函数与抽样单元的经验分布函数进行比较,如果两个分布函数比较接近,可以初步认为抽样单元服从已知分布形式。但是要想

通过分布函数的图形特征进行比对,则有一定的难度,因为不同随机量的分布函数的曲线形状差异不明显。假定分布函数 $F(x_i)=y_i$,则 $x_i=F^{-1}(y_i)$ 为 $F(x)$ 的反变换值,对于相同的分布函数值来说,若两个分布函数的反变换值接近,则两个分布函数也接近。

已知某个分布函数 $G(x)$,对于相同的 y_i,利用经验分布函数确定的 $x_i=F^{-1}(y_i)$,利用已知分布函数确定的 $g_i=G^{-1}(y_i)$,将 x_i 作为横坐标值、g_i 作为纵坐标值,可以画出 (x_i,g_i) 的轨迹。如果该轨迹是一条斜率接近 45°的直线,可以认为经验分布函数与已知分布函数接近;如果该轨迹是一条曲线,则认为两个分布函数相差较大。

5.2.2 基于试验数据的分布类型确定方法

进行 100 次目标在雷达搜索区停留时间的试验,用 $t_1,t_2,\cdots,t_{100}$ 表示 100 次雷达搜索区停留时间的观测值,观测数据的分布形式见表 5.3,下面分别用点统计法、直方图法以及概率图法确定实验数据的分布类型。

表 5.3　100 次目标在雷达搜索区停留时间的观测值　　　单位:s

1.81	28.18	5.96	6.44	1.04	13.14	24.97	34.17	9.79	5.29
3.36	28.06	22.08	28.96	4.78	1.62	10.01	4.71	29.82	25.2
6.6	9.86	36.66	1.28	0.88	50.93	6.5	6.28	18.55	24.84
3.36	52.85	25.55	31.32	102.62	43.36	2.8	14.08	3.94	14.74
8.83	35.27	16.42	21.74	28.73	7.2	4.56	6.13	19.67	8.61
4.78	9.46	4.32	24.6	19.54	19.75	35.32	6.6	40.63	10.34
7.64	24.01	19.76	6.7	55.3	19.27	11.86	0.28	15.48	1.67
59.01	8.74	2.19	2.06	0.82	18.07	0.66	17.44	9.86	26.09
4.83	0.53	17.33	14.17	29.42	4.42	12.05	11.4	17.36	80.43
7.41	11.95	19.18	1.87	37.77	5.85	6.79	4.21	24.17	6.54

1. 点统计法

100 次目标在雷达搜索区停留时间试验的样本均值为

$$\bar{t}(100)=\frac{1}{n}\sum_{i=1}^{n}t_i=\frac{1}{100}\sum_{i=1}^{100}t_i=17.034\ 8$$

100 次目标在雷达搜索区停留时间试验的样本方差为

$$S^2(100)=\frac{1}{n-1}\sum_{i=1}^{n}(t_i-\bar{t})^2=\frac{1}{99}\sum_{i=1}^{100}(t_i-\bar{t})^2=295.021\ 5$$

变差系数的估计值为

$$\hat{\delta}=\frac{\sqrt{S^2(n)}}{\bar{t}(n)}=\frac{\sqrt{295.021\ 5}}{17.034\ 8}=1.008\ 3$$

由于 $\hat{\delta}$ 的计算值接近 1,可以初步假设观测数据样本服从指数分布。

2. 直方图法

设置 20 个区间,区间长度为 5.117 s,观测值落入每个区间的比例如图 5.1 所示。从图 5.1

中可以看出,观测值的直方图与指数分布密度函数曲线接近,初步假设该观测数据服从指数分布。

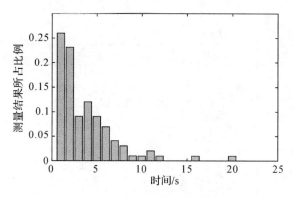

图 5.1　观测数据的直方图

3. 概率图法

以目标在雷达搜索区停留时间作为随机量的经验分布函数为 $\widetilde{F}[t_i] = \dfrac{n_i}{100}$,经验分布函数分位点 $t_i = \widetilde{F}^{-1}\left[\dfrac{n_i}{100}\right]$。

如果以目标在雷达搜索区停留时间作为随机量的分布形式为指数分布,分布参数的值采用最大似然估计值 $\hat{\theta} = \bar{t} = 17.0348$,对于 $n_i/100$,指数分布函数为

$$F_1[t_e(i)] = 1 - e^{-\frac{1}{\hat{\theta}}t_e(i)} = 1 - e^{-\frac{1}{17.0348}t_e(i)} = \frac{n_i}{100}$$

根据反变换方法,$t_e(i)$ 表达式为

$$t_e(i) = F_1^{-1}[t_e(i)] = -\hat{\theta}\ln\left(1 - \frac{n_i}{100}\right) = -17.0348\ln\left(1 - \frac{n_i}{100}\right)$$

如果目标在雷达搜索区停留时间的分布形式为正态分布,分布参数采用 μ 的最大似然估计值 $\hat{\mu} = \bar{t} = 17.0348$ 以及 σ 的最大似然估计值 $\hat{\sigma} = \sqrt{\dfrac{n-1}{n}S^2(n)} = \sqrt{0.99S^2} = 17.0901$。对于 $\dfrac{n_i}{100}$,正态分布函数

$$F_2[t_n(i)] = 0.5\left[1 + \Phi\left(\frac{t_e(i) - 17.0348}{17.0901}\right)\right] = \frac{n_i}{100}$$

其中,拉普拉斯函数 $\Phi(x) = \dfrac{2}{\sqrt{2\pi}}\displaystyle\int_0^x e^{-t^2/2}\mathrm{d}t$。

根据反变换方法,$t_n(i)$ 表达式为

$$t_n(i) = F_2^{-1}\left(\frac{n_i}{100}\right) = \hat{\mu} + \hat{\sigma}\Phi^{-1}\left(2\frac{n_i}{100} - 1\right) = 17.0348 + 17.0901\Phi^{-1}\left(\frac{n_i}{50} - 1\right)$$

表 5.4 为 n_i/n 对应的指数分布函数反变换值 $F_1^{-1}(n_i/n)$、正态分布函数反变换值 $F_2^{-1}(n_i/n)$ 以及经验分布函数反变换值 t_i,表中选取了 21 个目标在雷达搜索区停留时间进行计算。

表 5.4 n_i/n 在不同分布函数下的反变换值

t_i	n_i	n_i/n	$F_1^{-1}\left(\dfrac{n_i}{n}\right)$	$F_2^{-1}\left(\dfrac{n_i}{n}\right)$
0.28	1	0.01	0.17	−17.76
0.88	5	0.05	0.87	−9.54
1.81	10	0.1	1.79	−4.17
3.36	16	0.16	2.97	0.37
4.42	20	0.2	3.8	2.86
4.83	25	0.25	4.9	5.63
6.28	30	0.30	6.07	8.14
6.6	35	0.35	7.33	10.48
7.64	40	0.4	8.7	12.72
9.79	45	0.45	10.18	14.89
11.4	50	0.5	11.8	17.03
14.08	55	0.55	13.60	19.18
17.33	60	0.6	15.6	21.36
19.18	65	0.65	17.88	23.61
19.76	70	0.7	20.5	25.99
24.60	75	0.75	23.61	28.56
26.09	80	0.8	27.41	31.41
29.42	85	0.85	32.31	34.74
35.32	90	0.9	39.22	38.93
50.93	95	0.95	51.03	45.14
80.43	99	0.99	78.44	56.79

根据表 5.4 中的计算结果，分别画出经验分布函数分位点值与指数分布函数分位点值的形成的轨迹（见图 5.2）、经验分布函数分位点值与正态分布函数分位点值的形成的轨迹（见图 5.3）。

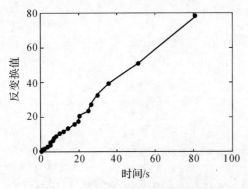

图 5.2 经验分布指数分布的概率图

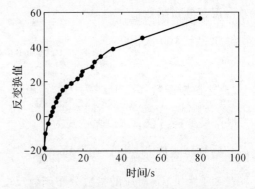

图 5.3 测量结果与正态分布的概率图

比较图 5.2 和图 5.3 可以看出，指数分布假设下 $[t_i, F_1^{-1}(n_i/n)]$ 轨迹相对比较平直，斜率接近 1，而正态部分假设下 $[t_i, F_2^{-1}(n_i/n)]$ 轨迹是一条曲线，说明经验分布函数函数和指数分布函数基本一致，初步确定目标在雷达搜索区停留时间服从指数分布。

5.3 分布类型的拟合优良度检验

在假设了观测数据的分布类型后，需要进一步检验理想分布与观测数据的吻合程度，本节给出两种优良度检验方法，χ^2 检验和 $K-S$ 检验。

5.3.1 χ^2 检验方法

将观测值分为 $(t_1^*, t_2^*), (t_2^*, t_3^*), \cdots, (t_k^*, t_{k+1}^*)$ k 个区间，其中 $t_1^* < t_2^* < \cdots < t_k^* < t_{k+1}^*$，将理论分布与统计分布之间的偏差度作为拟合优良度指数 U^*，有

$$U^* = \sum_{i=1}^{k} \frac{n}{p_i}(p_i^* - p_i)^2 = \sum_{i=1}^{k} \left(\frac{n_i - np_i}{np_i}\right)^2 \tag{5.7}$$

式中：p_i^* 表示观测值落入第 i 个区间的频率，$p_i^* = n_i/n$；n_i 表示观测值落入第 i 个区间的频数；p_i 表示随机量落入第 i 个区间的概率；np_i 为落入第 i 个区间的的期望频数。

皮尔逊证明，当 n 足够大时，随机量 U 的概率密度 $f(u)$ 近似于 χ^2 分布。这种分布是一种 r 个独立随机量二次方和的分布，其中每个随机量服从 $N(0,1)$ 的正态分布。

χ^2 分布的概率密度为

$$f(u) = \frac{1}{2^{r/2} \Gamma\left(\frac{r}{2}\right)} u^{r/2-1} \cdot e^{-u/2} \tag{5.8}$$

式中：$\Gamma(z) = \int_0^\infty t^{z-1} e^{-t} dt$，$r$ 为自由度数，$r = k - m - 1$；m 为所假设的分布参数个数，如对于指数分布，$m=1$，对于正态分布，$m=2$。

提出随机量分布律假设 H_0，给定显著性水平 α，查表确定上 α 分位点 U_α，即

$$P(U > U_\alpha / H_0) = \frac{1}{2^{r/2} \Gamma\left(\frac{r}{2}\right)} \int_{U_\alpha}^{\infty} U^{r/2-1} \cdot e^{-U/2} dU = \alpha \tag{5.9}$$

如果利用估测数据计算得到的拟合优良度指数 $U^* < U_\alpha$，则接受随机量分布律假设 H_0。

将 5.2 节 100 次雷达搜索区停留时间的观测值分为 10 个等概率区间，对应的时间分别为 $(0, t_1^*)$、(t_1^*, t_2^*)、(t_2^*, t_3^*)、(t_3^*, t_4^*)、(t_4^*, t_5^*)、(t_5^*, t_6^*)、(t_6^*, t_7^*)、(t_7^*, t_8^*)、(t_8^*, t_9^*)、$(t_9^*, 1)$，假设目标在雷达搜索区停留时间作为随机量的分布形式为指数分布，分布参数的值采用最大似然估计值 $\hat{\theta} = \bar{t} = 17.0348$，分布函数为

$$F[t] = P(T < t) = 1 - e^{-\frac{1}{\hat{\theta}}t}$$

根据分布函数的反变换形式

$$t = -\hat{\theta} \ln(1-r)$$

根据分布函数的定义，r 取值分别为 $0.1, 0.2, 0.3, \cdots, 0.9$ 时，得到对应的 $t_1^*, t_2^*, t_3^*, \cdots, t_9^*$，构成的区间为 10 个等概率区间，计算结果见表 5.5。

表 5.5 等概率区间时间间隔计算

时间	表达式	计算结果
t_1^*	$-\hat{\theta}\ln(1-0.1)$	1.79
t_2^*	$-\hat{\theta}\ln(1-0.2)$	3.84
t_3^*	$-\hat{\theta}\ln(1-0.3)$	6.08
t_4^*	$-\hat{\theta}\ln(1-0.4)$	8.70
t_5^*	$-\hat{\theta}\ln(1-0.5)$	11.81
t_6^*	$-\hat{\theta}\ln(1-0.6)$	15.62
t_7^*	$-\hat{\theta}\ln(1-0.7)$	20.52
t_8^*	$-\hat{\theta}\ln(1-0.8)$	27.43
t_9^*	$-\hat{\theta}\ln(1-0.9)$	39.25

分别统计 10 个等概率区间中观察频数,计算 $(n_i-np_i)^2/np_i$,在此基础上计算理论分布与统计分布之间的偏差度 U^*,计算结果见表 5.6。

表 5.6 目标在雷达搜索区停留时间的概率分布模型 χ^2 检验

序号	区间	观察频数 n_i	期望频数	概率 p_i	$\dfrac{(n_i-np_i)^2}{np_i}$
1	(0,1.79)	9	10	0.1	0.1
2	(1.79,3.84)	7	10	0.1	0.9
3	(3.84,6.08)	12	10	0.1	0.4
4	(6.08,8.70)	13	10	0.1	0.9
5	(8.70,11.81)	9	10	0.1	0.1
6	(11.81,15.62)	8	10	0.1	0.4
7	(15.62,20.52)	12	10	0.1	0.4
8	(20.52,27.43)	10	10	0.1	0
9	(27.43,39.25)	12	10	0.1	0.4
10	(39.25,1)	8	10	0.1	0.4
总计 $U^* = \sum\limits_{i=1}^{k}\dfrac{(n_i-np_i)^2}{np_i}$					4

由于等概率区间个数为 10,所假设的指数分布参数的数量为 1,χ^2 的自由度为 8,在显著性水平 $\alpha=0.1$ 时,查表确定上 α 分位点 $U_\alpha(8)=13.362$,即 $U^*=U_{0.1}(8)$,因此在 0.1 水平上接受假设 H_0,认为目标在雷达搜索区停留时间服从参数为 17.034 8 的指数分布。

5.3.2 K-S检验方法

χ^2检验在确定等概率区间时需要给出分布函数的反变换形式,但一些分布函数的反变换形式很难给出,另外,在χ^2检验中要求期望频数尽量多一些,如果观测样本较少,可能出现区间数太少而影响检验结果。K-S检验全称为Kolmogorov-Smirnov检验,其基本原理是将由观测样本值确定的经验分布函数与理论分布函数作比较,根据两个分布函数的接近程度决定是否与指定的理论分布相符合,很好地避免了χ^2检验的不足。

用$\tilde{F}(x)=n_i/n$表示经验分布函数。其中,n_i表示等于或小于x的所有观测样本的数量;$F(x)$表示理论分布函数,分布参数可以通过最大似然估计确定。评价接近程度的指标采用的是$F(x)$与$\tilde{F}(x)$的最大偏差:

$$D_n = \max\{|F(x)-\tilde{F}(x)|\} \tag{5.10}$$

其基本步骤为:

(1)给定假设$H_0:\tilde{F}(x)=F(x)$;

(2)计算$F(x)$与$\tilde{F}(x)$的最大偏差D_n;

(3)利用K-S检验表达式,结合$D(n,a)$简略表,判断D_n是否超过某一规定值,如超过,则拒绝假设H_0,否则接受假设H_0。

对于指数分布假设,K-S检验的表达式为

$$(D_n-0.2/n)(\sqrt{n}+0.26+0.5/\sqrt{n}) > d_a \tag{5.11}$$

如果该不等式成立,则拒绝假设H_0,否则接受假设H_0。

对于指数分布假设,不同显著性水平对应的d_a可以查表5.7。

表5.7 指数分布假设条件下不同显著性水平对应的d_a值

α	0.15	0.1	0.05	0.025	0.01
d_a	0.926	0.990	1.094	1.190	1.308

如果以目标在雷达搜索区停留时间作为随机量的分布形式为指数分布,分布参数的值采用最大似然估计值$\hat{\theta}=\bar{t}=17.0348$,分布函数可以表示为$F(t)=1-e^{-\frac{1}{17.0348}t}$。

表5.8为不同观测值对应的分布函数偏差计算结果。

表5.8 不同观测值对应的分布函数偏差计算结果

t_i	n_i	$\tilde{F}(t)$	$F(t)$	偏差	t_i	n_i	$\tilde{F}(t)$	$F(t)$	偏差
0.28	1	0.01	0.016	0.006	11.4	50	0.5	0.488	0.012
0.53	2	0.02	0.030	0.01	11.86	51	0.51	0.502	0.008
0.66	3	0.03	0.038	0.008	11.95	52	0.52	0.504	0.006
0.82	4	0.04	0.047	0.007	12.05	53	0.53	0.507	0.023
0.88	5	0.05	0.053	0.003	13.14	54	0.54	0.537	0.003
1.04	6	0.06	0.059	0.001	14.08	55	0.55	0.562	0.012

续表

t_i	n_i	$\tilde{F}(t)$	$F(t)$	偏差	t_i	n_i	$\tilde{F}(t)$	$F(t)$	偏差
1.28	7	0.07	0.072	0.002	14.17	56	0.56	0.565	0.005
1.62	8	0.08	0.090	0.01	14.74	57	0.57	0.579	0.009
1.67	9	0.09	0.093	0.003	15.48	58	0.58	0.597	0.017
1.81	10	0.1	0.101	0.001	16.42	59	0.59	0.619	0.029
1.87	11	0.11	0.104	0.006	17.33	60	0.6	0.638	0.038
2.06	12	0.12	0.114	0.006	17.36	61	0.61	0.639	0.029
2.19	13	0.13	0.12	0.01	17.44	62	0.62	0.641	0.021
2.8	14	0.14	0.151	0.011	18.07	63	0.63	0.654	0.024
3.36	16	0.16	0.179	0.019	18.55	64	0.64	0.663	0.023
3.94	17	0.17	0.207	0.037	19.18	65	0.65	0.676	0.026
4.21	18	0.18	0.219	0.039	19.27	66	0.66	0.677	0.017
4.32	19	0.19	0.224	0.034	19.54	67	0.67	0.682	0.012
4.42	20	0.2	0.229	0.029	19.67	68	0.68	0.685	0.005
4.56	21	0.21	0.235	0.025	19.75	69	0.69	0.686	0.004
4.71	22	0.22	0.242	0.022	24.01	73	0.73	0.756	0.026
4.78	24	0.24	0.245	0.005	24.17	74	0.74	0.758	0.018
4.83	25	0.25	0.247	0.003	24.60	75	0.75	0.764	0.006
5.29	26	0.26	0.267	0.007	24.84	76	0.76	0.767	0.007
5.85	27	0.27	0.291	0.021	24.97	77	0.77	0.769	0.001
5.96	28	0.28	0.295	0.015	25.2	78	0.78	0.772	0.008
6.13	29	0.29	0.302	0.012	25.55	79	0.79	0.777	0.013
6.28	30	0.30	0.308	0.008	26.09	80	0.8	0.784	0.016
6.44	31	0.31	0.315	0.005	28.06	81	0.81	0.807	0.003
6.50	32	0.32	0.317	0.003	28.18	82	0.82	0.809	0.001
6.54	33	0.33	0.319	0.011	28.73	83	0.83	0.815	0.015
6.6	35	0.35	0.321	0.029	28.96	84	0.84	0.817	0.023
6.7	36	0.36	0.325	0.035	29.42	85	0.85	0.822	0.028
6.79	37	0.37	0.329	0.041	29.82	86	0.86	0.826	0.034
7.2	38	0.38	0.345	0.035	31.32	87	0.87	0.841	0.029
7.41	39	0.39	0.353	0.037	34.17	88	0.88	0.865	0.015
7.64	40	0.4	0.361	0.039	35.27	89	0.89	0.874	0.016
8.61	41	0.41	0.397	0.013	35.32	90	0.9	0.874	0.026
8.74	42	0.42	0.401	0.019	36.66	91	0.91	0.881	0.029
8.83	43	0.43	0.405	0.025	37.77	92	0.92	0.891	0.029

续表

t_i	n_i	$\tilde{F}(t)$	$F(t)$	偏差	t_i	n_i	$\tilde{F}(t)$	$F(t)$	偏差
9.46	44	0.44	0.426	0.014	40.63	93	0.93	0.908	0.022
9.79	45	0.45	0.437	0.013	43.36	94	0.94	0.922	0.018
9.86	47	0.47	0.439	0.031	50.93	95	0.95	0.948	0.002
10.01	48	0.48	0.444	0.036	52.85	96	0.96	0.955	0.005
10.34	49	0.49	0.455	0.035	55.3	97	0.97	0.961	0.009
19.76	70	0.7	0.687	0.013	59.01	98	0.98	0.969	0.011
21.74	71	0.71	0.721	0.011	80.43	99	0.99	0.991	0.001
22.08	72	0.72	0.726	0.006	102.62	100	1	0.997	0.003

通过表 5.8 可知，$D_n = \max|F(x) - \tilde{F}(x)| = 0.041$，则

$(D_n - 0.2/n)(\sqrt{n} + 0.26 + 0.5/\sqrt{n}) = (0.041 - 0.02)(10 + 0.26 + 0.05) = 0.217$

当显著性水平 $\alpha = 0.1$ 时，查表得 $d_\alpha = 0.99$。因此式(5.11)不成立，接受假设 H_0，即目标在雷达搜索区停留时间服从指数分布。

5.4 试验数据的线性回归

在进行地空导弹武器系统试验过程中，通过试验样本确定出变量之间的关系表达式，即建立回归模型，在此基础上，确定变量之间的显著关系（如：导弹速度与多普勒频率之间的关系，导弹全寿命周期费用与初始质量、战斗部质量、最大速度、最大射程、导弹成本、全寿命周期成本之间的关系，脱靶距离与距离测量误差、速度测量误差、导引头跟踪稳定性之间的关系），并通过已有数据预测因变量的变化趋势。

5.4.1 多元线性回归方程估计参数的确定

设因变量为 y，t 个自变量为 $x_1, x_2, \cdots, x_t$，描述因变量 y 如何依赖于自变量 $x_1, x_2, \cdots, x_t$ 和误差项 ε 的方程称为多元回归模型，其一般形式为

$$y = \beta_0 + \beta_1 x_1 + \beta_2 x_2 + \cdots + \beta_t x_t + \varepsilon \tag{5.12}$$

式中：$\beta_0, \beta_1, \beta_2, \cdots, \beta_t$ 是模型的参数；ε 为误差项。y 是 $x_1, x_2, \cdots, x_t$ 的线性函数，误差项 ε 反映了除 $x_1, x_2, \cdots, x_t$ 与 y 的线性关系之外的随机因素对 y 的影响，是不能由 $x_1, x_2, \cdots, x_t$ 与 y 之间的线性关系所解释的变异性。

对于误差项 ε，假设：ε 是期望值为 0 的随机变量，对于给定的 $x_1, x_2, \cdots, x_t$，因变量 y 的期望值 $E(y) = \beta_0 + \beta_1 x_1 + \beta_2 x_2 + \cdots + \beta_t x_t$；对于自变量 $x_1, x_2, \cdots, x_t$ 的所有试验值，ε 的方差 σ^2 都相同；误差项 ε 服从正态分布且相互独立，$\varepsilon \sim N(0, \sigma^2)$。因变量 y 的期望值与自变量 $x_1, x_2, \cdots, x_t$ 之间的关系，可以用多元回归方程描述：

$$E(y) = \beta_0 + \beta_1 x_1 + \beta_2 x_2 + \cdots + \beta_t x_t \tag{5.13}$$

在多元回归方程中，参数 $\beta_0, \beta_1, \beta_2, \cdots, \beta_t$ 是未知的。需要用数据样本估计，假设参数 β_0，

$\beta_1,\beta_2,\cdots,\beta_t$ 的估计值为 $\hat{\beta}_0,\hat{\beta}_1,\hat{\beta}_2,\cdots,\hat{\beta}_0,\hat{\beta}_1,\hat{\beta}_2,\cdots,\hat{\beta}_t$ 称为偏回归系数，$\hat{\beta}_i$ 表示当 x_1，$x_2,\cdots,x_{k-1},x_{k+1},\cdots,x_t$ 不变时，x_k 每改变一个单位时 y 的平均改变量，y 的估计值为 $\hat{y}$。估计的多元回归方程为

$$\hat{y}=\hat{\beta}_0+\hat{\beta}_1x_1+\hat{\beta}_2x_2+\cdots+\hat{\beta}_tx_t \tag{5.14}$$

可以使用最小二乘法估计回归模型的参数，使 y 与 $\hat{y}$ 之差的二次方和最小，即

$$F=\sum_{i=1}^n[y_i-\hat{y}_i]^2=\sum_{i=1}^n[y_i-(\hat{\beta}_0+\hat{\beta}_1x_{1i}+\hat{\beta}_2x_{2i}+\cdots+\hat{\beta}_tx_{ti})]^2 \tag{5.15}$$

式中：n 为观测次数或观测点数。根据极限定理，对 F 求相应于 $\hat{\beta}_0,\hat{\beta}_1,\hat{\beta}_2,\cdots,\hat{\beta}_t$ 的偏导数，并令其等于 0，可得

$$\left.\begin{array}{l} F'_{\beta_0}(\hat{\beta}_0,\hat{\beta}_1,\hat{\beta}_2\cdots,\hat{\beta}_t)=0 \\ F'_{\beta_1}(\hat{\beta}_0,\hat{\beta}_1,\hat{\beta}_2\cdots,\hat{\beta}_t)=0 \\ F'_{\beta_2}(\hat{\beta}_0,\hat{\beta}_1,\hat{\beta}_2\cdots,\hat{\beta}_t)=0 \\ \cdots\cdots \\ F'_{\beta_t}(\hat{\beta}_0,\hat{\beta}_1,\hat{\beta}_2\cdots,\hat{\beta}_t)=0 \end{array}\right\} \tag{5.16}$$

解上述方程组得

$$\left.\begin{array}{l} \sum(\hat{\beta}_0+\hat{\beta}_1x_{1i}+\hat{\beta}_2x_{2i}+\cdots+\hat{\beta}_tx_{ti})=\sum y_i \\ \sum(\hat{\beta}_0+\hat{\beta}_1x_{1i}+\hat{\beta}_2x_{2i}+\cdots+\hat{\beta}_tx_{ti})x_{1i}=\sum y_ix_{1i} \\ \cdots\cdots \\ \sum(\hat{\beta}_0+\hat{\beta}_1x_{1i}+\hat{\beta}_2x_{2i}+\cdots+\hat{\beta}_tx_t)x_t=\sum y_ix_t \end{array}\right\} \tag{5.17}$$

写成矩阵形式为

$$\begin{pmatrix} n & \sum x_{1i} & \cdots & \sum x_{ti} \\ \sum x_{1i} & \sum x_{1i}^2 & \cdots & \sum x_{1i}x_{ti} \\ \vdots & \vdots & \vdots & \vdots \\ \sum x_t & \sum x_tx_{1i} & \vdots & \sum x_{ki}^2 \end{pmatrix}\begin{pmatrix} \hat{\beta}_0 \\ \hat{\beta}_1 \\ \vdots \\ \hat{\beta}_t \end{pmatrix}=\begin{pmatrix} 1 & 1 & \cdots & 1 \\ x_{11} & x_{12} & \cdots & x_{1n} \\ \vdots & \vdots & \vdots & \vdots \\ x_{t1} & x_{t2} & \vdots & x_{tn} \end{pmatrix}\begin{pmatrix} y_1 \\ y_2 \\ \vdots \\ y_n \end{pmatrix} \tag{5.18}$$

设

$$X=\begin{pmatrix} 1 & x_{11} & x_{21} & \cdots & x_{t1} \\ 1 & x_{12} & x_{22} & \cdots & x_{t2} \\ \vdots & \vdots & \vdots & \cdots & \vdots \\ 1 & x_{1n} & x_{2n} & \cdots & x_{tn} \end{pmatrix} \quad Y=\begin{pmatrix} y_1 \\ y_2 \\ \vdots \\ y_n \end{pmatrix} \quad \hat{\beta}=\begin{pmatrix} \hat{\beta}_0 \\ \hat{\beta}_1 \\ \vdots \\ \hat{\beta}_t \end{pmatrix} \tag{5.19}$$

上式可以写为：$\boldsymbol{X}^\mathrm{T}\boldsymbol{X}\hat{\boldsymbol{\beta}}=\boldsymbol{X}^\mathrm{T}\boldsymbol{Y}$，则偏回归系数向量 $\hat{\boldsymbol{\beta}}$ 为

$$\hat{\boldsymbol{\beta}} = (\boldsymbol{X}^\mathrm{T}\boldsymbol{X})^{-1}\boldsymbol{X}^\mathrm{T}\boldsymbol{Y} \tag{5.20}$$

例 5.1 不同速度飞行的目标的多普勒频率,测量数据见表 5.9。

表 5.9 目标不同速度对应的多普勒频率

速度 V / (m/s)	100	200	250	300	350	400	450
频率 F / Hz	210	400	505	590	715	815	880

根据表 5.9 中的数据,分别写出矩阵向量 $\boldsymbol{X}$ 和向量 $\boldsymbol{Y}$

$$\boldsymbol{X} = \begin{bmatrix} 1 & 1 & 1 & 1 & 1 & 1 & 1 \\ 100 & 200 & 250 & 300 & 350 & 400 & 450 \end{bmatrix}^\mathrm{T}$$

$$\boldsymbol{F} = \begin{bmatrix} 210 & 400 & 505 & 590 & 715 & 815 & 880 \end{bmatrix}^\mathrm{T}$$

根据式(5.19)可得

$$\hat{\boldsymbol{\beta}} = (\boldsymbol{X}^\mathrm{T}\boldsymbol{X})^{-1}\boldsymbol{X}^\mathrm{T}\boldsymbol{F} = \begin{bmatrix} 11.86 & 1.97 \end{bmatrix}^\mathrm{T}$$

可以得出回归方程为

$$F = 11.86 + 1.97V$$

例 5.2 以下为防空导弹武器系统成本分析数据,利用 10 组同类型、同级别类似导弹系统的样本数据进行分析。假设根据分析确定防空导弹武器系统的全寿命周期成本 C 主要与导弹起始质量 m_b、战斗部质量 m_w、最大速度 V_m、最大射程 D_m 和导弹成本 C_m 有关,见表 5.10。

表 5.10 防空导弹武器系统的成本样本数据

序号	起始质量 kg	战斗部质量 kg	最大速度 Ma	最大射程 km	导弹成本 亿美元	全寿命周期成本 亿美元
1	1 000	100	6	130	3	19
2	1 358.9	61.2	3	237	2.8	18
3	630	50	2.5	46	1.2	7.2
4	63.5	5.9	1.6	17	0.55	3.2
5	87	14	2.3	18	1	5
6	86.2	4.5	2.5	9	0.9	3.7
7	447	60	5	370	4	30.5
8	78	4	2.3	27	0.95	4.5
9	204	27	3.5	82	1.5	10
10	625	50	2.5	74	1.3	7.9

根据表 5.10 数据,分别写出矩阵向量 $\boldsymbol{X}$ 和向量 $\boldsymbol{Y}$

$$X = \begin{bmatrix} 1 & 1\,000 & 100 & 6 & 130 & 3 \\ 1 & 1\,358.9 & 61.2 & 3 & 237 & 2.8 \\ 1 & 630 & 50 & 2.5 & 46 & 1.2 \\ 1 & 63.5 & 5.9 & 1.6 & 17 & 0.55 \\ 1 & 87 & 14 & 2.3 & 18 & 1 \\ 1 & 86.2 & 4.5 & 2.5 & 9 & 0.9 \\ 1 & 447 & 60 & 5 & 370 & 4 \\ 1 & 78 & 4 & 2.3 & 27 & 0.95 \\ 1 & 204 & 27 & 3.5 & 82 & 1.5 \\ 1 & 625 & 50 & 2.5 & 74 & 1.3 \end{bmatrix}, Y = \begin{bmatrix} 19 \\ 18 \\ 7.2 \\ 3.2 \\ 5 \\ 3.7 \\ 30.5 \\ 4.5 \\ 10 \\ 7.9 \end{bmatrix}$$

根据式(5.19)可得

$$\hat{\boldsymbol{\beta}} = (\boldsymbol{X}^T\boldsymbol{X})^{-1}\boldsymbol{X}^T\boldsymbol{Y} = [-0.421\,4 \quad -0.003 \quad 0.051\,8 \quad 0.506\,1 \quad 0.039\,3 \quad 3.024\,2]^T$$

可以得出回归方程为

$$C = -0.421\,4 - 0.003 m_b + 0.051\,8 m_w + 0.506\,1 V_m + 0.039\,3 D_m + 3.024\,2 C_m$$

5.4.2 回归方程的拟合优度检验

回归方程在一定程度上描述了自变量和因变量的数量关系,通过自变量的取值可以估计或预测因变量的取值,但估计或者预测的精度取决于回归方程对样本数据的拟合程度。

定义 $\text{SST} = \sum(y_i - \bar{y})^2$ 为总二次方和,$\text{SSR} = \sum(\hat{y}_i - \bar{y})^2$ 为回归二次方和,$\text{SSE} = \sum(y_i - \hat{y}_i)^2$ 为残差二次方和,则总二次方和可以表示为

$$\begin{aligned} \text{SST} &= \sum(y_i - \bar{y})^2 \\ &= \sum(\hat{y}_i - \bar{y})^2 + 2\sum(y_i - \hat{y}_i)\sum(\hat{y}_i - \bar{y}) + \sum(y_i - \hat{y}_i)^2 \\ &= \sum(\hat{y}_i - \bar{y})^2 + \sum(y_i - \hat{y}_i)^2 \\ &= \text{SSR} + \text{SSE} \end{aligned} \quad (5.21)$$

给出多重判定系数 R^2

$$R^2 = \frac{\text{SSR}}{\text{SST}} = 1 - \frac{\text{SSE}}{\text{SST}} \quad (5.22)$$

样本观测点与样本回归方程靠得越紧,回归二次方和与总离差二次方和的比值越大,多重判定系数越大,拟合度越高。说明自变量能够解释因变量变化的百分比越接近1,也就说明模型对数据的拟合程度越好。随着自变量个数的增加,残差二次方和往往减小,多重判定系数反而增大,可能得出错误结论:要拟合得好,就必须增加解释变量。事实上,增加解释变量引起 R^2 增加,与拟合好坏无关。因此,给出调整的多重判定系数 $\tilde{R}^2$:

$$\tilde{R}^2 = 1 - \frac{\text{SSE}/(n-t-1)}{\text{SST}/(n-1)} = 1 - (1-R^2)\frac{n-1}{n-t-1} \quad (5.23)$$

式中:总二次方和 $\text{SST} = \sum(y_i - \bar{y})^2$ 受1个方程约束,即 $\bar{y} = \frac{1}{n}\sum y_i$,因此有 $n-1$ 个自由度;由于 $\hat{\beta}_0, \hat{\beta}_1, \hat{\beta}_2, \cdots, \hat{\beta}_t$ 由 $t+1$ 个方程求导为0得到,$\hat{y}$ 受 $t+1$ 个方程约束,因此残差二次方

和 $SSE=\sum(y_i-\hat{y}_i)^2$ 的自由度为 $n-t-1$。调整多重判定系数 $\tilde{R}^2$ 的同时考虑了样本量 n 和自变量个数 t 的影响，$\tilde{R}^2$ 的值不会因为自变量个数的增加而接近于 1。

在例 5.2 中，样本数 $n=10$，自变量个数 $t=5$，残差二次方和 $SSE=0.4944$，总二次方和 $SST=710.58$，多重判定系数 $R^2=99.93\%$，调整的多重判定系数 $\tilde{R}^2=99.84\%$，即在对样本量和模型的自变量个数进行调整后，在防空导弹武器系统全寿命周期成本中，能被导弹起始质量、战斗部质量、最大速度、最大射程和导弹成本的多元回归方程解释的比例为 99.84%。

5.4.3 线性关系检验

线性关系检验是指检验自变量 x 和因变量 y 之间的线性关系是否显著，检验统计量构造以回归二次方和 SSR 和残差二次方和 SSE 为基础。记 $MSR=SSR/t$ 为均方回归，记 $MSE=SSE/(n-t-1)$ 为均方残差。如果原假设成立（$H_0: \beta_0=\beta_1=\beta_2=\cdots=\beta_t=0$，$t+1$ 个变量之间的线性关系不显著），则比值 MSR/MSE 的抽样分布服从分子自由度为 t，分母自由度为 $n-t-1$ 的 F 分布，统计量 F 为

$$F=\frac{MSR}{MSE}=\frac{SSR/t}{SSE/(n-t-1)}\sim F(t,n-t-1) \tag{5.24}$$

对于统计量 F，较大的 F 值将导致拒绝原假设 H_0，说明自变量 x 和因变量 y 之间存在显著的线性关系。

表 5.11 给出例 5.2 中防空导弹武器系统成本分析问题的方差分析表，用于检验防空导弹武器系统的全寿命周期成本与导弹起始质量、战斗部质量、最大速度、最大射程和导弹成本之间的线性关系是否显著。

表 5.11 多元线性回归方差分析表

来源	自由度	SS	MS	F
总变差	9	710.58	78.9533	
回归	5	710.0856	142.0171	1 149
残差	4	0.4944	0.1236	

检验步骤为：

(1) 给定假设 $H_0: \beta_0=\beta_1=\beta_2=\beta_3=\beta_4=\beta_5=0$；假设 $H_1: \beta_0,\beta_1,\beta_2,\beta_3,\beta_4,\beta_5$ 中至少有一个不等于 0。

(2) 根据表 5.11 计算检验统计量 $F=1149$。

(3) 给定显著性水平 $\alpha=0.01$，分子自由度为 5，分母自由度为 4，查表知 $F_{0.01}(5,4)=111$，由于 $F>F_{0.01}(5,4)$，拒绝原假设 H_0，即防空导弹武器系统的全寿命周期成本与导弹起始质量、战斗部质量、最大速度、最大射程和导弹成本之间的线性关系是显著的。

5.4.4 回归系数检验

在例 5.2 的分析过程中，F 检验表明防空导弹武器系统的全寿命周期成本与导弹起始质量、战斗部质量、最大速度、最大射程和导弹成本之间的线性关系是显著的，但不能确定全寿命

周期成本与每个变量的关系都显著,这是因为 F 检验是针对总体的显著性的。因此需要构造针对每个回归系数的统计量进行单个回归系数的显著性检验。

回归系数检验就是检验回归系数 β_i 是否等于 0。为检验原假设 $H_0:\beta_i=0$ 是否成立,需要构造统计量。可以证明,$\hat{\beta}_i$ 服从正态分布,$E(\hat{\beta}_i)=\beta_i$,均方差为

$$\sigma_{\beta_i}=\frac{\sigma}{\sqrt{\sum x_i^2-\frac{1}{n}\left(\sum x_i\right)^2}} \tag{5.25}$$

式中:σ 是误差项的均方差。由于 σ 未知,σ 的估计值 $\hat{\sigma}$ 为

$$\hat{\sigma}=\sqrt{\frac{\sum(y_i-\hat{y}_i)^2}{n-t-1}}=\sqrt{\frac{\text{SSE}}{n-t-1}}=\sqrt{\text{MSE}} \tag{5.26}$$

$\hat{\beta}_i$ 均方差近似为

$$S_{\hat{\beta}_i}=\frac{\sqrt{\sum x_i^2-\frac{1}{n}\left(\sum x_i\right)^2}}{} \tag{5.27}$$

构造用于检验回归系数 β_i 的统计量 t 为

$$t_i=\frac{\hat{\beta}_i-\beta_i}{S_{\hat{\beta}_i}} \tag{5.28}$$

如果 $\beta_i=0$ 成立,检验统计量为

$$t_i=\frac{\hat{\beta}_i}{S_{\hat{\beta}_i}} \tag{5.29}$$

在例 5.2 防空导弹武器系统全寿命周期成本的回归方程中进行各回归系数的显著性检验。其步骤为:

(1)对于 5 个回归参数 $\beta_i(i=1,2,3,4,5)$,提出假设 $H_0:\beta_i=0$;$H_1:\beta_i\neq0$。

(2)构造统计量 $t_i=\hat{\beta}_i/S_{\hat{\beta}_i}$,计算可得 $t_1=-3.420\ 9$,$t_2=3.608\ 7$,$t_3=0.919\ 2$,$t_4=4.574\ 6$,$t_5=2.177\ 2$。

(3)给定显著性水平 $\alpha=0.05$,可以确定自由度 $n-t-1=4$,查表可得 $t_{\alpha/2}=t_{0.025}=2.086$,在 5 个检验统计量中,$|t_3|=0.919\ 2<t_{0.025}=2.086$,即最大速度未通过检验,而其他 4 个自变量通过检验,即最大速度对防空导弹全寿命周期成本的影响不大。

第6章 基于统计模拟的武器系统效能分析

统计模拟方法属于计算数学的一个分支,它是在20世纪40年代中期为了适应当时原子能事业的发展而产生的。由于传统的经验方法不能逼近真实的物理过程,很难得到满意的结果,而统计模拟方法由于可以真实地模拟实际物理过程,可以得到较为满意的结果。统计模拟方法的原理是当问题本身具有概率特性时,可以用计算机模拟的方法产生抽样结果,根据抽样计算统计量,随着模拟次数的增多,可以通过对各次统计量或者参数的估计值求平均的方法得到稳定结论。本章首先介绍随机数产生方法以及连续随机变量模拟方法、随机事件模拟方法,在此基础上,利用统计模拟的方法分析雷达对目标跟踪的能力以及地空导弹武器系统对来袭目标的射击能力。

6.1 随机数产生方法

随着Monte-Carlo方法的出现,20世纪初出现了生成随机数的机械装置和电子装置。但机械装置和电子装置不能重复生成与原来完全相同的随机数,无法对计算结果进行检查,并且生成过程比较复杂,因此它们未能得到进一步推广。

目前,在计算机生成随机数的方法中,使用最广、发展较快的方法是数学方法,数学方法的特点是占用内存少、速度快并且便于检查。用数学方法生成随机数是指按照一定的算法,生成随机数流。只要任意给定一个初始值,当调用该算法时,就可以按确定的关系计算出下一个随机数,多次调用该算法就可以生成随机数序列。这种算法生成的随机数,只要给定初始的种子值,则以后所生成的随机数就是确定的值,从本质上说这并不是真正的随机数,因此称这种方法得到的随机数为伪随机数。用数学方法生成随机数所依赖的算法和程序就称为随机数发生器。如果算法设计合理,就可以生成具有真正随机数统计性质的伪随机数。通常,只要所生成的伪随机数能通过一系列统计检验就可以作为真正的随机数使用。

6.1.1 随机数发生器

1. 平方取中法

平方取中法由冯·诺依曼于20世纪40年代中期提出,其基本思想为:①取$2s$位整数作种子;②种子取二次方后得$4s$位,如不够$4s$位,前面补0;③取中间$2s$位作为下一个种子;④归一化后得$[0,1]$区间的随机数。通式为

$$\left.\begin{array}{l}Z_i = (Z_{i-1}^2/10^s)(\mathrm{mod}\,10^{2s})\\ r_i = Z_i/10^{2s}\end{array}\right\} \quad (6.1)$$

例6.1 见表6.1,观察 $s=2$、种子为 5 234 时的平方取中法随机数发生器。

表6.1 平方取中法随机数发生器

i	Z_i	Z_0^2	r_i
0	5 234	27 394 756	
1	3 947	15 578 809	0.394 7
2	5 788	33 500 944	0.578 8
3	5 009	25 090 081	0.500 9
4	090 0	00 810 000	0.090 0
5	8 100	65 610 000	0.810 0
6	6 100	37 210 000	0.610 0
7	2 100	04 410 000	0.210 0
8	4 100	16 810 000	0.410 0

这里给出平方取中法的一种退化情况,当 $s=2$ 时,$Z_0=6\,500$,$Z_0^2=42\,250\,000$,取中间四位得 $Z_1=2\,500$,$r_1=0.25$,$Z_1^2=06\,250\,000$,$Z_2=2\,500$,$r_2=0.25$,类推可知后面每个随机数 r_i 均为 0.25,即平方取中法随机数发生器出现退化现象。

平方取中法计算简单,其缺点是很难选取适当的种子保证足够长的周期,一般来说,当 s 值和种子取值都很大时,可以使退化推迟,周期加长。

2.线性同余发生器

大多数随机数发生器使用某种形式的同余关系。线性同余生成器是目前使用最广泛的生成器,在计算机系统中,大多数内置的随机数功能使用的就是这种生成器。线性同余发生器公式如下:

$$Z_i=(aZ_{i-1}+C)(\bmod m) \tag{6.2}$$

式中:Z_i 为第 i 个随机数;a 为乘子;C 为增量;m 为模数,Z_0 为种子,a、C、m 和 Z_0 均为非负数,因此 $0 \leqslant Z_i \leqslant m-1$。

为了得到[0,1]上的随机数 r_i,给出如下表达式:

$$r_i=\frac{Z_i}{m} \tag{6.3}$$

例6.2 观察次数 m 为 16、a 为 5、c 为 3、Z_0 为 7 的线性同余发生器,见表6.2。

表6.2 线性同余发生器

i	Z_i	r_i	i	Z_i	r_i
0	7		10	9	0.563
1	6	0.375	11	0	0.000
2	1	0.063	12	3	0.188

续表

i	Z_i	r_i	i	Z_i	r_i
3	8	0.500	13	2	0.125
4	11	0.688	14	13	0.813
5	10	0.625	15	4	0.250
6	5	0.313	16	7	0.438
7	12	0.750	17	6	0.375
8	15	0.938	18	1	0.063
9	14	0.875	19	8	0.500

从表6.2中可以看出,r_i位于[0,1]区间内。Z_i不是随机的,当i为17时,随机数开始重复出现。事实上,适当选择a、C、m可以使Z_i循环产生,循环顺序相同,一次循环为一个周期。如果发生器有m个周期,称该发生器具有满周期。m越大,Z_i的选择范围越大,r_i的选择范围也越大;反之如果m取得小,r_i很难均匀分布。如果计算机位长为32,$m=2^{32-1}\approx 2\times 10^9$,则能够产生21亿次以上随机数。

3. 组合发生器

先用一个随机数发生器产生的随机数列为基础,再用另一个发生器对随机数列进行重新排列,得到新数列作为实际使用的随机数。这种把多个独立的发生器以某种方式组合在一起作为实际使用的随机数,希望能够比任何一个单独的随机数发生器周期更长、统计性质更优的随机数,即组合随机数。

Maclaren和Marsaglia在1965年提出的有代表性的组合发生器是组合同余发生器,算法具体步骤为:

(1)用第一个线性同余发生器产生k个随机数,这k个随机数被顺序存放在$T=(t_1, t_2, \cdots, t_k)$中。置$n=1$。

(2)用第二个线性同余发生器产生一个随机整数j,要求$1 \leqslant j \leqslant k$。

(3)令$x_n = t_j$,用第一个线性同余发生器产生一个随机数y,令$t_j = y$,置$n = n+1$。

(4)重复(2)和(3),得到随机数列$\{x_n\}$,即为组合同余发生器产生的数列。若第一个线性同余发生器的模为M,令$r_n = x_n/M$,则$\{r_n\}$为均匀随机数。

6.1.2 随机数发生器的测试

大多数编程语言都具有内置的随机数库函数,对于使用人员来说,只需要了解特定系统的库函数就可以了,在一些系统中,可能需要指定初始种子。对于以上随机数发生器,只能在一定程度上近似[0,1]区间上均匀分布的随机数,因此需要通过均匀性检验和独立性检验评估其性能。

1. 均匀性检验

频率检验是最常用的均匀性检验方法,是将随机数发生器产生的伪随机数的取值范围[0,1]分成k个互不重叠的等长子区间,然后产生m个随机数,m个随机数中的第i个随机数用r_i表示。如果是完全均匀分布,任意一个随机数落在每个区间中的概率为$1/k$,即理论上落在每一个子区间上随机数的个数为 m/k。实际产生的随机数不一定是完全均匀的,随机数落在每一个区间上的个数不可能恰好等于 m/k,这里用 n_i 表示。频率检验就是检验实际频率和理论频率的偏差大小,由于可以对 k 个区间的偏差求和评估,一般采用 χ^2 检验:

$$\chi^2 = \sum_{i=1}^{k} \frac{(n_i - m/k)^2}{m/k} \tag{6.4}$$

原假设 H_0:随机数发生器产生的 r_i 是独立同分布 $U(0,1)$ 的随机变量,把 $[0,1]$ 分成 k 个等长子区间,产生 m 个随机数,计算式(6.4)的 χ^2 值,在原假设条件下,χ^2 接近 $k-1$ 自由度的 χ^2 分布,规定检验水平 α,若 $\chi^2 > \chi^2_{k-1,1-\alpha}$,则拒绝 H_0;否则不拒绝 H_0。

MATLAB 软件的 rand() 函数可以产生 $[0,1]$ 区间上均匀分布的随机数,以下对 rand() 函数进行均匀性检验。产生 10 000 个取值范围 $[0,1]$ 的随机数,划分区间数为 10,进行 10 次检验,规定检验水平 $\alpha=0.05$,检验结果见表 6.3。

表 6.3 rand() 函数均匀性检验

试验次数	n_1	n_2	n_3	n_4	n_5	n_6	n_7	n_8	n_9	n_{10}	χ^2	$\chi^2_{k-1,1-\alpha}$	结论
1	1 004	948	976	985	1 001	1 042	978	1 053	1 038	975	10.648	16.919	通过
2	1 023	1 036	973	929	1 013	965	1 018	1 016	994	1033	10.694	16.919	通过
3	968	1 011	956	1 008	991	1 011	1 012	1 023	982	1 038	5.788	16.919	通过
4	1 011	1 022	986	1 018	1 000	988	1 004	985	972	1 014	2.490	16.919	通过
5	1 063	1 002	966	989	974	950	1 006	997	1 046	1 007	10.636	16.919	通过
6	966	989	1 025	993	1 035	1 024	1 028	997	1 024	919	11.682	16.919	通过
7	947	1 049	955	1 003	1 009	993	1 016	1 042	999	987	9.564	16.919	通过
8	1 055	997	1 002	979	971	986	994	1 001	1 012	1 003	4.706	16.919	通过
9	967	1 054	1 019	1 035	916	929	1 025	1 049	974	1 032	22.414	16.919	不通过
10	1 004	990	1 026	1 007	965	1 024	958	1 018	1 022	986	5.410	16.919	通过

通过以上对 rand() 函数的均匀性试验发现,10 次试验中有 9 次通过了均匀性检验,1 次试验未通过均匀性检验。

2. 独立性检验

两个随机变量的相关系数反映了它们之间的线性相关程度,如果两个随机变量独立,则它们之间的相关系数为零,因此可以利用相关系数检验随机数的独立性。

设随机数发生器产生 $[0,1]$ 区间上均匀分布的 N 个伪随机数 $r_i(i=1,2,\cdots,N)$,原假设 H_0:相关系数 $\rho=0$。考虑样本的 j 阶自相关系数:

$$\rho_j = \frac{\frac{1}{N-j}\sum_{i=1}^{N-j}(r_i-\bar{r})(r_{i+j}-\bar{r})}{\frac{1}{N-1}\sum_{i=1}^{N}(r_i-\bar{r})^2} \quad j=1,2,\cdots,m \tag{6.5}$$

当 $N-j$ 充分大(一般要求大于 50),且 $\rho=0$ 成立时,$u=\rho_j\sqrt{N-j}$ 渐进服从标准正态分布 $N(0,1)$。

给定检验水平 α，记 $Z_{1-\alpha}$ 为 $N(0,1)$ 的上 $1-\alpha$ 的临界点，当 $|u|>Z_{1-\alpha}$ 时，拒绝 H_0；当 $|u|\leqslant Z_{1-\alpha}$ 时，不拒绝 H_0。

同样对 MATLAB 软件的 rand() 函数进行独立性检验，产生 1 000 个取值范围[0,1]的随机数，j 取 15，进行 10 次检验，规定检验水平 $\alpha=0.05$，检验结果见表 6.4。

表 6.4 rand() 函数独立性检验

试验次数	ρ_{15}	$|\mu|$	$Z_{1-\alpha}$	结论
1	−0.005 6	0.558 8	1.65	通过
2	0.004 3	0.428 3	1.65	通过
3	0.001 6	0.163 5	1.65	通过
4	−0.001 5	0.153 3	1.65	通过
5	−0.008 7	0.872 1	1.65	通过
6	0.003 3	0.333 2	1.65	通过
7	−0.004 5	0.448 2	1.65	通过
8	0.002 8	0.278 7	1.65	通过
9	−0.006 1	0.617 7	1.65	通过
10	0.005 3	0.529 1	1.65	通过

通过以上对 rand() 函数的独立性试验发现，10 次试验均通过了独立性检验，说明随机数发生器的性能较好。

6.2 连续随机变量的产生方法

产生连续随机变量是进行连续问题模拟的基础，本节首先介绍反变换法和舍选法两种连续随机变量产生方法，由于服从正态分布的随机变量模拟是最常用的，因此介绍基于中心极限定理和直接法的两种服从正态分布的随机变量产生方法。

6.2.1 连续随机变量产生方法

产生连续随机变量的方法有许多种，对于给定的连续随机变量，可根据其特点选择其中一种或者几种方法。对随机变量产生方法的要求主要包括随机变量的准确性、计算和存储效率以及算法的复杂性等因素。以下介绍两种常用的连续随机变量产生方法。

1. 反变换法

设随机变量 X 的分布函数为 $F(x)$，为了得到随机变量的抽样值，先产生在[0,1]区间上均匀分布的对立随机变量值 y，由反分布函数 $F^{-1}(y)$ 得到的值即为所需要的随机变量值 x，即

$$x=F^{-1}(y) \tag{6.6}$$

对于随机变量 Y，可能的取值范围为[0,1]，现在分析其概率分布 $F(y)$。根据分布函数的定义 $F(y)=P\{Y\leqslant y\}$，并由图 6.1 可知，$F(x)$ 是随 x 连续递增的曲线，$Y\leqslant y$ 发生的概率与

$X \leqslant x$ 发生的概率是相等的,即

$$F(y) = P\{Y \leqslant y\} = P\{X \leqslant x\} = F(x) = y$$

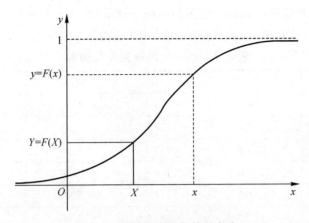

图 6.1 连续分布函数的反变法

通过上式可以看出,由于 $F(y)=y$,随机变量 Y 服从在 $[0,1]$ 区间上的均匀分布。

(1)均匀分布。随机变量 X 是 $[a,b]$ 上均匀分布的随机变量,其分布函数可写为

$$F(x) = \begin{cases} 0 & x < a \\ \dfrac{x-a}{b-a} & a \leqslant x \leqslant b \\ 1 & x > b \end{cases}$$

用随机数发生器产生器产生 $U(0,1)$ 的随机变量 r,令

$$r = F(x) = \frac{x-a}{b-a} \quad a \leqslant x \leqslant b \tag{6.7}$$

随机变量值 x 为

$$x = a + r(b-a) \tag{6.8}$$

(2)指数分布。随机变量 X 服从参数为 $1/\lambda$ 的指数分布,其分布函数可写为

$$\begin{cases} F(x) = 1 - e^{-\lambda x} & x > 0 \\ 0 & 其他 \end{cases}$$

用随机数发生器产生器产生 $U(0,1)$ 的随机变量 r,令

$$r = F(x) = 1 - e^{-\lambda x} \quad x > 0 \tag{6.9}$$

随机变量值 x 为

$$x = -\frac{1}{\lambda} \ln(1-r) \tag{6.10}$$

(3)正态分布。随机变量 X 服从参数 μ、σ 的正态分布,分布函数可写为

$$F(x) = 0.5 \left[1 + \Phi\left(\frac{x-\mu}{\sigma}\right) \right] \tag{6.11}$$

式中:拉普拉斯函数 $\Phi(x) = \dfrac{2}{\sqrt{2\pi}} \int_0^x e^{-t^2/2} dt$。

用随机数发生器产生器产生 $U(0,1)$ 的随机变量 r,令

$$r = 0.5\left[1 + \Phi\left(\frac{x-\mu}{\sigma}\right)\right] \tag{6.12}$$

随机变量值 x 为

$$x = \mu + \sigma\Phi^{-1}(2r-1) \tag{6.13}$$

式中，$\Phi^{-1}(\cdot)$ 为 $\Phi(\cdot)$ 的反函数，可以通过查表得到，也可以用以下近似表达式确定：

$$\Phi^{-1}(t) = V - \frac{C_0 + C_1 V + C_2 V^2}{1 + d_1 V + d_2 V^2 + d_3 V^3} + 0.00045\sin(4.5t) \tag{6.14}$$

式中：$\sin(4.5t)$ 中 t 的单位为弧度；$V = \sqrt{-2\ln 0.5\alpha}$；$C_0 = 2.515517$；$C_1 = 0.802853$，$C_2 = 0.010328$，$d_1 = 1.432788$，$d_2 = 0.189269$，$d_3 = 0.001308$。

$\Phi^{-1}(\cdot)$ 近似值与查表值比较结果见表 6.5。

表 6.5 $\Phi^{-1}(\cdot)$ 近似值与查表值比较

$\Phi(x)$	x 查表值	x 近似值
0.4038	0.53	0.5299
0.4648	0.62	0.6201
0.6476	0.93	0.9300
0.7814	1.23	1.2302
0.8764	1.54	1.5398
0.9146	1.72	1.7202
0.9756	2.25	2.2508
0.9818	2.36	2.3615
0.9918	2.64	2.6437
0.9988	3.23	3.2387

2.舍选法

当随机变量的分布函数不存在封闭形式时，舍选法是产生连续随机变量的主要方法。

随机变量 X 的密度函数为 $f(x)$，最大值为 C，x 的取值范围为 $[0,1]$，若随机产生两个 $[0,1]$ 上均匀分布的随机数 r_1、r_2，则 Cr_1 为 $[0,C]$ 上均匀分布的随机变量。根据古典概型可知

$$P\{Cr_1 \leqslant f(r_2)\} = 1/C \tag{6.15}$$

如图 6.2 所示，如果 $f(p_1,p_2)$ 位于 $f(x)$ 曲线下方，则认为抽样成功，成功的概率为 $f(x)$ 下方的面积除以总面积 C，即 $1/C$。

这种方法适用于有限区间的分布。已知概率密度函数 $f(x)$ 定义的区间在 $[a,b]$ 之间，可以按照以下步骤执行该算法：

(1)选择常量 C，使 C 为 $[a,b]$ 区间上 $f(x)$ 的最大值。

(2)生成两个在 $[0,1]$ 区间上均匀分布的随机数 r_1 和 r_2。

(3)计算 $x^* = a + (b-a)r_1$，确保选择 $[a,b]$ 中各个值作为 x^* 的概率相同。

(4)计算 x^* 处的概率密度函数值 $f(x^*)$。

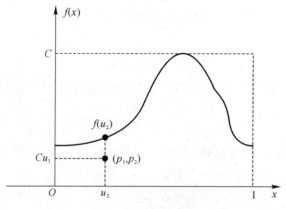

图 6.2 舍选法原理

(5)如果 $Cr_2 \leqslant f(x^*)$,则将 x^* 作为生成的随机数并接受;否则拒绝随机数 x^*,返回步骤(2)。

一般情况下,希望抽样成功的概率越大越好。给出一个函数 $t(x)$,$t(x)$ 满足:$t(x) \geqslant f(x)$ 且 $\int_{-\infty}^{\infty} t(x)\mathrm{d}x = C < \infty$。令 $r(x) = \frac{1}{C}t(x)$,抽样成功的概率为 $f(x)$ 下方的面积除以 $t(x)$ 下方的面积 C,希望 C 值尽量接近 $f(x)$ 下方的面积 1,舍弃概率将接近于 0,如图 6.3 所示。

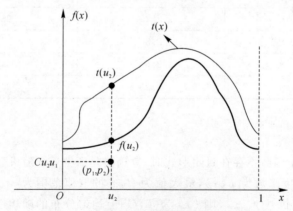

图 6.3 增大抽样成功概率的舍选法图示

其算法步骤为:

(1)用随机数发生器产生器产生 $U(0,1)$ 的随机变量 r_1;

(2)用随机数发生器产生器产生服从 $U(0,1)$ 分布的随机变量 r_2,使 $r(x) = \frac{1}{C}t(x)$ 变为 $r_2 = \frac{1}{C}t(x)$;

(3)检验是否满足不等式:$r_1 \leqslant f(r_2)/Cr_2$。如满足,则接受随机变量 u_2。

例 6.3 已知一连续三角分布,其概率密度函数为

$$f(x) = \begin{cases} \dfrac{1}{30}x - \dfrac{1}{15} & 2 \leqslant x \leqslant 8 \\ -\dfrac{1}{20}x + \dfrac{3}{5} & 8 \leqslant x \leqslant 12 \end{cases}$$

将 $f(x)$ 分为 $f_1(x)$ 和 $f_2(x)$ 两部分,其中 $f_1(x) = \dfrac{1}{30}x - \dfrac{1}{15}$,$f_2(x) = -\dfrac{1}{20}x + \dfrac{3}{5}$,分布如图 6.4 所示。

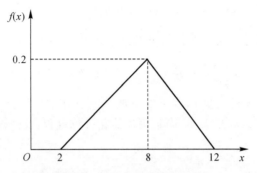

图 6.4 三角分布的概率密度

从图 6.4 中可以看出,密度函数 $f(x)$ 的最大值为 0.2,即 $C = 0.2$,分布端点是 $[2,8]$,则 $x^* = a + (b-a)r_1$ 可以写为 $x^* = 2 + (12-2)r_1 = 2 + 10r_1$,当 $0 \leqslant r_1 \leqslant 0.6$ 时,x^* 的取值在 $2 \sim 8$ 之间,当 $0.6 \leqslant r_1 \leqslant 1$ 时,x^* 的取值在 $8 \sim 12$ 之间。$f(x^*)$ 的表达如下:

$$f(x^*) = \begin{cases} f_1(x^*) = \dfrac{1}{3}r_1 & 2 \leqslant x^* \leqslant 8 \\ f_2(x^*) = \dfrac{1}{2} - \dfrac{1}{2}r_1 & 8 \leqslant x^* \leqslant 12 \end{cases}$$

如果满足 $r_2 \leqslant \dfrac{f(x^*)}{C}$,则接受 x^*。当 $2 \leqslant x^* \leqslant 8$ 时,如果 $r_2 \leqslant \dfrac{1}{3}r_1$,接受 x^*;当 $8 \leqslant x^* \leqslant 12$ 时,如果 $r_2 \leqslant \dfrac{1}{2} - \dfrac{1}{2}r_1$,接受 x^*。

6.2.2 正态分布随机变量其他产生方法

1. 基于中心极限定理产生正态分布随机变量

根据中心极限定理,随机变量 $X_1, X_2, \cdots, X_n$ 独立同分布,并具有有限的数学期望和方差,$E(X_i) = \mu$,$D(X_i) = \sigma^2 > 0 (i = 1, 2, \cdots)$,对于任意 x 有

$$\lim_{n \to \infty} P\left\{ \dfrac{1}{\sqrt{n}\sigma} \left(\sum_{i=1}^{n} X_i - n\mu \right) \leqslant x \right\} = \int_{-\infty}^{x} \dfrac{1}{\sqrt{2\pi}} e^{-\dfrac{t^2}{2}} dt \tag{6.16}$$

因此,对于服从均匀分布的随机变量 X_i,只要 n 充分大,随机变量 $\dfrac{1}{\sqrt{n}\sigma} \left(\sum_{i=1}^{n} X_i - n\mu \right)$ 就服从标准正态分布 $N(0,1)$。

设 $r_1, r_2, \cdots, r_n$ 是 n 个相互独立的随机变量,且 $r_i \sim U(0,1)$,有 $E(r_i) = \dfrac{1}{2}$,$D(r_i) = \dfrac{1}{12}$,

用 $\bar{r}$ 表示 n 个随机变量的平均值,则 $\bar{r}$ 的期望值和方差为

$$\left.\begin{aligned} E(\bar{r}) &= E\left(\frac{1}{n}\sum_{i=1}^{n}r_i\right) = \frac{1}{n} \cdot \frac{n}{2} = \frac{1}{2} \\ D(\bar{r}) &= D\left(\frac{1}{n}\sum_{i=1}^{n}r_i\right) = \frac{1}{n^2}\frac{n}{12} = \frac{1}{12n} \end{aligned}\right\} \tag{6.17}$$

给定随机变量 η

$$\eta = (\bar{r} - E(\bar{r}))/D(\bar{r}) = \left(\sum_{i=1}^{n}r_i - \frac{n}{2}\right)\bigg/\sqrt{\frac{n}{12}} \tag{6.18}$$

根据中心极限定理,随机变量 η 渐进服从正态分布 $N(0,1)$。

那么 $y = \sigma\eta + \mu = \sqrt{\frac{12}{n}}\left(\sum_{i=1}^{n}r_i - \frac{n}{2}\right)\sigma + \mu$ 服从正态分布 $N(\mu,\sigma^2)$。用随机数发生器产生 n 个服从 $U(0,1)$ 分布的随机变量 r,当 $n>6$ 时,产生的随机变量值 y 即可满足要求。

当 $n=12$ 时,不仅可以满足需要,而且可以简化计算过程,此时随机变量 η 为

$$\eta = \sum_{i=1}^{12}r_i - 6 \tag{6.19}$$

以上表达形式避免了使用二次方根和除法,降低了计算机的计算量。

2. 直接法

通过产生两个 $U(0,1)$ 随机数,然后转换为两个正态随机变量值,各个随机变量的均值为 0,方差为 1。

设 r_1 和 r_2 是两个独立的服从标准正态分布 $N(0,1)$ 的随机变量,其联合密度函数为

$$f(r_1, r_2) = \frac{1}{2\pi}e^{-(r_1^2 + r_2^2)/2} \tag{6.20}$$

将其转换成用随机变量 ρ 和 θ 表示的极坐标形式为

$$\begin{cases} r_1 = \rho\cos\theta \\ r_2 = \rho\sin\theta \end{cases}$$

用 ρ 和 θ 表示的联合密度函数为

$$f(\rho,\theta) = f(r_1,r_2)|\boldsymbol{J}| \tag{6.21}$$

其中,雅克比行列式 $|\boldsymbol{J}|$ 为

$$|\boldsymbol{J}| = \begin{vmatrix} \frac{\partial r_1}{\partial \rho} & \frac{\partial r_1}{\partial \theta} \\ \frac{\partial r_2}{\partial \rho} & \frac{\partial r_2}{\partial \theta} \end{vmatrix} = \begin{vmatrix} \cos\theta & -\rho\sin\theta \\ \sin\theta & \rho\cos\theta \end{vmatrix} = \rho \tag{6.22}$$

则用 ρ 和 θ 表示的联合密度函数 $f(\rho,\theta)$ 可以进一步表示为

$$f(\rho,\theta) = \frac{1}{2\pi}\rho e^{-\rho^2/2} = f(\rho)f(\theta) \tag{6.23}$$

密度函数 $f(\rho)$ 和 $f(\theta)$ 表示为

$$\left.\begin{aligned} f(\rho) &= \rho e^{-\rho^2/2} \\ f(\theta) &= \frac{1}{2\pi} \end{aligned}\right\} \tag{6.24}$$

根据密度函数，写出相应的分布函数 $F(\rho)$ 和 $F(\theta)$：

$$\left\{\begin{array}{l} F(\rho)=1-\mathrm{e}^{-\rho^2/2} \\ F(\theta)=\dfrac{1}{2\pi}\theta \end{array}\right\} \tag{6.25}$$

对于以上两个分布函数，很容易进行反变换，生成两个随机数在 $[0,1]$ 区间上均匀分布的随机数 u_1 和 u_2。$F(\rho)$ 和 $F(\theta)$ 的反变换公式为

$$\left.\begin{array}{l} \theta=2\pi u_1 \\ \rho=\sqrt{-2\ln(1-u_2)} \end{array}\right\} \tag{6.26}$$

因此，r_1 和 r_2 可写为

$$\begin{array}{l} r_1=\sqrt{-2\ln u_2}\cos(2\pi u_1) \\ r_2=\sqrt{-2\ln u_2}\sin(2\pi u_1) \end{array} \tag{6.27}$$

6.3 随机事件的模拟

假定有一个独立随机事件 A，已知事件 A 发生的概率 $P(A)=p$，事件 A 不发生的概率 $P(\bar{A})=1-p$，模拟事件 A 的方法为：取一个 $(0,1)$ 范围内均匀分布的随机数 r，如果 $0\leqslant r<p$ 时，事件 A 发生；当 $p\leqslant r<1$ 时，事件 A 不发生。

如图 6.5 所示，将一条长度为 1 的直线段分为两段，一段的长度为 p，另一段的长度为 $1-p$，对于随机量 R，均匀分布在长度为 1 的线段上，事件 A 发生的概率 p 与随机数落在 $(0,p)$ 区间的概率等价，即

$$P(0<R<p)=\int_0^p f(r)\mathrm{d}r=\int_0^p \mathrm{d}r=p=P(A)$$

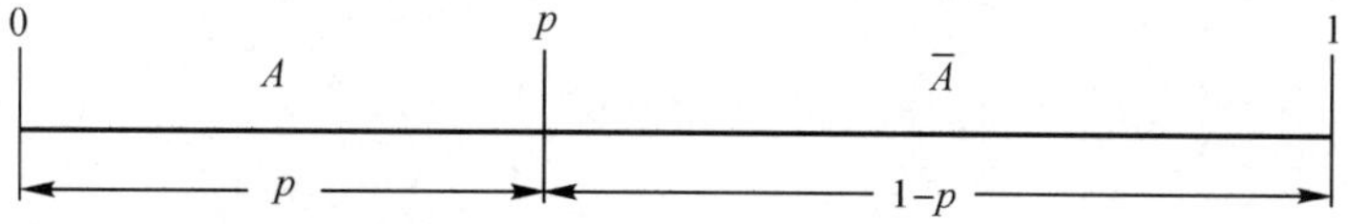

图 6.5 事件 A 发生概率的区间分配

以上为模拟一个独立随机事件的方法，可以推广到模拟一组独立随机事件。假设有一组独立随机事件 $A_1,A_2,\cdots,A_n$，事件发生的概率为 $P(A_i)=p_i(i=1,2,\cdots,n)$，$\sum\limits_{i=1}^{n}p_i=1$。对于随机数 r，如果 $\sum\limits_{k=0}^{i-1}p_k<r<\sum\limits_{k=0}^{i}p_k$，则事件 A_i 发生。

将一条长度为 1 的直线段分为 n 段，长度分别为 $p_1,p_2,\cdots,p_n$，如图 6.6 所示，对于随机量 R，均匀分布在长度为 1 的线段上，服从均匀分布的随机变量 X 的分布函数 $F(x)=x$，根据下式推导表明，事件 A_i 发生的概率 p_i 与随机数落在 $\left(\sum\limits_{k=0}^{i-1}p_k,\sum\limits_{k=0}^{i}p_k\right)$ 区间的概率等价：

$$P(\sum_{k=0}^{i-1} p_k < R < \sum_{k=0}^{i} p_k) = F(\sum_{k=0}^{i} p_k) - F(\sum_{k=0}^{i-1} p_k)$$

$$= \sum_{k=0}^{i} p_k - \sum_{k=0}^{i-1} p_k = \sum_{k=0}^{i-1} p_k + p_i - \sum_{k=0}^{i-1} p_k$$

$$= p_i = P(A_i)$$

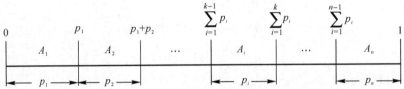

图 6.6 事件 A_i 发生概率的区间分配

6.4 统计结果评估

根据伯努利大数定律,设 m 是 n 次独立试验中事件 A 发生的次数,p 是事件 A 在每次试验中发生的概率,则对于任意 $\varepsilon > 0$,有

$$\lim_{n \to \infty} P(|\frac{m}{n} - p| < \varepsilon) = 1$$

式中:$p^* = m/n$ 为事件 A 发生的频率,当试验次数为无限大时,p^* 就接近于事件 A 在每次试验中发生的概率 p。

由 5.1 节可知,事件 A 发生的频率 p^* 的期望值为 p,频率 p^* 的方差为 pq/n。接下来针对频率 p^* 进行区间估值。

对于正态分布,分布函数可写为:

$$F(x) = 0.5\left[1 + \Phi(\frac{x-\mu}{\sigma})\right] \tag{6.28}$$

式中:$\Phi(x) = \frac{2}{\sqrt{2\pi}} \int_0^x e^{-t^2/2} dt$,$\mu$ 和 σ 为正态分布参数。

$$P(\alpha < x < \beta) = 0.5\left[\Phi(\frac{\beta-\mu}{\sigma}) - \Phi(\frac{\alpha-\mu}{\sigma})\right] \tag{6.29}$$

设 ε 为一个很小的正数,频率 p^* 与概率 p 的偏差小于 ε:

$$|p - p^*| < \varepsilon$$

ε 越小,则频率 p^* 与概率 p 越接近。当频率 p^* 与概率 p 偏差绝对值小于 ε 的概率越大时,频率 p^* 与概率 p 越接近,可写为

$$P(|p - p^*| < \varepsilon) = 1 - \alpha \tag{6.30}$$

式中:$1-\alpha$ 为置信水平;$(p^* - \varepsilon, p^* + \varepsilon)$ 为置信区间;ε 为精度。

根据式(6.30),式(6.31)可写为

$$P(|p - p^*| < \varepsilon) = P((p^* - \varepsilon) < p < (p^* + \varepsilon))$$

$$= 0.5\left[\Phi\left(\frac{p^* + \varepsilon - \mu}{\sigma}\right) - \Phi\left(\frac{p^* - \varepsilon - \mu}{\sigma}\right)\right]$$

$$= 0.5\left[\Phi\left(\frac{p*+\varepsilon-p}{\sigma}\right)-\Phi\left(\frac{p*-\varepsilon-p}{\sigma}\right)\right]$$

$$\approx 0.5\left[\Phi\left(\frac{\varepsilon}{\sigma}\right)-\Phi\left(\frac{-\varepsilon}{\sigma}\right)\right]$$

$$=\Phi\left(\frac{\varepsilon}{\sigma}\right)=\Phi\left(\frac{\varepsilon}{\sqrt{\frac{pq}{n}}}\right)=1-\alpha$$

由于 $\Phi(x)$ 为偶函数,$\Phi(x)=\Phi(-x)$,上式可写为

$$P(|p-p*|<\varepsilon)=\Phi\left(\frac{\varepsilon}{\sigma}\right)=\Phi\left(\frac{\varepsilon}{\sqrt{\frac{pq}{n}}}\right)=1-\alpha$$

在已知精度 ε 和置信水平 $1-\alpha$ 的条件下,可以求出试验次数 n,即以概率 $1-\alpha$ 保证估值精度 ε。试验次数 n 的表达式如下:

$$n=\frac{pq[\Phi^{-1}(1-\alpha)]^2}{\varepsilon^2} \tag{6.31}$$

在试验次数较多时,式(6.31)中使用 $p*$ 代替 p、$1-p*$ 代替 q,试验次数 n 的表达式如下:

$$n=\frac{p*(1-p*)[\Phi^{-1}(1-\alpha)]^2}{\varepsilon^2} \tag{6.32}$$

6.5 雷达跟踪目标的模拟过程

雷达对目标的探测是完成防空任务的基础,本节分析具有多个通道的单部雷达对来袭目标流的探测跟踪过程。目标可能释放不同强度的干扰,不实施航向、高度和速度机动,空中目标对雷达的压制会缩短其对空中目标的探测距离,增大在雷达探测区内对目标跟踪长度的破坏程度,只有在雷达通道空闲的情况下才能对目标进行跟踪。

6.5.1 雷达探测目标过程的数学描述

目标探测跟踪过程模拟流程如图 6.7 所示。其中需要模拟的离散随机事件包括目标实施干扰压制和目标实施不同强度的干扰,需要模拟的连续变量包括目标到达时刻、雷达探测距离、目标在雷达探测区内的滞留时间、目标跟踪长度。

(1)目标到达时刻模拟。假设来袭目标流为泊松流,两个相邻目标到达时间的间隔服从指数分布,单位时间目标到达个数为 λ,产生随机数 r,两个相邻目标的时间间隔为

$$\tau=-\frac{1}{\lambda}\ln(1-r)$$

第 1 个目标达到的时刻为 $t_1=-\frac{1}{\lambda}\ln(1-r)$;产生随机数 r,第 2 个目标达到的时刻为 $t_2=t_1-\frac{1}{\lambda}\ln(1-r)$。依此类推,产生随机数 r,第 $k(k\geqslant 2)$ 个目标到达的时刻为 $t_k=t_{k-1}-\frac{1}{\lambda}\ln(1-r)$。

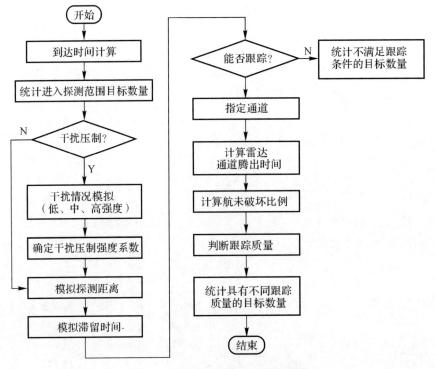

图 6.7 目标探测跟踪过程模拟流程

(2) 干扰模拟。空袭方释放干扰的概率为 $p_{干扰}$，产生随机数 r，如果 $r<p_{干扰}$，则对地面雷达进行压制干扰；否则不释放干扰。

(3) 干扰强度模拟。低强度干扰的概率为 p_l、中等强度干扰的概率为 p_m、高强度干扰的概率为 p_h，$p_l+p_m+p_h=1$。产生随机数 r，如果 $r<p_l$，则干扰强度为低强度；如果 $p_l \leqslant r < p_l+p_m$，则干扰强度为中等强度；如果 $p_l+p_m \leqslant r<1$，则干扰强度为高强度。

(4) 雷达探测距离模拟。假设雷达对目标的探测距离服从 $N[\mu_d,\sigma_d^2]$ 的正态分布，当目标未释放干扰时，产生随机数 r，雷达对目标的探测距离为

$$D_{探测}=\mu_d+\sigma_d\Phi^{-1}(2r-1)$$

当目标释放干扰时，产生随机数 r，雷达对目标的探测距离为

$$D_{探测}=K_s\mu_d+\sigma_d\Phi^{-1}(2r-1)$$

式中：K_s 为干扰压制强度系数。

(5) 目标在雷达探测区内滞留时间模拟。将雷达探测的圆形区域范围等效为矩形区域范围，假设对目标探测距离为 D，目标在探测区内的平均停留距离为 $\bar{d}_{滞留}$，由于图 6.8(a)6.8(b) 面积相等，可知

$$\pi D_{探测}^2=2\bar{D}l_{滞留}$$

假定目标速度为 v，目标在探测区内的平均停留时间 $\bar{T}_{滞留}$ 为

$$\bar{T}_{滞留}=\frac{\bar{l}_{滞留}}{v}=\frac{\pi D_{探测}}{2v}$$

假定目标在探测区内滞留时间 $T_{滞留}$ 服从参数为 $\bar{T}_{滞留}$ 的指数分布，产生随机数 r，目标在

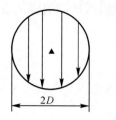 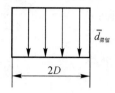

图 6.8 目标探测区域等效图

(a)圆型区域;(b)矩形区域等效

探测区内滞留时间 $T_{滞留}$ 为

$$T_{滞留} = -\bar{T}_{滞留} \ln(1-r)$$

从图 6.8 中可以看出,目标在雷达探测区内最大滞留长度为 $2D_{探测}/v$,因此,探测区内滞留时间 $T_{滞留}$ 可写为

$$T_{滞留} = \min\{-\bar{T}_{滞留} \ln(1-r), 2D_{探测}/v\}$$

(6)目标跟踪能力模拟。假定跟踪总长度小于目标航线总长度的 40% 即视为漏掉,则要求

$$t_{飞出} - t_{空闲通道} \geqslant 0.4 T_{滞留}$$

(7)目标跟踪长度模拟。目标到达探测区并被跟踪的时刻为 $t_{跟踪}$,目标飞出探测区的时刻为 $t_{飞出}$,目标被跟踪的长度 $L_{跟踪}$ 为

$$L_{跟踪} = (t_{飞出} - t_{跟踪})v$$

由于存在干扰,目标跟踪过程中部分航迹可能被破坏,假设目标航线被破坏的长度服从参数为 $\bar{L}_{破坏}$ 的指数分布,则 $\bar{L}_{破坏}$ 可以写为

$$\bar{L}_{破坏} = 0.2 \times (2 - K_s) L_{跟踪}$$

式中:K_s 为压制强度系数。

产生随机数 r,目标航迹被破坏的长度服从参数为 $\bar{L}_{破坏}$ 的指数分布:

$$L_{破坏} = -\bar{L}_{破坏} \ln(1-r)$$

由于目标航迹被破坏长度的最大值不能超过对目标的跟踪长度,目标航迹被破坏的长度可写为

$$L_{破坏} = \min\{-\bar{L}_{破坏} \ln(1-r), L_{跟踪}\}$$

如果 $L_{破坏}/L_{跟踪} > 0.6$,则认为目标被遗漏;如果 $L_{破坏}/L_{跟踪} < 0.2$,则认为目标被稳定跟踪;如果 $0.6 \leqslant L_{破坏}/L_{跟踪} < 0.2$,则认为目标被跟踪。

6.5.2 算例分析

例 6.4 单位时间到达目标个数 λ 为 6 个/min。目标跟踪受到干扰的概率 $p_{干扰}$ 为 0.8,如果受到空中干扰压制,低强度干扰的概率 p_l 为 0.2,中等强度干扰的概率 p_m 为 0.3,高强度干扰的概率 p_h 为 0.5;雷达对目标的探测距离服从参数为 $\mu_d = 50$、$\sigma_d^2 = 100$ 的正态分布,对于低强度干扰、中等强度干扰和高强度干扰,干扰压制强度系数 K_s 分别为 0.9、0.8 和 0.6;目标速度 v 为 15 km/min。模拟时间为 5 min,利用计算机统计模拟确定雷达对目标的跟踪概率。

(1) 目标 1 到达时间。模拟过程从时刻 0 开始,时间间隔服从参数为 $1/\lambda$ 的指数分布,产生随机数 $r=0.9468$,时间间隔 $\tau=-\ln(1-r)/\lambda=-\ln(1-0.9468)=0.489$ min,因此第一个目标的到达时间为 0.489。

(2) 干扰模拟。产生随机数 $r=0.4629$,由于 $r<p_{干扰}$,雷达对目标的跟踪受到对方干扰压制。

(3) 干扰强度模拟。产生随机数 $r=0.7982$,由于 $p_l+p_m<r<1$,因此雷达遭受高强度干扰压制。

(4) 雷达探测距离模拟。雷达对目标的探测距离服从参数为 $\mu_d=50$、$\sigma_d^2=100$ 的正态分布,产生随机数 $r=0.611$,雷达探测距离 $D_{探测}=K_s\mu_d+\sigma_d\Phi^{-1}(2r-1)=0.9\times50+10\Phi^{-1}(2\times0.611-1)=47.8186$。

(5) 目标在雷达探测区内滞留时间模拟。目标在探测区内的平均停留时间 $\bar{T}_{滞留}$ 为

$$\bar{T}_{滞留}=\pi\bar{l}_{滞留}/2v=\pi D_{探测}/2v=\pi\times47.8186/(2\times15)=5.0076 \text{ min}$$

目标在探测区内滞留时间 $T_{滞留}$ 服从参数为 $\bar{T}_{滞留}$ 的指数分布,产生随机数 $r=0.3464$,目标在探测区内滞留时间 $T_{滞留}$ 为

$$T_{滞留}=-\bar{T}_{滞留}\ln(1-r)=-5.0076\times\ln(1-0.3464)=2.12978 \text{ min}$$

目标在探测区内的最大滞留时间为:$2D_{探测}/v=2\times47.8186/15=6.3758$ min,利用指数分布公式确定的目标滞留时间小于目标最大滞留时间,因此目标 1 在探测区内的滞留时间为 2.12978 min。

(6) 目标跟踪能力模拟。雷达探测到目标 1 后,由于 10 个通道均空闲,因此选择通道 1 进行跟踪,满足跟踪总长度大于目标航线总长度的 40% 的条件,目标 1 能够被正常跟踪。

(7) 目标跟踪长度模拟。目标 1 开始跟踪时间(即到达时刻)为 0.489 min,在探测区的滞留时间 $T_{滞留}$ 为 2.12978 min,飞出探测区的时刻为 2.619 min,对目标 1 的跟踪长度为

$$L_{跟踪}=(t_{飞出}-t_{跟踪})v=(2.619-2.12978)\times15=7.3383 \text{ km}$$

干扰条件下目标航迹被破坏的平均长度为

$$\bar{L}_{破坏}=0.2\times(2-K_s)L_{跟踪}=0.2\times(2-0.9)\times7.3383=1.6144 \text{ km}$$

目标航迹被破坏的长度服从参数为 $\bar{L}_{破坏}$ 的指数分布,产生随机数 $r=0.4376$,对目标 1 的破坏长度 $L_{破坏}$ 为

$$L_{破坏}=-\bar{L}_{破坏}\ln(1-r)=-1.6144\times\ln(1-0.4376)=6.2692$$

由于 $L_{破坏}/L_{跟踪}=0.1266<0.2$,可以认为目标 1 可以稳定跟踪。

表 6.6 为一次模拟过程中各目标对应的参数。

表 6.6 一次模拟过程中各目标对应的参数

目标序号	到达时间 min	滞留时间 min	离开时间 min	占用通道	占用通道时刻/min	通道释放时刻/min	状态
1	0.489	2.129	2.619	1	0.489	2.619	稳定跟踪
2	0.741	6.891	7.633	2	0.741	7.633	跟踪
3	0.813	3.975	4.788	3	0.813	4.788	稳定跟踪

续表

目标序号	到达时间 min	滞留时间 min	离开时间 min	占用通道	占用通道时刻/min	通道释放时刻/min	状态
4	0.987	3.191	4.179	4	0.987	4.179	航迹遭破坏
5	1.034	1.445	2.480	5	1.034	2.480	稳定跟踪
6	1.134	0.495	1.629	6	1.134	1.629	稳定跟踪
7	1.583	4.619	6.202	7	1.583	6.202	跟踪
8	1.639	6.427	8.067	6	1.639	8.067	稳定跟踪
9	1.709	4.495	6.204	8	1.709	6.204	跟踪
10	1.721	7.087	8.808	9	1.721	8.808	跟踪
11	1.728	1.987	3.716	10	1.728	3.716	航迹遭破坏
12	1.743	4.599	6.343	5	2.5	6.343	稳定跟踪
13	1.981	3.634	5.615	1	2.63	5.615	稳定跟踪
14	2.090	1.516	3.607				不满足跟踪条件
15	2.123	7.023	9.146	10	3.73	9.146	稳定跟踪
16	2.204	3.532	5.737	4	4.19	5.737	跟踪
17	2.254	3.916	6.171				不满足跟踪条件
18	2.327	3.373	5.701				不满足跟踪条件
19	2.436	4.612	7.048	3	4.8	7.048	稳定跟踪
20	2.811	1.018	3.830				突防
21	2.859	3.157	6.016				不满足跟踪条件
22	3.159	0.328	3.487				未服务离开
23	3.236	5.003	8.239				暂未跟踪
24	3.639	2.362	6.002				暂未跟踪
25	3.760	1.410	5.170				暂未跟踪
26	4.406	0.170	4.577				突防
27	4.479	1.656	6.135				暂未跟踪
28	4.577	0.222	4.800				突防
29	4.661	0.090	4.752				突防
30	4.867	4.824	9.692				暂未跟踪

经过统计,能够跟踪目标数量为14个,其中稳定跟踪目标数量为9个。因干扰漏掉的目

标数量为2个,因航迹长度不够。而不满足跟踪条件的目标数量为4个,目标突防数量为5个,暂未跟踪的目标数量为5个。因此可以计算出目标跟踪概率为46.7%。

表6.7为15次试验目标被射击情况统计结果。

表6.7 15次试验目标被射击情况统计结果

试验序号	1	2	3	4	5	6	7	8	9	10	11	12	13	14	15
目标数	30	31	35	30	27	31	31	34	28	34	33	29	24	36	26
跟踪目标数	19	23	18	19	21	21	16	16	16	18	20	17	19	20	21
稳定跟踪目标数	14	12	10	13	11	13	12	10	12	15	13	9	12	13	11
航迹遭破坏无法跟踪目标数	2	5	3	2	1	2	4	6	2	2	0	2	1	0	2
突防目标数	2	0	3	0	2	2	4	3	5	4	4	0	1	4	0

设第i次试验来袭目标数为n_i、跟踪目标数为$n_{跟踪}^{(i)}$、稳定跟踪目标数为$n_{稳定跟踪}^{(i)}$、航迹遭破坏无法跟踪目标数$n_{破坏}^{(i)}$,突防目标数为$n_{突防}^{(i)}$。目标跟踪概率$p_{跟踪}$为

$$p_{跟踪} = \frac{1}{n}\sum_{i=1}^{15}\frac{n_{跟踪}^{(i)}}{n_i} = 0.6187$$

目标稳定跟踪概率为

$$p_{稳定跟踪} = \frac{1}{n}\sum_{i=1}^{15}\frac{n_{稳定跟踪}^{(i)}}{n_i} = 0.3922$$

对于跟踪概率$p_{跟踪}=0.6187$,如果置信水平为$1-\alpha=0.9$,15次试验目标来袭总数为459,可以确定精度ε为

$$\varepsilon = \sqrt{\frac{p^*(1-p^*)}{n}}\Phi^{-1}(1-\alpha) = \sqrt{\frac{0.6187(1-0.6187)}{459}}\Phi^{-1}(0.9) = 0.0227 \times 1.6449 = 0.0373$$

如果精度ε能够达到0.01,则参加试验的目标个数为

$$n = \frac{p^*(1-p^*)[\Phi^{-1}(1-\alpha)]^2}{\varepsilon^2} = \frac{0.6187(1-0.6187)}{0.01^2}[\Phi^{-1}(0.9)]^2 = 6383$$

按照15次试验目标到达个数459,平均每次试验目标到达个数为30.6,要达到ε为0.01的估值精度,需要进行的试验次数为208次。

6.6 射击空中目标的模拟过程

在第3章中,建立了目标射击过程的排队论模型,并进行了解析求解。本节分目标在杀伤区内滞留有限时间和目标在杀伤区内滞留时间为零两种情况对射击过程进行计算机模拟,计算对目标的射击概率。

6.6.1 目标在杀伤区内滞留有限时间

对于一个多通道地空导弹火力单元,假设来袭目标流为泊松流,即到达时间间隔服从指数分布(分布参数为目标平均到达间隔),目标在杀伤区内的停留时间服从指数分布(分布参数为

目标在地空导弹杀伤区内平均停留时间),目标射击周期也服从指数分布(分布参数为平均射击周期)。

假设目标到达速率为 3 个/min,平均射击周期为 2 min,目标在杀伤区平均滞留时间为 4 min,通道数为 5 个,战斗持续时间为 8 min,计算机模拟过程如图 6.9 所示。

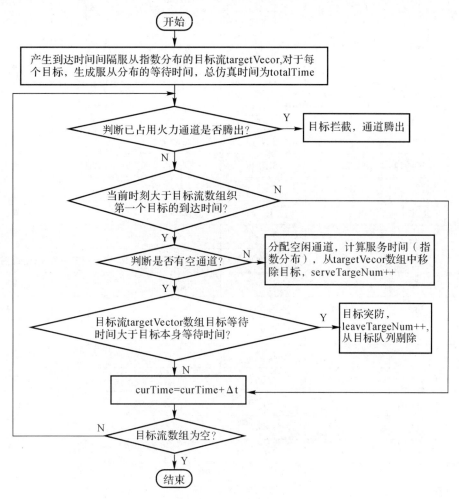

图 6.9 目标在杀伤区内滞留有限时间的模拟过程

一次模拟过程中目标到达时间、开始射击时间、射击完成时间以及目标未被射击飞离杀伤区的时间见表 6.8。

表 6.8 一次模拟过程中各目标对应参数

目标批号	到达时间 min	可接受等待时间/min	服务开始时间/min	服务结束时间/min	未服务离开时间/min	服务情况
1	0.023 3	8.899 0	0.024	0.592		完成射击
2	0.089 1	6.032 7	0.09	1.669		完成射击
3	0.771 4	3.637 8	0.772	2.364		完成射击
4	1.487 1	4.942 1	1.488	2.706		完成射击

续表

目标批号	到达时间 min	可接受等待时间/min	服务开始时间/min	服务结束时间/min	未服务离开时间/min	服务情况
5	1.684 3	1.343 1	1.685	3.738		完成射击
6	1.691 6	1.690 6	1.692	6.206		完成射击
7	1.869 1	4.729 9	1.87	3.724		完成射击
8	1.906 0	2.658 5	2.234	6.338		完成射击
9	2.601 2	2.604 0	2.706	2.803		完成射击
10	3.047 8	0.382 5	3.048	5.932		完成射击
11	3.094 0	5.400 0	3.724	7.625		完成射击
12	3.156 6	1.202	3.738	4.17		完成射击
13	3.772 3	0.385 1			4.158	突防
14	3.856 2	0.313 4	4.17	7.194		完成射击
15	4.192 1	3.125 8	5.932	6.894		完成射击
16	4.640 2	7.858 8	6.206	7.915		完成射击
17	4.844 9	21.093	6.338	6.985		完成射击
18	4.938 3	7.613 9	6.894	—		正在射击
19	5.315 9	3.882 1	6.958	—		正在射击
20	6.207 0	7.527 2	7.194	7.397		完成射击
21	6.308 9	9.400 0	7.397			正在射击
22	6.665 7	7.519 2	7.625	—		正在射击
23	6.667 4	3.990 2	7.915			正在射击
24	6.702 9	0.938 5			7.642	突防
25	6.755 6	3.746 3				未射击
26	7.190 3	1.871 0				未射击
27	7.333 9	1.990 5				未射击
28	7.773 4	4.444 4				未射击
29	7.943 7	6.635 1				未射击

在一次模拟过程中,8 min 内到达了 29 个目标,地空导弹对其中 17 个目标完成射击过程,模拟时间结束时,对其中 5 个目标仍在进行射击,有 2 个目标达到最大滞留时间成功突防,还有 5 个目标尽管仍在地空导弹杀伤区内但没有空闲目标通道进行射击。可得一次模拟的服务概率为 22/29＝75.9%。

按照以上参数进行 15 次计算机模拟试验,到达目标数、服务目标数、突防目标数以及等待服务目标数量统计结果见表 6.9。

表 6.9 15 次试验目标被射击情况统计结果

试验序号	1	2	3	4	5	6	7	8	9	10	11	12	13	14	15
到达目标数	27	33	27	24	24	19	25	28	25	23	25	24	28	21	20
已服务目标数	17	27	21	22	21	16	21	22	14	22	16	19	22	17	20
未服务突防目标数	5	3	6	2	1	2	1	0	4	1	1	2	4	2	0
等待服务目标数	5	3	0	0	2	1	3	6	7	0	8	3	2	2	0

设第 i 次试验来袭目标数为 n_i、射击目标数为 $n_{\text{serve}}^{(i)}$、射击概率为 $p_{\text{serve}}^{(i)}$，则目标射击概率 p_{serve} 为

$$p_{\text{serve}} = \frac{1}{n}\sum_{i=1}^{15} p_{\text{serve}}^{(i)} = \frac{1}{n}\sum_{i=1}^{15} \frac{n_{\text{serve}}^{(i)}}{n_i} = 0.796\,2$$

如果置信水平为 $1-\alpha=0.9$，15 次试验目标来袭总数为 373，可以确定精度 ε 为

$$\varepsilon = \sqrt{\frac{p*(1-p*)}{n}}\Phi^{-1}(1-\alpha) = \sqrt{\frac{0.796\,2(1-0.796\,2)}{373}}\Phi^{-1}(0.9) = 0.020\,9 \times 1.644\,9 = 0.034\,4$$

如果精度 ε 能够达到 0.01，参加试验的目标个数为

$$n = \frac{p*(1-p*)[\Phi^{-1}(1-\alpha)]^2}{\varepsilon^2} = \frac{0.796\,2(1-0.796\,2)}{0.01^2}[\Phi^{-1}(0.9)] = 4\,390$$

按照 15 次试验目标到达个数为 373，平均每次试验目标到达个数为 24.8，要达到 ε 为 0.01 的估值精度，需要进行的试验次数为 176 次。

6.6.2 目标在杀伤区内滞留时间为零

对于一个多通道地空导弹火力单元，假设来袭目标流为泊松流，即到达时间间隔服从指数分布(分布参数为目标平均到达间隔)，目标射击周期也服从指数分布(分布参数为平均射击周期)，目标出现在杀伤区时，如果没有射击通道，目标突防，此类情况一般出现在目标进行低空突防时。

假设地空导弹武器系统通道数为 5 个，每分钟目标到达数为 3 个，战斗持续时间为 8 min，地空导弹武器系统平均射击周期为 2 min，如果目标到达后没有拦截通道，目标突防，求解目标的射击概率。图 6.10 为目标在杀伤区内滞留时间为零时的射击模拟过程。

表 6.10 给出了一次模拟过程中目标到达时间、开始射击时间、射击完成时间以及目标未被射击飞离杀伤区的时间。

表 6.10 一次模拟过程中各目标对应参数

目标批号	到达时间 min	服务开始时间/min	服务结束时间/min	未服务离开时间/min	服务情况
1	0.269 4	0.269 4	1.658 7		完成射击
2	0.774 5	0.775 4	3.200 1		完成射击
3	0.787 9	0.787 9	2.060 2		完成射击

续表

目标批号	到达时间 min	服务开始时间/min	服务结束时间/min	未服务离开时间/min	服务情况
4	1.582 3	1.582 3	1.737 4		完成射击
5	1.810 6	1.810 6	7.839 5		完成射击
6	1.912 0	1.912 0	3.366 8		完成射击
7	2.173 3	2.173 3	—		正在射击
8	3.097 7	3.097 7	4.720 8		完成射击
9	3.407 0	3.407 0	4.796 4		完成射击
10	4.096 6	4.096 6	5.269 1		完成射击
11	4.213 5			4.213 5	突防
12	4.638 6			4.638 6	突防
13	5.084 1	5.084 1	—		正在射击
14	5.167 0	5.167 0	5.880 1		完成射击
15	5.369 4	5.369 4	7.301 4		完成射击
16	5.513 8			5.513 8	突防
17	5.685 8			5.685 8	突防
18	6.429 9	6.429 9	6.692 1		完成射击
19	6.594 7			6.594 7	突防
20	7.131 4	7.131 4	—		正在射击

在一次模拟过程中,8 min 内到达了 20 个目标,地空导弹武器系统对其中 13 个目标完成射击过程,模拟时间结束时,对其中 5 个目标仍在进行射击,另外有 2 个目标正在进行射击,还有 5 个目标突防,可得一次模拟的服务概率为 $1-5/20=75\%$。

按照以上参数进行 15 次计算机模拟试验,到达目标数、服务目标数以及突防目标数统计结果见表 6.11。

表 6.11 15 次试验目标被射击情况统计结果

试验序号	1	2	3	4	5	6	7	8	9	10	11	12	13	14	15
到达目标数	31	28	24	36	26	24	24	28	25	25	24	26	22	27	23
已服务目标数	18	17	17	21	15	17	19	15	14	15	12	22	17	16	16
未服务突防目标数	13	11	7	15	11	7	5	13	11	10	12	4	5	11	7

设第 i 次试验来袭目标数为 n_i、射击目标数为 $n_{\text{serve}}^{(i)}$、射击概率为 $p_{\text{serve}}^{(i)}$,则目标射击概率 p_{serve} 为

$$p_{\text{serve}} = \frac{1}{n}\sum_{i=1}^{15} p_{\text{serve}}^{(i)} = \frac{1}{n}\sum_{i=1}^{15} \frac{n_{\text{serve}}^{(i)}}{n_i} = 0.638\ 7$$

第 6 章 基于统计模拟的武器系统效能分析

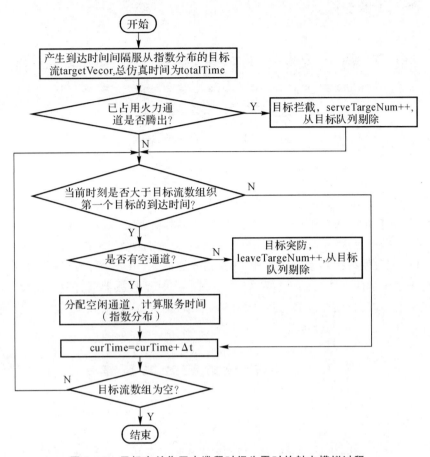

图 6.10 目标在杀伤区内滞留时间为零时的射击模拟过程

如果置信水平为 $1-\alpha=0.9$,15 次试验目标来袭总数为 393,可以确定精度 ε 为

$$\varepsilon=\sqrt{\frac{p*(1-p*)}{n}}\Phi^{-1}(1-\alpha)=\sqrt{\frac{0.638\ 7(1-0.638\ 7)}{393}}\Phi^{-1}(0.9)=0.024\ 2\times 1.644\ 9=0.039\ 8$$

如果精度 ε 能够达到 0.01,参加试验的目标个数为

$$n=\frac{p*(1-p*)[\Phi^{-1}(1-\alpha)]^2}{\varepsilon^2}=\frac{0.638\ 7(1-0.638\ 7)}{0.01^2}[\Phi^{-1}(0.9)]^2=6\ 243$$

按照 15 次试验目标到达个数 393,平均每次试验目标到达个数为 26.2,要达到 $\varepsilon=0.01$ 的估值精度,需要进行的试验次数为 238 次。

模拟是模仿随时间演进的现实系统运行的一种技术,与大多数模型所用的精确解法不同,模拟一般在计算机上执行,可以看作是对现实系统的样本试验,得出的结果是抽样点,生成的抽样点越多,估计就越准确。模拟技术的优点是理论比较直观,一般的数学模型需要进行许多简化假设,而模拟模型很少有限制,表现出了更大的灵活性,即一旦建立了模拟模型,就可以用来分析不同的策略、参数或者方案。模拟技术一般不用来实现最优化,因为模拟过程一般较慢,计算成本较高,尤其是所需估计精度较高时,实验次数会大幅增加。另外,模拟结果不具有同一性,造成选择最优方案有一定的困难。

第 7 章 基于射击效果的地空导弹杀伤效能优化

目标分配是导弹杀伤效能优化中的关键环节。防空作战指挥控制系统经数据融合获得目标的精确航迹后,指挥员成为战斗意图的重要环节,其任务是充分发挥各个火力单元的整体优势,在给定的条件下,寻求符合分配原则的最佳方案。应用优化理论可以使有限数量的兵器得到最优的分配,充分发挥武器系统的效能,使杀伤效能最大。目标分配过程的时效性和分配方案的优劣将直接影响防空作战的进程和结局,尤其在多种型号兵器混合配置情况下,由于各种兵器的作战性能不同,目标分配显得更加关键。本章建立目标分配数学模型,并且设计时效性强的工程算法和寻优性强的智能算法进行求解。

7.1 目标优化分配的工程算法

7.1.1 数学模型

在单波次攻击目标的优化分配模型中,首先考虑威胁程度大的目标,将其尽可能分配给杀伤概率大的火力单元(杀伤区有一定的纵深),进行二次拦截,即拦截—观察—再拦截;如果杀伤概率相同,则将目标分配给射击剩余时间最短的火力单元;如果所有火力单元的目标通道都被占用,则将目标分配给满足转火条件的火力单元作为预备目标,给予一定概率的拦截,这里满足转火条件的火力单元是指对某目标已指定二次拦截,但一次拦截成功,其通道释放时间(包括目标射击的完成时间、射击结果评判时间和转移火力时间)小于当前目标到达发射区近界的时间;如果有多个满足转火条件的火力单元,则将目标分配给释放通道时间最早的火力单元,这是由于先到先打有利于充分发挥防空体系的作战能力,增加总的拦截次数。地空导弹兵目标分配的数学模型为

$$\left.\begin{array}{l} \max Z = \sum_{i=1}^{n}\sum_{j=1}^{m}(\alpha P_{ij} + \beta/T_{ij})W_j X_{ij} \\ \sum_{j=1}^{m} X_{ij} \leqslant 1 \quad i=1,2,\cdots,n \\ \sum_{i=1}^{n} X_{ij} \leqslant 1 \quad j=1,2,\cdots,m \\ X_{ij} = 0,1 \end{array}\right\} \quad (7.1)$$

式中,T_{ij} 的含义分两种情况考虑:①当前时刻火力单元 i 的通道空闲。如果目标 j 在火力单元 i 发射区远界之外,T_{ij} 取目标 j 到达火力单元 i 发射区远界时间,如果目标 j 在火力单元 i

发射区内，T_{ij} 取一个充分小的正数。②当前时刻火力单元 i 的通道被占用。如果火力单元 i 满足对目标 j 转火射击的条件，T_{ij} 取火力单元 i 通道释放时间，这里的通道释放时间包括目标射击的完成时间、射击结果评判时间和转移火力时间等，如果火力单元 i 不满足对目标 j 转火射击的条件，T_{ij} 取充分大的值。W_j 为目标 j 的威胁度，P_{ij} 为火力单元 i 对目标 j 的杀伤概率。X_{ij} 表示火力单元 i 对目标 j 是否进行射击。m 为需要分配的空中来袭目标个数。n 为火力单元数。α、β 为权重系数，α 值较大、β 值较小，表明时间因素在目标分配中的影响程度小于杀伤概率的影响程度。式(7.1)中，第一个不等式说明火力单元 i 在某一时刻最多只能射击 1 个目标(单通道地空导弹武器系统)，第二个不等式表示某一时刻一个目标只能被一个火力单元射击(这里不考虑齐射的情况)。

7.1.2 工程算法流程

目标分配短周期循环，是由传感器数据更新的周期决定的，目标分配在每一个短周期内进行。在目标分配的短周期循环中，除进行跟踪、识别、威胁判断等操作外，留给目标分配的时间很短，这就对目标分配算法提出了很高的要求。因此，目标分配算法必须具备非常好的实时性，以便能够有效地处理完数据，把目标指定到射击条件最好的火力单元。另外，在目标到达分配终线之前，优化分配是一个动态过程，分配预案将随着目标参数、各火力单元状态的变化而适时调整。因此，多目标动态分配方法是建立多目标动态分配模型、设计求解动态目标分配模型的工程算法，在保证算法实时性的同时，寻找较优的多目标动态分配方案。在每个分配周期中，算法流程为：

第 1 步：计算满足目标分配可拦截性条件的 m 个来袭目标，并计算各个目标的威胁度值，进行威胁度排序。

第 2 步：从 m 个未分配目标中选择威胁程度最大的目标 j，统计可射击目标 j 的火力单元数为 n。

第 3 步：如果 $n=0$，从未分配的 m 个目标中剔除目标 j，未分配目标数为 $m=m-1$。如果 $m=0$，算法结束，输出分配结果；否则，转第二步。

第 4 步：如果 $n \geqslant 1$，统计对于目标 j 通道处于空闲状态的火力单元个数 s。

第 5 步：如果 $s=1$，将目标 j 分配给这个唯一的火力单元，从未分配的 m 个目标中剔除目标 j，未分配目标数为 $m=m-1$。如果 $m=0$，算法结束，输出分配结果；否则，转 step2。

第 6 步：如果 $s>1$，从 s 个火力单元中选择对目标 j 杀伤概率最大的火力单元；如果杀伤概率最大的火力单元不止一个，选择对目标 j 射击剩余时间最短的火力单元，将目标 j 分配给该火力单元，从未分配的 m 个目标中剔除目标 j，未分配目标数为 $m=m-1$。如果 $m=0$，算法结束，输出分配结果；否则，转第 2 步。

第 7 步：如果 $s=0$，即没有空闲火力单元，则从可射击目标 j 的 n 个火力单元中选择满足转火条件的火力单元；如果满足转火条件的火力单元不止一个，选择释放通道时间最早的火力单元，将目标 j 分配给该火力单元作为预备目标，从未分配的 m 个目标中剔除目标 j，未分配目标数为 $m=m-1$。如果 $m=0$，算法结束，输出分配结果；否则，转第 2 步。

第 8 步：如果 $s=0$，并且可射击目标 j 的 n 个火力单元中没有满足转火条件的火力单元，从未分配的 m 个目标中剔除目标 j，未分配目标数为 $m=m-1$。如果 $m=0$，算法结束，输出分配结果；否则，转第 2 步。

7.1.3 应用举例

假定有 6 个火力单元,某一时刻录入从不同方向来袭的 12 批目标,前后时间间隔很小。导弹均为两发连射,杀伤概率为 0.75,通过目标威胁度计算和射击参数计算,得到某一时刻目标威胁度排序(见表 7.1)、各火力单元对应各批目标的射击次数、各批目标到达各目标发射区远界时间、各批目标到达各目标发射区近界时间以及火力单元通道释放时间(见表 7.2)。

表 7.1 目标威胁度排序

目标批次	0	1	2	3	4	5	6	7	8	9	10	11
威胁度	0.60	0.30	0.89	0.71	0.82	0.22	0.52	0.36	0.16	0.65	0.75	0.49
威胁排序	6	10	1	4	2	11	7	9	12	5	3	8

根据工程分配算法,目标 2 威胁程度最大,对其最先分配,可以射击目标 2 的火力单元有火力单元 0、1 和 2。其中满足二次拦截的有火力单元 0 和 1,但目标 2 到达火力单元 0 发射区远界的时间更短,因此将目标 2 分配给火力单元 0。同理,将目标 4 分配给火力单元 5;将目标 10 分配给火力单元 3,将目标 3 分配给火力单元 1,将目标 9 分配给火力单元 4,将目标 0 分配给火力单元 2。可以射击目标 6 的火力单元有火力单元 4 和 5,而这两个火力单元都正在射击其他目标,如果火力单元 5 一次拦截目标 4 成功,其通道释放时间小于目标 6 到达火力单元 5 发射区近界的时间,而火力单元 4 不满足转火条件,因此将目标 6 暂时分配给火力单元 5 作为预备目标,给予一定概率的拦截。同理,将目标 11 分配给火力单元 3;将目标 7 暂时分配给火力单元 4,作为预备目标;将目标 1 暂时分配给火力单元 1 作为预备目标;将目标 5 暂时分配给火力单元 0 作为预备目标;可以射击目标 8 的火力单元有火力单元 3 和 4,但这两个火力单元都正在射击其他目标,并且都已经分配了预备目标,因此目标 8 不参与本次分配。

表 7.2 各火力单元对应各批目标的射击参数

		目标 0	目标 1	目标 2	目标 3	目标 4	目标 5	目标 6	目标 7	目标 8	目标 9	目标 10	目标 11
火力单元 0	T_{fy}	37	35	45	40	110	110	—	—	—	—	—	—
	T_{fj}	75	82	114	109	154	169	—	—	—	—	—	—
	T_{sf}	99	101	108	103	173	178	—	—	—	—	—	—
	N	1	1	2	2	1	1	—	—	—	—	—	—
火力单元 1	T_{fy}	32	33	48	50	—	—	—	—	—	—	—	—
	T_{fj}	115	120	118	121	—	—	—	—	—	—	—	—
	T_{sf}	95	94	109	112	—	—	—	—	—	—	—	—
	N	2	2	2	2	—	—	—	—	—	—	—	—
火力单元 2	T_{fy}	100	100	110	—	—	—	—	—	—	—	—	109
	T_{fj}	165	162	169	—	—	—	—	—	—	—	—	164
	T_{sf}	172	168	177	—	—	—	—	—	—	—	—	176
	N	1	1	1	—	—	—	—	—	—	—	—	1

续表

		目标0	目标1	目标2	目标3	目标4	目标5	目标6	目标7	目标8	目标9	目标10	目标11
火力单元3	T_{fy}	—	—	—	—	—	—	—	—	42	39	35	40
	T_{fj}	—	—	—	—	—	—	—	—	121	116	109	111
	T_{sf}	—	—	—	—	—	—	—	—	106	101	98	105
	N	—	—	—	—	—	—	—	—	2	2	2	2
火力单元4	T_{fy}	—	—	—	—	90	92	88	86	50	55	63	80
	T_{fj}	—	—	—	—	135	142	131	142	130	125	138	155
	T_{sf}	—	—	—	—	153	159	151	149	117	118	125	144
	N	—	—	—	—	1	1	1	1	2	2	1	1
火力单元5	T_{fy}	—	—	—	—	45	45	46	45	—	—	—	—
	T_{fj}	—	—	—	—	125	121	119	128	—	—	—	—
	T_{sf}	—	—	—	—	109	105	108	116	—	—	—	—
	N	—	—	—	—	2	2	2	2	—	—	—	—

注：—表示目标不能被火力单元射击；T_{fy} 表示目标到达火力单元发射区远界的时间(s)；T_{fj} 表示目标到达火力单元发射区近界的时间(s)；T_{sf} 表示第一次开始射击目标到通道释放时间(s)；N 表示可以对目标实施的射击次数。

7.2 目标优化分配的模拟退火算法

7.2.1 算法设计

模拟退火(Simulated Annealing,SA)算法最早于20世纪80年代初被提出，其思想来源于固体退火过程，用固体退火过程模拟组合优化问题，将内能转化为目标函数，所解决的问题对应金属物体，解对应状态，最优解对应能量最低的状态。以下是针对多目标分配问题的模拟退火算法设计过程中的几个问题。

1. 解的构造

假定有 n 个火力单元，每个火力单元除了射击当前分配给本火力单元的目标外，可能分配一个预备目标进行转火射击，给予一定概率的拦截。因此某个分配周期内最多为一个火力单元分配两批目标，对于本次分配来说，最多可以分配 $2n$ 个目标。例如有6个火力单元，当前时刻最多录入12批目标参加分配，则解的编码形式见表7.3。

表7.3 解的编码形式

火力单元	0		1		2		3		4		5	
编码位	0	1	2	3	4	5	6	7	8	9	10	11
目标	1	3	7	9	5	2	4	8	11	12	6	10

在以上的编码方式中，每个火力单元中的第一个目标为当前时刻分配给该火力单元的目

标,如果火力单元中的第一个目标不满足可拦截性条件,为虚拟目标;第二个目标为分配给该火力单元转火射击的预备目标或不满足转火条件的虚拟目标。为了满足各火力单元在某一时刻最多只能射击1批目标,以及某一时刻一批目标只能被一个火力单元射击的条件(这里不考虑多个火力单元齐射的情况),编码中所有目标批号都不能重复。

2. 火力单元对目标的杀伤概率

设第 i 个火力单元射击第 j 个空中目标的单发杀伤概率为 P'_{ij},一次拦截使用 N 发导弹,则一次拦截的杀伤概率为

$$P''_{ij} = 1 - (1 - P'_{ij})^N \tag{7.2}$$

设第 i 个火力单元的杀伤区内可对第 j 个空中目标进行二次拦截(这里只考虑最多射击二次的情况),则二次拦截杀伤概率为

$$P_{ij} = 1 - (1 - P''_{ij})^2 = (1 - P'_{ij})^{2N} \tag{7.3}$$

在目标分配数学模型中,对于具有一定射击纵深的发射区域,满足二次拦截条件的目标 u 如果第一次拦截被杀伤,就可以释放通道,射击满足条件的目标 j;否则继续射击目标 u。那么火力单元 i 对目标 j 的杀伤概率为

$$P_{ij} = P''_{iu} \cdot P''_{ij} \tag{7.4}$$

3. 目标函数

目标函数的表达式为

$$\min f = \sum_{i=1}^{n} \sum_{j=1}^{m} \{-(\alpha P_{ij} + \beta/T_{ij})W_j, 10\} \tag{7.5}$$

式中:α、β、P_{ij} 以及 T_{ij} 在前面都已说明,与杀伤概率对应的权重系数 α 取 0.8,与时间对应的权重系数 β 取 0.2,表明目标杀伤概率在目标分配中应首先考虑。P_{ij} 为火力单元 j 射击目标 i 的杀伤概率,包括一次拦截、二次拦截和转火射击。对于编码中的虚拟目标(可能在火力单元的第一位,也可能在第二位),通过将目标函数值 f 加一个较大的正整数进行惩罚,这里正整数取 10。

4. 邻域的构造

在模拟退火算法中,解的搜索过程是在一个能量状态点附近搜索另外一个能量状态点,最终到达能量最低点。因此需要构造邻域。本节邻域的构造使用 2-opt 法,如表 7.4 所示的解在第 3 位和第 9 位交换位置,新解为:

表 7.4 邻域构造形式

火力单元	0		1		2		3		4		5	
编码位	0	1	2	3	4	5	6	7	8	9	10	11
目标	1	3	7	**9**	5	2	4	11	**12**	6	10	
目标(邻域)	1	3	7	**12**	5	2	4	11	**9**	6	10	

5. 算法的终止条件

模拟退火算法从初始温度开始,通过每一温度的迭代和温度下降,最后达到终止条件。本

节采用零度法。因为模拟退火的最终温度为零,所以可以给定一个比较小的正数 ε 时,当温度小于这一正数 ε,算法停止,表示已达到了最低温度。

7.2.2 应用举例

为了方便比较,同样使用 7.1.3 节的算例,进行模拟退火算法求解。在模拟退火算法中,取初始温度 T_0 为 1 000,冷却率 $s=0.95$,最低温度为 0.001,同一温度下迭代次数为 30,利用模拟退火算法,得到最优目标分配方案见表 7.5,最小目标函数值为 5.902 21,迭代曲线如图 7.1 所示。

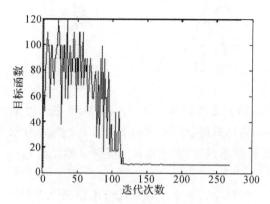

图 7.1 模拟退火算法迭代曲线

表 7.5 最优目标分配方案

火力单元	0		1		2		3		4		5	
目标	3	5*	2	1*	0	⑧	10	11*	9	7*	4	6*

注:标识为"*"的目标为转火射击目标;带"○"的目标为虚拟目标,不参与分配。

将模拟退火算法分配方案与工程算法分配方案比较,发现二者略有不同。在工程分配方案中,将目标 2 分配给火力单元 0,将目标 3 分配给火力单元 1;而在模拟退火算法得到的方案中,是将目标 3 分配给火力单元 0,将目标 2 分配给火力单元 1。通过对两种分配方案进行比较发现,模拟退火算法将目标 2 分配给火力单元 1,尽管目标 2 到达火力单元 1 发射区远界的时间(48 s)比火力单元 0(45 s)长,但目标 3 到达火力单元 0 发射区远界的时间(40 s)比火力单元 1 更短(50 s),并且两个火力单元的通道释放总时间更短[模拟退火算法分配时通道释放总时间为(103+109) s,人工分配时通道释放总时间为(108+112) s]。因此,模拟退火算法得到的分配方案所需射击总时间更短、射击总次数更多。

7.3 目标优化分配的 ACO-SA 混合优化策略

7.3.1 数学模型

防空作战的目标分配可以描述为有 m 个火力单元,空中有 n 个来袭目标。目标的类型、进袭方向、速度以及在各杀伤区内的位置和航路捷径不同,按照统计规律,火力单元对目标的射击效益对飞行高度和航路捷径均服从正态分布,可将该批目标分配给对其射击效益最大的火力单元。

目标分配的数学模型可以描述为

$$\left.\begin{array}{l} Z = \max \sum_{i=1}^{m} \sum_{j=1}^{n} \sum_{k=1}^{L_i} c_{ij} x_{ikj} \\ \sum_{i=1}^{m} \sum_{k=1}^{L_i} x_{ikj} = 1 \quad j = 1,2 \cdots n \\ \sum_{j=1}^{n} \sum_{k=1}^{L_i} x_{ikj} \leqslant L_i \quad i = 1,2,\cdots m \\ \sum_{i=1}^{m} \sum_{j=1}^{n} x_{ikj} \leqslant m \quad k = 1,2,\cdots l \\ x_{ikj} = 0,1 \end{array}\right\} \quad (7.6)$$

式中:c_{ij} 为火力单元 i 拦截第 j 批目标效益指标,与目标到达火力单元杀伤区远界的时间、地空导弹对目标的杀伤概率、目标威胁度等相关;L_i 为第 i 个火力单元最多可以分配的目标数,也就是第 i 个火力单元的目标通道数(多通道地空导弹武器系统);x_{ijk} 表示火力单元 i 的 k 通道是否对目标 j 射击。

在目标分配过程中,要求每个目标必须且只能分配给一个火力单元,防空部队对空射击效率要达到最大。

7.3.2 ACO-SA 混合优化策略基本思想

防空作战中的目标分配问题是一个 NP(Nondeterministic Polynomial)问题,这决定了求解最优目标分配方案是较为困难的。本节提出一种 ACO-SA 混合优化策略,结合 ACO(Ant Colony Optimization algorithm, ACO)算法和模拟退火(simulated annealing algorithm, SA)算法各自的优点,产生更好的优化效率。

ACO-SA 混合优化策略是一个 ACO 和 SA 组成的统一结构:如果在混合优化策略中只有一只蚂蚁,混合优化策略就是标准的 SA 算法;如果混合优化策略中移去退火操作,混合优化策略变为 ACO 算法。混合算法是一个串并行复合结构,在同一温度下依次进行并行的 ACO 算法和串行的 SA 算法。两种算法相互依存,蚁群算法在当前温度下找到的最优解作为 SA 的初始解,用 SA 经过 Metropolis 抽样过程得到的解来指导蚁群网络中信息素的更新。在高温下,SA 操作赋予优化过程在各状态可控的概率突跳特性,有利于状态的全局大范围迁移,相当于遗传算法中的变异操作,使初始阶段蚁群行进路径上的信息素浓度不至于过度积累,是避免陷入局部极小的有效手段;在低温下,SA 操作演变成几乎是概率为 1 的保优变异操作,有利于优化过程中状态局部小范围趋化性移动,增加了算法的全局寻优能力。图 7.2 是 ACO-SA 混合优化策略的示意图,黑色矩形代表蚂蚁走过的路径。

7.3.3 蚁群网络的构造

1. 蚂蚁行走路径

假设有火力单元表示为 $w_1, w_2, w_3, \cdots, w_m$,目标表示为 $t_1, t_2, t_3, \cdots, t_n$,编号为 1,2,

第 7 章 基于射击效果的地空导弹杀伤效能优化

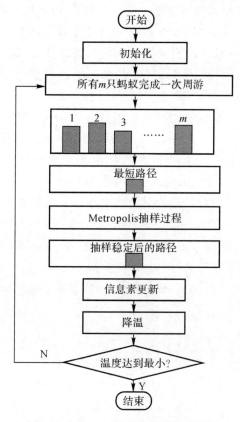

图 7.2 ACO-SA 混合优化策略示意图

$3,\cdots,n$,第 i 个火力单元的通道数为 L_i。按照所有火力单元的总通道数 L 与目标总数 n 的关系,构造两种不同的蚁群网络。如图 7.3 和图 7.4 所示,图中带箭头的有向实线段和虚线段分别表示两只蚂蚁可能的行走路径。

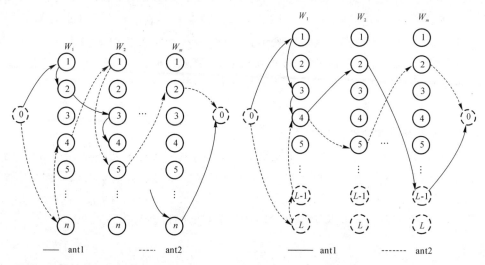

图 7.3 目标分配问题的蚁群网络($L \leqslant n$)　　图 7.4 目标分配问题的蚁群网络($L \leqslant n$)

在解决 TSP 问题时,哪个城市排在第一位并不重要,可以把顺序作为问题解的表达形式。但在目标分配问题中,谁排在第一位很重要,因此建立了虚拟的始终点,即节点 0,蚂蚁从 0 点出发,最后回到 0 点。图 7.3 代表所有火力单元的总通道数 L 不大于目标总数 n 的情况,蚂蚁在 W_i 列走 L_i 个节点,表示分配给第 i 个火力单元的目标数为 L_i,然后开始走 W_{i+1} 列,即开始下一个火力单元的目标分配,直到走完最后一列,即最后一个火力单元。在目标分配问题中,可能会出现目标数 n 小于总的火力单元通道数 L 的情况,可以在图 7.4 的蚁群网络中每一列补充 $L-n$ 个节点:$n+1, n+2, \cdots, L$。把所有火力单元拦截这 $L-n$ 个目标的效益值设为 $(0,1)$ 之间的一个定值 c,比如 0.5,在计算结束后,射击效率值 $Z = Z - c \times (L-n)$,这样可以保证这些节点分配给任意一个火力单元不影响优化结果。

在蚁群网络中,把火力单元对目标的射击效益指标 c 值看作蚂蚁的行进距离 d。蚂蚁的行进方式分两种情况,即蚂蚁在每一列中的行进与蚂蚁从本列到下一列的行进,不论哪种情况,都将节点 i 到节点 j 的距离 d_{ij} 表示为节点 j(目标 t_j)所在列(火力单元)的射击效益指标值。d_{ij} 与蚂蚁所走节点的顺序有关,例如:蚂蚁从第一列(第一个火力单元)的节点 3 走到节点 4,则 $d_{34}^{(1)} = c_{14}$;蚂蚁从第一列(第一个火力单元)的节点 3 走到第二列(第二个火力单元)的节点 4,则 $d_{34}^{(2)} = c_{24}$。

2. 下一个目标的选择($L \leqslant n$)

在时刻 t,蚂蚁 k 从节点 i 转移到节点 j 的概率 p_{ij}^k 为

$$p_{ij}^k(t) = \begin{cases} \dfrac{\tau_{ij}^{\alpha}(t) \eta_{ij}^{\beta}(t)}{\sum\limits_{l \in R(s)} \tau_{il}^{\alpha}(t) \eta_{il}^{\beta}(t)} & j \in R_k(s) \\ 0 & j \notin R_k(s) \end{cases} \tag{7.7}$$

式中:$R_k(s) = N - tabu_k$ 表示蚂蚁下一步允许选择的下一个目标编号的集合,N 为所有目标的集合,禁忌表 $tabu_k$ 记录了蚂蚁 k 当前走过的目标。当所有 n 个目标编号加入 $tabu_k$ 中时,蚂蚁 k 便完成了一次周游,此时蚂蚁 k 走过的路径便是目标分配问题的一个可行解。τ 为信息素浓度。在图 7.3 的蚁群网络中,τ_{ij} 由两部分组成:本列中节点 i、节点 j 所在弧 (i,j) 上的信息素浓度 $\tau_{ij}^{(1)}$ 和从一列节点 i 到另一列节点 j 的弧 (i,j) 上的信息素浓度 $\tau_{ij}^{(2)}$。η 为预见度,在解决 TSP 问题时要求路程最短,取两城市距离的倒数,但目标分配问题的目的是射击效率最大,所以取 $\eta_{ij} = c_{ij} = d_{ij}^{(1)}(d_{ij}^{(2)})$。$\alpha$ 为残留信息的相对重要程度,β 为预见值的相对重要程度。

3. 下一个目标的选择($L > n$)

对于目标数 n 小于总的火力单元通道数 L 的情况,由于在每一列补充了 $L-n$ 个虚拟目标,如果使用式(7.7)进行下一个目标的选择,这些虚拟目标的效益值 c 的取值大小将影响最终的分配结果,因此略去式(7.7)中的能见度 η,这样保证 c 任意取值而不影响分配结果。在 $L > n$ 的情况下,在时刻 t,蚂蚁 k 从节点 i 转移到节点 j 的概率为

$$p_{ij}^k(t) = \begin{cases} \dfrac{\tau_{ij}^{\alpha}(t)}{\sum\limits_{l \in R(s)} \tau_{il}^{\alpha}(t)} & j \in R_k(s) \\ 0 & j \notin R_k(s) \end{cases} \tag{7.8}$$

4. 信息素的更新

信息素的更新是在 Metropolis 抽样过程稳定后进行的,信息素的更新方式为

$$\tau_{ij}(t+1)=(1-\rho)\tau_{ij}(t)+\Delta\tau_{ij}^{*}{}_{(SAbest)} \tag{7.9}$$

$\Delta\tau_{ij}^{*}{}_{(SAbest)}$ 可以表示为

$$\Delta\tau_{ij}^{*}{}_{(SAbest)}=\begin{cases}Q|W_{SAbest}| & 弧(i,j)在 W_{SAbest} 上\\ 0 & 否则\end{cases} \tag{7.10}$$

式中:$\rho\in(0,1)$,为路径上信息素的蒸发系数;$\Delta\tau_{ij}$ 表示本次周游结束后所有蚂蚁在弧(i,j)上信息素的增量;W_{SAbest} 为当前温度下的最优路径经过充分多次 Metropolis 抽样后的新路径;$\Delta\tau_{ij}^{*}{}_{(SAbest)}$ 表示退火操作后路径 W_{SAbest} 的弧(i,j)上的信息素增量;Q 为正常数;$|W_{SAbest}|$ 表示路径 W_{SAbest} 的长度,即退火操作后的射击效率。

7.3.4 退火操作的控制

1. Metropolis 概率接受准则

Metropolis 概率接受准则为

$$p=\begin{cases}1 & f_i\geqslant f_j\\ \exp(-\Delta f_{ij}/T) & f_i<f_j\end{cases} \tag{7.11}$$

式中:f_i 表示当前射击效率值;f_j 表示当前目标序列在邻域内一次摄动后的射击效率值;$\Delta f_{ij}=f_j-f_i$。

2. 初始温度

初始温度 t_0 应保证平稳分布中每个状态的概率相等,即

$$\exp(-\frac{\Delta f_{ij}}{t_0})\approx 1 \tag{7.12}$$

式中:$\Delta f_{ij}=f(j)-f(i)$。

因此,起始温度 t_0 可以表示为 $t_0=K\Delta_0$,其中,K 为充分大的数,$\Delta_0=\max f(i)-\min f(i)$。在目标分配问题中,射击效益指标值不大于 1,因此 $\max f(i)$ 小于目标总数,起始温度 t_0 可以是目标总数的 K 倍。

3. 邻域结构

模拟退火算法要从邻域中随机产生另一个解,本节采用 2-opt 映射。对于目标分配问题,它邻域是指蚂蚁走过的所有 n 个目标组成目标序列,随机产生 1 和 n 之间的两相异数 i 和 j,将 i 和 j 对应的两个目标在目标序列中交换位置。

4. 退火速率

退火速率进行自适应调整,可以表示为

$$\omega=\begin{cases}\dfrac{D_{best}}{D_{avg}} & \dfrac{D_{best}}{D_{avg}}>0.85\\ 0.85 & \dfrac{D_{best}}{D_{avg}}\leqslant 0.85\end{cases} \tag{7.13}$$

式中:ω 为退火因子,D_{best} 和 D_{avg} 分别为所有蚂蚁完成一次周游的最优路径长度和平均值。

在初始阶段，D_{best} 与 D_{avg} 的差异较大，它们的比值小于1；在后期，D_{best} 与 D_{avg} 趋向于相等，比值趋向于1；整个计算过程中，D_{best} 一直向 D_{avg} 逼近。这样可以保证温度较高时，退火速度较快；随着温度的下降，退火速度趋缓；当温度趋于零时，$D_{best}=D_{avg}$，退火速度趋于1。为了避免初始阶段蚂蚁走过的路径差异太大导致退火速度太快，设置 ω 的最小值为 0.85。自适应退火方式可以节省计算时间，减小算法的复杂性。

7.3.5 算法流程

第1步：设定初始温度 t_0，初始化蚁群算法中的参数为 α、β、ρ、Q、C，其中 C 为所有虚拟目标的射击效益值，设定同一温度下迭代次数为 q，退火速率为 ω，为蚁群网络中的每一条弧 (i, j) 赋信息素初值 $\tau_{ij}(0)$，当前温度 $t=t_0$ 时，给定最低的迭代温度 ε。

第2步：将所有 m 只蚂蚁放置于虚拟节点0。

第3步：对于每只蚂蚁按照式(7.7)或式(7.8)选择下一个目标，将已选目标的编号加入自己的禁忌表，直到走完所有目标，回到虚拟节点0。

第4步：计算每只蚂蚁走过的路径长度，并记录当前温度下最优路径 W_{best}，将路径 W_{best} 作为本次退火抽样过程的初始解 i_0，$i=i_0$。

第5步：从邻域 $N(i)$ 中随机选一个解 j，计算 $\Delta f_{ij}=f(j)-f(i)$。若 $\Delta f_{ij} \leqslant 0$，则 $i:=j$；若 $\exp(-\Delta f_{ij}/t)>\text{random}(0,1)$，$i:=j$。重复上述过程 q 次转入下一步。

第6步：利用第5步最后得到的解 j，即退火抽样后的最优路径 W_{SAbest} 作为需要更新信息素的路径，更新方式按照式(7.9)、式(7.10)进行。

第7步：按照式(7.13)进行降温操作：$t=\omega t$。如果 $t<\varepsilon$，输出最优解，终止算法；否则，清除所有禁忌表中的数据，转第2步。

7.3.6 应用举例

这里只对目标总数大于火力单元总通道数的情况进行分析。假定防空部队下辖5个火力单元，来袭目标共有18批，各火力单元的通道数均为3，火力单元相对于目标的射击效益值见表7.6。

表 7.6 火力单元相对于目标的射击效益值

W_1	0.5	0.2	0.1	0.5	0.2	0.4	0.1	0.3	0.5	0.7	0.9	0.5	0.8	0.3	0.8	0.6	0.5	0.1
W_2	0.7	1.0	0.7	0.5	0.9	0.3	0.5	0.1	0.6	0.8	0.2	0.8	0.1	0.3	0.3	0.1	0.2	0.1
W_3	0.7	0.5	0.7	0.8	0.3	0.6	0.7	0.4	0.1	0.9	0.8	0.8	0.3	0.2	0.1	0.5	0.3	0.6
W_4	0.1	0.8	0.1	0.2	0.1	0.1	0.1	0.4	0.9	0.1	0.8	0.8	0.1	0.3	0.2	0.3	0.5	0.7
W_5	0.1	0.1	0.3	0.4	0.6	0.7	1.0	0.5	0.6	0.8	0.8	0.3	0.2	0.8	0.3	0.1	0.1	0.9

分别利用 SA、ACO 算法及 ACO-SA 混合优化策略对算例进行求解。经过实验发现，在 ACO-SA 混合优化策略中，$\alpha=1$，$\beta=5$，$\rho=0.5$，$\tau_{ij}(0)=0.0001$，$Q=0.001$，蚁群数取20，初始温度取目标总批数的10倍，即180，同一温度下迭代长度 $q=100$，算法在温度达到最低

0.01时终止。图7.5和图7.6分别给出了SA、ACO及ACO-SA在本算例中的迭代过程。

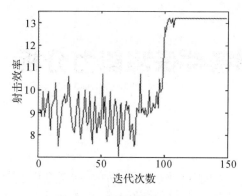

图7.5 SA算法迭代曲线

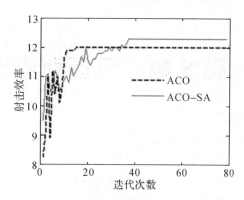

图7.6 ACO算法及ACO-SA算法迭代曲线

从图7.5图7.6中看出:SA算法用了超过100步的迭代,得到的最大射击效率为12.2;ACO算法在20步左右就陷入局部最小,最大射击效率为12.0;利用ACO-SA混合优化策略得到最大射击效率12.3,优于SA和ACO算法,最优解为:0-13-11-15-9-5-2-4-1-3-12-10-7-6-18-14-0。这组解可以解释为:第一个火力单元分配目标$\{t_{13}, t_{11}, t_{15}\}$,第二个火力单元分配目标$\{t_9, t_5, t_2\}$,第三个火力单元分配目标$\{t_4, t_1, t_3\}$,第四个火力单元分配目标$\{t_{12}, t_{10}, t_7\}$,第五个火力单元分配目标$\{t_6, t_8, t_{14}\}$。从计算所花费的时间来看,SA算法花费的时间最长,ACO花费的时间虽短,但陷入了局部极小。ACO-SA混合优化策略花费的时间虽略多于ACO算法,但全局寻优能力很强。通过综合评价,说明ACO-SA混合优化策略解决本算例更有效。

本节利用ACO-SA混合优化策略对目标优化分配问题进行了求解。从算例计算结果来看,ACO-SA混合优化策略在解决目标优化问题上克服了SA算法优化时间较长、ACO算法容易出现早熟等缺点,并结合了这两种算法各自的优点,有较强的收敛能力和寻优能力。ACO-SA混合优化策略是ACO算法和SA算法在算法结构、算法思想上的相互补充,为较好地解决类似目标优化分配问题提供了有效的手段。

第8章 装备可维修备件保障能力分析

装备可维修备件库存数量的确定以及在保障系统中的库存配置等保障问题直接影响到装备的使用可用度,如何对装备可维修备件库存配置进行科学的优化决策,寻求装备可维修备件保障总费用与装备战备完好性之间的最佳平衡,是装备维修保障能力分析中的一个重要课题。本章建立多项可维修备件的多级库存模型,构造优化算法,对备件进行优化配置,其目标是将恰当的备件以恰当的数量存储在恰当的备件仓库中,以获得服务水平(备件平均延误时间)允许下的最低备件保障费用(包括期望库存持有费用、紧急供应费用和横向供应费用等)。

8.1 维修备件单级库存保障能力分析

8.1.1 应用场景

可维修备件保障是指确定装备维修所需备件的种类和数量,并研究它们的筹措、分配、储运以及调拨等管理与技术活动。备件供应保障优化的目的是使装备维修中所需备件能得到及时和充分的供应,并使备件的库存费用降为最低,或者在满足一定费用条件下,使装备的使用可用度达到最大。可维修备件保障的重点是对可维修备件库存的控制,保障装备的正常使用和维修有充足的备件。

可维修备件的保障过程示例如图 8.1 所示,这是一个两级备件保障体制,包括基层级和基地级。基层级也称为分队级,对应于装备所属单位,装备使用分队在装备使用现场实施维修,由于受维修资源和条件的限制,基层级维修只限于判断并确定故障,拆卸更换零部件。基地级具有较强的维修能力(比如在装备大修厂),它能执行修理几乎所有故障部件,对于不能修理的故障备件,进行报废处理。本节涉及的问题中假设不会出现故障备件报废的情况,并且本节也不考虑备件生产厂家对基地级库存机构的备件补充。

当装备的某项部件出现了故障时,经故障定位后该部件被拆下来,这时如果基层级仓库有备件则可以马上更换一个新的备件,恢复装备功能,否则就要到基地级库存机构申请该备件。被拆下来的故障部件被送到基地级维修机构进行修理,修复后将作为备件存储在基地级仓库。基地级对备件的供应方式一般有两种,即正常供应和紧急供应。

本节研究的对象是同种型号群体装备的可维修备件,采取集中库存体制,也就是在相关装备所在地的中心或邻近地区设置基层级仓库,集中对群体装备的备件进行统一补充、管理和保障,当基层级仓库接到备件申请时,在最大允许的延误时间之内将备件送达现场。采用集中库存体制有两个原因:一是研究的可维修备件价格较高,装备现场一般不具备可维修备件库存条件;二是由于备件寿命的随机性,若在装备现场配置各种备件,则可能有的备件积压不用,有的备件发生短缺,而基层级的集中库存有利于保障群体装备的同一种备件存在相互调节的空间,降低备件保障费用。

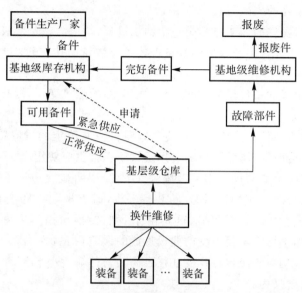

图 8.1　具有紧急供应策略的可维修备件的多级维修保障过程流程

假设备件正常供应时间服从一般分布的独立随机变量,平均值是一个确定值。通过这个假设使备件正常供应时间与基地级的备件库存水平、基地级的备件修理能力无关,因此把本节的问题称为单级模型。备件的具体供应过程为:当备件发生需求时,由基层级仓库进行备件供应,与此同时,基层级向外部备件供应源提出备件申请;如果基层级仓库没有所需备件,由外部供应源进行紧急供应(紧急供应时不需要同时向备件供应源申请备件)。

假设可维修备件库存系统都执行连续检查的$(S-1,S)$策略(其中,S是备件库存量),对库存水平进行连续性检查,一旦发现库存水平降低为$S-1$个单位时,立即提出备件申请,使库存水平恢复至S单位。因为研究的可维修备件的共同特点是价格较高、需求率较低,根据经济定购批量(Economical Order Quantity,EOQ)理论,经济订货量一般都比较低,接近于 1,这也是本节选择连续检查的$(S-1,S)$策略的重要依据。本节把S称作备件目标库存水平,在库存系统中它是一个不变的量,必须处于一定的位置。库存平衡公式为

$$S=I+Q-B$$

式中:I当前仓库的库存持有量;Q为已申请但尚未交付的备件量;B为当前仓库的缺货数。这些量都是非负的随机变量。这些随机变量中有一个发生变化,其他变量就同时发生变量。例如,当发生一次需求时,尚未交付的备件申请量Q就增加一件;若当前仓库的库存持有量I为正整数,就减少一件,否则,备件短缺数B就增加一件。不管哪种情况,等式都保持平衡。在一次修理或供应完成后,Q减少一件,B减少一件,或者无缺货时I增加一件,再次使等式平衡。

8.1.2　基本假设和符号说明

以下是模型的一些重要假设:

(1) 研究的可维修备件库存持有费用较高、需求率较低,与库存持有费用相比,订购费用可以忽略。

(2) 装备部件失效过程是一个泊松过程。当部件寿命服从指数分布时,这种假设是成立的,这符合一般电子产品的失效过程。

(3) 基层级可维修备件的需求过程是一个泊松过程,均值为该基层级中所有装备同种类型部件故障率的总和。当装备出现故障的数量占装备总数量的比重较小时,这种假设被认为是成立的。

(4) 基地级对基层级的备件供应时间服从一般分布的随机变量,没有与基地级备件库存水平和修理能力建立关系。

(5) 当基层级备件缺货时,实施紧急供应。紧急供应有确定的供应费用和供应时间,紧急供应时间小于正常供应时间,紧急供应的费用远大于正常供应费用。

对于假设(3),实际上是假设平均需求量保持不变,很明显这违背了装备由于停机而不会继续产生备件需求的情况。比如说,20%的装备停机,需求量就会低于20%。尽管这是一个数学难题。但备件保障的影响不明显,这是由于我们要得出高可靠度的库存策略,如要求95%的装备正常工作,平均需求量不变的假设形成的误差在5%左右,完全符合备件保障准确性的要求。事实上,平均需求量保持不变往往会高估备件缺货水平。

模型中各符号的含义为:

$I=\{1,2,\cdots,n\}$——集合中的元素 $1,2,\cdots,n$ 分别代表可维修备件的序号;

S_i——基层级仓库中备件 i 的目标库存水平;

λ_i——基层级仓库中备件 i 的需求率;

T_i^{reg}——基地级仓库正常供应备件 i 所需的平均供应时间;

T_i^{em}——基地级仓库紧急供应备件 i 所需的平均供应时间;

C_i^{reg}——基地级仓库正常供应备件 i 所需运输费用;

C_i^{em}——基地级仓库紧急供应备件 i 所需运输费用;

h_i——单位备件 i 在单位时间内的库存持有费用;

Q_i——基层级仓库向基地级仓库已申请但尚未交付的备件 i 申请量,可以理解为在供应途中的备件 i 的数量;

θ^i——备件 i 的需求由基地级仓库紧急供应来满足的概率;

$\bar{I}_i$——基层级仓库中备件 i 的期望库存水平;

$\bar{B}_i$——基层级仓库中备件 i 的期望缺货水平;

W_i——基层级仓库满足备件 i 需求所需的平均延误时间;

W^{max}——基层级仓库满足任一备件需求的最大允许延误时间。

8.1.3 备件期望库存水平

以下分两部分讨论备件的期望库存水平,包括无紧急供应策略时备件的期望库存水平和有紧急供应策略时备件的期望库存水平。

1. 无紧急供应策略时备件期望库存水平

在没有紧急供应策略时,仓库中的备件需求通过正常供应满足,已经假设相继的备件正常供应时间为服从一般分布的独立随机变量。根据帕尔姆定理,对于仓库中的备件 i,该件的需求过程是参数为 λ_i 的泊松过程,备件的正常供应时间服从平均值为 T_i^{reg} 的一般分布,在等待制条件下,尚未交付的备件申请量 $Q_i(S_i)$ 在稳态时服从参数为 $\lambda_i T_i^{\text{reg}}$ 的泊松分布,即

$$P(Q_i=y)=(\lambda_i T_i^{\text{reg}})^y e^{-\lambda_i T_i^{\text{reg}}}/y!\quad y\geqslant 0 \tag{8.1}$$

S_i 为仓库中备件 i 的目标库存水平,设某一随机时刻尚未交付的备件申请量有 k 件($k<S_i$),就有 S_i-k 件缺货,因此仓库中备件 i 的期望缺货水平 $\bar{I}_i(S_i)$ 为

$$\bar{I}_i(S_i)=S_i P(Q_i=0)+(S_i-1)P(Q_i=1)+(S_i-2)P(Q_i=2)+\cdots=\sum_{x=0}^{S_i-1}(S_i-x)P(Q_i=x) \tag{8.2}$$

2. 有紧急供应策略时备件期望库存水平

对于仓库中的备件 i,可以建立 $M/M/S_i$ 损失系统。系统有以下特性:

(1) 顾客到达过程是泊松过程,顾客到达率为 λ_i。在本节中,顾客到达过程就是备件需求过程,顾客到达率就是备件需求率。

(2) 有 S_i 个服务台。在本节中,S_i 为仓库备件 i 的目标库存水平。

(3) 排队系统中任一时间的状态为该时刻顾客数。在本节中,系统在任一时间的状态是仓库尚未交付的备件 i 申请量,状态空间为:$\{0,1,2,\cdots,S_i\}$。

(4) 每个服务台对顾客的服务时间均为指数分布的随机变量,平均服务时间为 $1/\mu_i$(μ_i 为服务率)。本节中,服务时间就是备件正常供应时间,平均供应时间为 T_i^{reg}($T_i^{\text{reg}}=1/\mu_i$)。

(5) 如果顾客到达时系统中所有 S_i 个服务台都在忙时,顾客不会进入,而选择离开。在本节中,当发生备件 i 的一次需求,如果尚未交付的备件申请量为 S_i 时,不申请备件,系统状态不会产生转移,需求通过紧急供应满足。

(6) 顾客到达过程和各个服务台对顾客的服务时间均是统计独立的。在本节中,备件需求过程和备件正常供应时间均是统计独立的。

接下来计算系统进入平稳状态后各状态的概率分布。图 8.2 是 $M/M/S_i$ 损失系统的状态转移图。

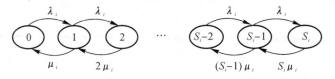

图 8.2 $M/M/S_i$ 损失系统的状态转移关系图

用 P_τ 表示尚未交付备件申请量为 τ 的稳态概率,系统的流量平衡方程为

$$\left.\begin{aligned}\lambda_i P_0&=\mu_i P_1\\(\lambda_i+\mu_i)P_1&=2\mu_i P_2+\lambda_i P_0\\(\lambda_i+2\mu_i)P_2&=3\mu_i P_3+\lambda_i P_1\\&\cdots\cdots\\S_i\mu_i P_{S_i}&=\lambda_i P_{S_i-1}\end{aligned}\right\} \tag{8.3}$$

并且利用 $\sum_{k=0}^{S_i} P_\tau = 1$，得到各状态的稳态概率为

$$P_\tau(S_i) = \frac{(\lambda_i/\mu_i)^\tau/\tau!}{\sum_{l=0}^{S_i}(\lambda_i/\mu_i)^l/l!} \quad \tau=0,1,\cdots,S_i \tag{8.4}$$

那么备件期望库存水平 $\bar{I}_i(S_i)$ 为

$$\bar{I}_i(S_i) = \sum_{k=0}^{S_i-1}(S_i-k)P_k = \sum_{k=0}^{S_i-1}\frac{(S_i-k)(\lambda_i/\mu_i)^k/k!}{\sum_{l=0}^{S_i}(\lambda_i/\mu_i)^l/l!} \tag{8.5}$$

现在举例说明有紧急供应策略和无紧急供应策略时备件期望库存水平的变化情况。

例 8.1 设 S 为备件期望库存水平，λ 为备件需求率，μ 为备件供应率，$\bar{I}^{\text{reg}}$ 表示正常供应时备件期望库存水平，$\bar{I}^{\text{em}}$ 表示紧急供应下备件期望库存水平。其中备件期望库存水平 S 取值为 1 个、2 个、3 个，备件需求率 λ 取值为 0.01 个/天、0.1 个/天，备件供应率 μ 取值为 0.1 天/个、0.5 天/个。观察 S、λ 和 μ 取不同值时 $\bar{I}^{\text{reg}}$ 和 $\bar{I}^{\text{em}}$ 的变化情况。有紧急供应策略和无紧急供应策略时备件期望库存水平见表 8.1。

表 8.1 有紧急供应策略和无紧急供应策略时备件期望库存水平

S	λ	μ	$\bar{I}^{\text{reg}}$	$\bar{I}^{\text{em}}$
1	0.01	0.1	0.904 8	0.909 1
2	0.01	0.1	1.900 2	1.900 5
1	0.1	0.1	0.367 9	0.500 0
2	0.1	0.1	1.103 6	1.200 0
1	0.1	0.5	0.818 7	0.833 3
2	0.1	0.5	1.801 2	1.803 3
3	0.1	0.1	2.023 3	2.062 5
3	0.01	0.1	2.900 0	2.900 0

从表 8.1 可以看出，有紧急供应策略时的备件期望库存水平 $\bar{I}^{\text{em}}$ 大于无紧急供应策略时的备件期望库存水平 $\bar{I}^{\text{reg}}$，并且随着需求率的增加、供应率的增加、备件目标库存水平的减少，这种趋势更加明显。

8.1.4 紧急供应概率

当基层级仓库中有备件库存时，如果发生一次需求，在满足需求的同时向基地级仓库申请备件；当基层级仓库中没有备件库存时，需求通过基地级紧急供应满足，此时不会向基地级仓库申请备件。本小节将讨论备件需求通过紧急供应满足的概率 $\theta^i(S_i)$。

当发生备件需求时，如果尚未交付的备件申请量为备件目标库存水平，也就是 $M/M/S_i$ 损失系统中状态值为 S_i，所有服务台都在工作，该状态的稳态概率就是紧急供应概率，据式 (8.4) 可知

$$\theta^i(S_i) = P_{S_i}(S_i) = \frac{(\lambda_i/\mu_i)^{S_i}/S_i!}{\sum_{l=0}^{S_i}(\lambda_i/\mu_i)^l/l!} \tag{8.6}$$

紧急供应概率 $\theta^i(S_i,\lambda_i,\mu_i)$ 是 S_i 的凸函数,也是 S_i 的减函数。下面以以下例子说明。

例 8.2 基层级备件补充时间为 20 天,备件平均需求率为 0.2 个/天,基层级仓库备件目标库存水平在 0~10 上取值,确定 S 取不同值时紧急供应概率 $\theta(S)$ 的值,如图 8.3 所示。

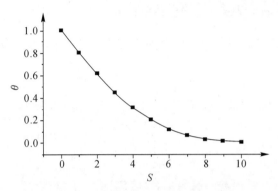

图 8.3 紧急供应概率 $\theta(S)$ 随目标库存水平 S 增加的变化情况

在例 8.2 中:当基层级仓库目标库存水平为 0 时,紧急供应概率 θ 为 1;当目标库存水平为 10 时,紧急供应概率 θ 为 0.005 3。从图 8.3 中看出, $\theta_j^i(S_{ij})$ 是 S_{ij} 的减函数,同时也是 S_{ij} 的凸函数。

8.1.5 数学描述

此处分两部分建立备件库存模型,包括无紧急供应策略时的备件库存模型和有紧急供应策略时的备件库存模型。模型中的目标函数为备件库存保障费用,约束条件为备件平均延误时间不超过最大允许延误时间。

1. 无紧急供应策略时的备件库存模型

当备件 i 的目标库存水平为 S_i,在没有紧急供应策略时,根据 Little 公式,仓库满足备件 i 需求的平均延误时间 $\bar{W}_i(S_i)$ 为

$$\bar{W}_i(S_i) = \frac{\bar{B}_i(S_i)}{\lambda_i} \tag{8.7}$$

式中: $\bar{B}_i(S_i)$ 为备件 i 的期望缺货水平,相当于排队系统中平均等待的顾客数。

设某一随机时刻尚未交付的备件申请量有 S_i+k 件,就有 k 件缺货,因此仓库中备件 i 的期望缺货水平 $\bar{B}_i(S_i)$ 为

$$\bar{B}_i(S_i) = P(Q_i = S_i+1) + 2P(Q_i = S_i+2) + 3P(Q_i = S_i+3) + \cdots =$$
$$\sum_{x=S_i+1}^{\infty}(x-S_i)P(Q_i=x) \tag{8.8}$$

那么仓库满足任一备件需求的平均延误时间 $\bar{W}$ 为

$$\overline{W} = \sum_{i \in I} \frac{\lambda_i}{\sum_{i \in I} \lambda_i} W_i(S_i) = \sum_{i \in I} \frac{\overline{B}_i(S_i)}{\sum_{i \in I} \lambda_i} \tag{8.9}$$

式中:$\lambda_i / \sum_{i \in I} \lambda_i$ 为仓库中备件 i 发生需求的概率,它是备件 i 的需求率占总需求率的比重。仓库满足任一备件需求的平均延误时间与仓库中每一项备件都有关联,这反映了该研究方法是一种系统方法。

单位时间内仓库中备件保障总费用包括单位时间内期望库存费用 $\sum_{i \in I} h_i \overline{I}_i(S_i)$ 和正常供应费用 $\sum_{i \in I} C_i^{\text{reg}} \lambda_i$ 两部分,因此单位时间内仓库中备件保障的平均费用为

$$\sum_{i \in I} [h_i \overline{I}_i(S_i) + C_i^{\text{reg}} \lambda_i]$$

通过以上分析可以得到无紧急供应策略时的备件库存模型(问题 P_0)为:

$$\left.\begin{array}{l} \text{problem } P_0: \\ \text{Minimize} \quad \sum_{i \in I} (h_i \overline{I}_i(S_i) + C_i^{\text{reg}} \lambda_i) \\ \text{subject to} \quad \sum_{i \in I} \frac{\overline{B}_i(S_i)}{\sum_{i \in I} \lambda_i} \leqslant W^{\max} \\ S_i \geqslant 0, S_i \text{ 是整数}(i \in I) \end{array}\right\} \tag{8.10}$$

2. 有紧急供应策略时的备件库存模型

存在紧急供应策略的情况下,当备件 i 发生需求时,如果基层级仓库有备件 i 的库存,延误时间为零;如果没有,则需要进行备件的紧急供应,延误时间为 T_i^{em}。因此 $\overline{W}_i(S_i)$ 可以表示为

$$\overline{W}_i(S_i) = \beta^i(S_i) \times 0 + \theta^i(S_i) T_i^{\text{em}} = \theta^i(S_i) T_i^{\text{em}} \tag{8.11}$$

式中:备件 i 的需求通过基层级仓库即时满足的概率 β^i 与通过横向供应满足的概率 θ^i 之和为 1,即 $\beta^i + \theta^i = 1$。

基层级仓库满足任一备件需求的平均延误时间可以由下式确定:

$$\overline{W} = \sum_{i \in I} \frac{\lambda_i}{\sum_{i \in I} \lambda_i} \overline{W}_i(S_i) = \sum_{i \in I} \frac{\lambda_i}{\sum_{i \in I} \lambda_i} \theta^i(S_i) T_i^{\text{em}} \tag{8.12}$$

整个库存系统中,备件 i 在单位时间内备件保障总费用由三部分组成,包括期望库存持有费用、紧急供应运输费用以及正常供应运输费用,即

$$\sum_{i \in I} h_i \overline{I}_i(S_i) + \sum_{i \in I} C_i^{\text{em}} \lambda_i \theta^i(S_i) + \sum_{i \in I} C_i^{\text{reg}} \lambda_i (1 - \theta^i(S_i)) \tag{8.13}$$

通过以上分析可知,在有紧急供应策略时的备件库存模型(问题 P_0)为

$$\left.\begin{array}{l} \text{problem } P_0: \\ \text{Minimize} \quad \sum_{i \in I} h_i \overline{I}_i(S_i) + \sum_{i \in I} C_i^{\text{em}} \lambda_i \theta^i(S_i) + \sum_{i \in I} C_i^{\text{reg}} \lambda_i [1 - \theta^i(S_i)] \\ \text{subject to} \quad \sum_{i \in I} \frac{\lambda_i}{\sum_{i \in I} \lambda_i} \theta^i(S_i) T_i^{\text{em}} \leqslant W^{\max} \\ S_i \geqslant 0, S_i \text{ 是整数}(i \in I) \end{array}\right\} \tag{8.14}$$

8.1.6 模拟退火算法设计

在问题 P_0 中，无法证明期望库存水平 $\bar{I}_i(S_i)$ 是 S_i 的凸函数，常规的优化算法很难在该问题中使用，由于只考虑单级、单个仓库的情形，问题 P_0 只有一个约束条件，决策变量相对较少，因此可以考虑使用模拟退火算法求取最小值。

1. 能量函数

将问题 P_0 的约束条件以惩罚函数的形式加入目标函数中，即

$$E(S) = \sum_{i \in I} h_i \bar{I}_i(S_i) + \sum_{i \in I} C_i^{em} \lambda_i \theta^i(S_i) + \sum_{i \in I} C_i^{reg} \lambda_i (1 - \theta^i(S_i)) + \eta \min\left(W^{max} - \sum_{i \in I} \frac{\lambda_i}{\sum_{i \in I} \lambda_i} \theta^i(S_i) T_i^{em}, 0\right) \tag{8.15}$$

式中：η 为惩罚因子；$\max(a,0)$ 表示当 $a>0$ 时，$\min(a,0)=0$，当 $a \leqslant 0$ 时，$\max(a,0)=|a|$。解集为 $S=\{S_1,S_2,\cdots,S_i,\cdots,S_n\}$，$S_i$ 表示备件 i 的目标库存水平。

2. 邻域构造

模拟退火算法中，解的搜索过程是在一个能量状态点附近搜索另外一个能量状态点，最终达到能量最低点，因此需构造邻域。对于解集 S，随机产生序号 i，若 $\text{rand}(0,1) \geqslant 0.5$，$S=\{S_1,S_2,\cdots,S_i+1,\cdots,S_n\}$；否则，$S=\{S_1,S_2,\cdots,S_i-1,\cdots,S_n\}$。在解集 S 中，$0 \leqslant S_i \leqslant S_i^{max}$，$i \in I$。$S_i^{max}$ 可以根据备件保障率(满足率)$F_i(S_i) \geqslant 1-\delta$ 确定，其中 δ 是充分小的正数，比如 0.001。备件保障率 $F_i(S_i)$ 为

$$F_i(S_i) = \sum_{k=0}^{S_i} (\lambda_i T_i^{reg})^k e^{-\lambda_i T_i^{reg}} / k! \tag{8.16}$$

对于有紧急供应策略的情况，如果使用式(8.16)确定 S_i^{max}，则对 S_i^{max} 有一定的高估，但并不影响求解结果的准确性。

3. 算法终止条件

模拟退火算法从初始温度 T_0 开始，经每一温度的迭代和温度下降达到终止条件。这里采用零度法，可以给定一较小正数 ε，当温度小于 ε 时算法停止，表示已达到最低温度。

模拟退火算法具体步骤为：

第 1 步：设定初始温度 T_0、惩罚因子 η、退火速率 α。

第 2 步：随机给定初始解 $S=\{S_1,S_2,\cdots,S_i,\cdots,S_n\}$，并求 $E(S)$，$T=T_0$，$N=0$。

第 3 步：通过在 S 的邻域内摄动产生新解 S'，并求 $E(S')$。

第 4 步：计算能量差 $\Delta E = E(S') - E(S)$。

第 5 步：若 $\Delta E \leqslant 0$，则 $S=S'$，否则在 $\exp(-\Delta f/T) > \text{random}(0,1)$ 时，$S=S'$。$N=N+1$。

第 6 步：若 $N<N_{max}$，转第 3 步；否则，转下一步。

第 7 步：根据 $T=\alpha T$ 降温，若 $T \leqslant \varepsilon$，算法终止；否则转第 3 步。

8.1.7 应用举例

仓库中共有 30 种备件，每种备件的库存持有费用见表 8.2，各基层级仓库中每项备件的

需求率见表 8.3,备件正常供应的平均供应时间为 20 天,紧急供应时间为 1 天,紧急供应费用为 1000 元/个,正常供应费用为 100 元/个。备件需求最大允许延误时间为 0.1 天。

表 8.2 备件的库存持有费用 单位:元/个/天

备件	1	2	3	4	5	6	7	8	9	10
费用	181.3	184.9	169.8	170.6	182.7	191.8	168.5	171.2	179.7	178.2
备件	11	12	13	14	15	16	17	18	19	20
费用	185.8	175.5	188.8	174.4	159.2	185.0	199.1	190.3	185.1	174.2
备件	21	22	23	24	25	26	27	28	29	30
费用	155.7	183.2	168.2	157.0	178.3	191.1	183.6	199.9	198.0	152.9

表 8.3 备件需求率 单位:个/天

备件	1	2	3	4	5	6	7	8	9	10
λ	0.043	0.034	0.079	0.011	0.071	0.087	0.089	0.073	0.045	0.049
备件	11	12	13	14	15	16	17	18	19	20
λ	0.027	0.061	0.035	0.086	0.068	0.043	0.069	0.031	0.045	0.084
备件	21	22	23	24	25	26	27	28	29	30
λ	0.064	0.027	0.077	0.060	0.020	0.026	0.058	0.060	0.039	0.056

利用模拟退火算法,设置初始温度 $T_0=1\,000$,惩罚因子 $\eta=1\times10^5$,退火速率 $\alpha=0.9$。可以得到在有紧急供应策略时整个库存系统的最低备件保障费用为 9 686 元,而无紧急供应时整个库存系统的最低备件保障费用为 16 304 元,有紧急供应策略时的备件保障费用比正常供应时的备件保障费用降低 40.6%。这还是紧急供应费用是正常供应费用 10 倍的前提下的降低幅度,如果紧急供应费用较少,具有紧急供应策略的库存系统备件保障费用会更少。可见,紧急供应策略是降低备件保障费用的有效手段。

本例对应的最优备件目标库存水平见表 8.4,表中 S 的前一个数字表示有紧急供应策略时备件的最优目标库存水平,后一个数字表示无紧急供应策略时备件的最优目标库存水平。

表 8.4 备件的最优目标库存水平 单位:元/个/天

备件	1	2	3	4	5	6	7	8	9	10
S	2,4	2,3	4,5	1,2	3,5	4,5	4,6	4,5	2,4	3,4
备件	11	12	13	14	15	16	17	18	19	20
S	2,3	3,4	2,3	4,6	3,5	2,4	3,5	2,3	2,4	4,5
备件	21	22	23	24	25	26	27	28	29	30
S	3,5	2,3	4,5	3,5	1,2	2,3	3,4	3,4	2,3	3,4

在本例中,为了进一步说明备件最大允许延误时间 W^{max} 对有紧急供应策略和无紧急供应策略时备件保障费用的影响程度,分别取备件最大允许延误时间 W^{max} 为 0.01 天、0.05 天、0.

1天、0.15天和0.2天,观察两种模型各自的备件保障费用以及紧急供应模型相对正常供应模型可以降低备件保障费用的百分比,见表8.5。

表8.5 备件最大允许延误时间对两种备件库存模型的影响

$W^{\max}$	C_1	C_2	$\dfrac{C_2-C_1}{C_2}\times 100\%$
0.01	22891	18138	21%
0.05	18271	12239	33%
0.1	16 304	9 686	40%
0.15	14 914	8 061	46%
0.2	14 029	6 867	51%

在表8.5中,C_1表示正常供应情况下的备件保障费用,C_2表示有紧急供应策略时的备件保障费用。可以看出,随着备件最大允许延误时间的增加,两种模型的备件保障费用都减小了。同时,随着备件最大允许延误时间的增加,有紧急供应策略的备件库存模型与无紧急供应策略的备件库存相比,备件保障费用的降低幅度增加。因此,如果备件最大允许延误时间这一约束条件放宽,有紧急供应策略的备件库存模型在降低备件保障费用方面有更大的优越性。

8.2 具有横向供应策略的可维修备件保障能力分析

本节对多个基层级仓库、多项可维修备件的单级库存系统进行研究,在库存系统中不仅考虑紧急供应策略,同时还考虑基层级仓库之间的横向供应策略,并假设备件正常供应时间是服从指数分布的独立随机变量,与基地级仓库的备件库存水平和维修能力没有建立联系。通过建立具有横向供应策略和紧急供应策略的多个基层级仓库、多项备件的单库存模型,确定满足各基层级服务水平约束下的最低备件保障总费用(包括备件期望库存持有费用、正常供应费用、横向供应费用和紧急供应费用),同时确定各种备件在各基层级仓库的最佳目标库存水平。

8.2.1 应用场景

具有横向供应策略的可维修备件保障,将传统的树状结构模式扁平化,强调各个基层级仓库之间的信息共享和资源共享。当一个基层级仓库不能满足备件需求时,首先可以考虑相邻的基层级仓库是否有相同的备件库存,如果能通过横向供应满足备件需求,则可以大大缩短备件平均延误时间,因为基层级仓库之间的距离一般远小于基地级到基层级之间的距离。紧急供应与横向供应相比,一般来说需要较高的供应费用,并且供应时间也比横向供应时间长一些,但比正常供应时间要短得多。因此当某一个备件的需求不能被即时满足时,首先考虑横向供应,当不满足横向供应条件时,可以考虑进行紧急供应。可维修备件的详细具体保障过程如图8.4所示。

假设备件正常供应时间是服从指数分布的独立随机变量。通过这个假设使备件正常供应时间与基地级的备件库存水平、基地级的备件修理能力无关,因此把本节的问题称为单级模型。备件的具体供应过程为:当装备发生故障时,由所属的基层级仓库进行备件供应,与此同

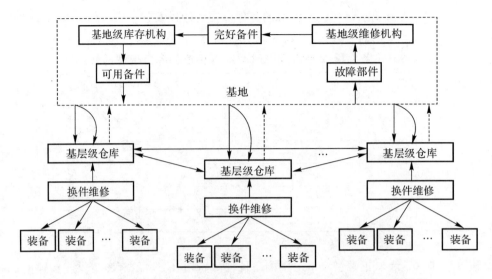

图 8.4 具有紧急横向供应策略的可维修备件的多级维修保障过程流程

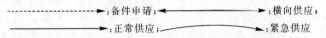

时,基层级向外部备件供应源提出备件申请;如果所属基层级仓库没有所需备件,则进行基层级仓库之间的横向供应,并由实施横向供应的基层级仓库提出备件申请;如果其他基层级仓库也没有所需备件,则由外部供应源进行紧急供应(紧急供应时不需要同时向备件供应源申请备件)。

8.2.2 基本假设和符号说明

(1)装备部件失效过程是一个泊松过程。当部件寿命服从指数分布时,这种假设是成立的,这符合一般电子产品的失效过程。

(2)基层级可维修备件的需求过程是一个泊松过程,均值为该基层级中所有装备同种类型部件故障率的总和。当装备出现故障的数量占装备总数量的比重较小时,这种假设被认为是成立的。

(3)横向供应比紧急供应所需供应时间更短,供应费用更少。因为一般情况下,各基层级仓库之间配置的距离都比较近,而离外部供应源的距离都比较远。

(4)实施横向供应的条件是装备的所属基层级仓库没有所需备件,而同级其他仓库有所需备件的库存。实施紧急供应的条件是所有基层级仓库都没有所需备件,横向供应策略总是优先于紧急供应策略。

(5)各基层级存储的可维修备件完全共享,即不考虑如下情况:各基层级仓库设置备件的库存门限值,当库存降到一定程度时就不提供横向供应。

(6)一旦确定某备件的需求要通过横向供应和紧急供应来满足,它将不会等待正常供应备件的到达。

(7)对于同一种备件,各基层级仓库之间的横向供应时间和横向供应费用相同,紧急供应时间和紧急供应费用也相同。

对于假设(6),当某个基层级仓库的备件需求需要通过横向供应或紧急供应满足时,就一直等待横向供应或紧急供应备件的到达。这个假设实际上不是最合理的,因为库存系统执行的是连续检查的$(S-1,S)$库存策略,备件需求过程就意味着备件一直在向外部供应源申请,在等待横向供应或紧急供应备件的到达的时间内,外部供应源正常供应的备件也可能到达。之所以能使用这一假设,主要出于两方面考虑:一是横向供应或紧急供应时间远小于正常供应时间,二是因为这是一个保守的假设,这一假设只会增加备件平均延误时间,不会造成备件库存水平错误配置。

模型中各参数含义为:

$I=\{1,2,\cdots,n\}$——集合中的元素$1,2,\cdots,n$分别代表可维修备件的序号;

$J=\{1,2,\cdots,m\}$——集合中的元素$1,2,\cdots,m$分别代表基层级仓库的序号;

S_{ij}——备件i在基层级仓库j中的目标库存水平;

S_i^{tot}——所有基层级仓库组成的"库存池"中备件i的总目标库存水平;

λ_{ij}——基层级仓库j中备件i的需求率;

T_i——基地级仓库对所有基层级仓库组成的"库存池"的备件供应时间;

T_i^{tr}——备件i的横向供应时间;

T_i^{reg}——基地级仓库正常供应备件i所需的平均供应时间;

T_i^{em}——基地级仓库紧急供应备件i所需的平均供应时间;

C_i^{tr}——备件i的横向供应费用;

C_i^{reg}——基地级仓库正常供应备件i所需运输费用;

C_i^{em}——基地级仓库紧急供应备件i所需运输费用;

α_{jk}^i——基层级仓库j中备件i的需求由同级的基层级仓库k横向供应来满足的概率;

α_j^i——基层级仓库j中备件i的需求由横向供应来满足的概率;

β_j^i——基层级仓库j中备件i的需求可由自身满足的概率;

θ^i——基层级仓库备件i的需求由外部供应源紧急供应的概率;

$\bar{I}_{ij}$——基层级仓库j中备件i的期望库存水平;

Q_{ij}——基层级仓库j中尚未交付的备件i的申请量;

$\bar{W}_{ij}$——基层级仓库j满足备件i需求的平均延误时间;

$\bar{W}_j$——基层级仓库j满足任一备件需求的平均延误时间;

$W_j^{\max}$——基层级仓库j中满足任一备件需求的最大允许延误时间。

8.2.3 参数准确求解方法

在备件目标库存水平确定的情况下,本小节主要对一些重要参数进行求解,包括:基层级仓库j中备件i的需求可由自身满足的概率β_j^i,基层级仓库j中备件i的需求由横向供应来满足的概率α_j^i,基层级仓库j中备件i的需求由外部供应源紧急供应来满足的概率θ^i。以上的仓库j、仓库k以及备件i都代表一般情况。

在各基层级仓库备件目标库存水平确定的条件下,通过求解库存系统中各状态的稳态概率来确定α_j^i、β_j^i和θ^i的值,系统状态包括m个仓库。

针对备件i的系统:在任意时间t系统的状态用这个时间内备件i在各仓库的库存量表示,即$x_i(t)=[x_{i1}(t),x_{i2}(t),\cdots,x_{ij}(t),\cdots,x_{im}(t)]$,其中$m$是基层级仓库的个数,$x_{ij}(t)$表

示在时间 t 时，基层级仓库 j 中备件 i 的当前库存量，$0 \leq x_{ij}(t) \leq S_{ij}$。从 $x_{ij}(t)$ 中可以看出，备件 i 的系统状态是包括多个成员，成员数为基层级仓库的个数。本节中假设备件需求过程是泊松过程，备件供应速率是指数速率，并且备件需求过程和备件供应时间均是统计独立的，因此备件 i 系统是一个生灭过程，这里的备件 i 代表一般情况。以下分析生灭过程的状态传递率：

(1) 当系统处于状态 $x_i = (x_{i1}, x_{i2}, \cdots, x_{ij}, \cdots, x_{im})$，$0 < x_{ij} \leq S_{ij}$ 时，如果基层级仓库 j 中备件 i 发生一次需求，状态由 x_i 转移到 x_{ij-}，其中状态 x_{ij-} 为 $x_{ij-} = [x_{i1}, \cdots, x_{i(j-1)}, x_{ij}-1, x_{i(j+1)}, \cdots, x_{im}]$。传递率为基层级仓库 j 的备件 i 的需求率 λ_{ij}。

(2) 当系统处于状态 $x_i = (x_{i1}, x_{i2}, \cdots, x_{ij}, \cdots, x_{im})$，$x_{ij} = 0$ 时，如果基层级仓库 j 中备件 i 发生一次需求，状态由 x_i 转移到 x_{ik-}，其中状态 x_{ik-} 为 $x_{ik-} = [x_{i1}, \cdots, x_{i(k-1)}, x_{ik}-1, x_{i(k+1)}, \cdots, x_{im}]$，$0 < x_{ik} \leq S_{ij}$。传递率为 $\lambda_{ij}/(1 + \lambda_{ij} T^{tr}_{i,jk})$。

此处做两点说明：

1) k 表示横向供应仓库 j 的供应源，如果横向供应顺序是预先指定的，选择最有优先供应权同时有备件 i 库存的仓库 k；如果横向供应源的顺序是随机选择的，选择任意一个有备件 i 库存的仓库 k。

2) T^{tr}_i 表示仓库 k 到仓库 j 的横向供应所需平均运输时间，仓库 j 中备件 i 连续发生需求的时间间隔均值为 $1/\lambda_{ij}$，那么仓库 k 到仓库 j 的连续横向供应的平均时间间隔为 $1/\lambda_{ij} + T^{tr}_i$，因此仓库 k 到仓库 j 横向供应率 $1/(1/\lambda_{ij} + T^{tr}_i)$，即 $\lambda_{ij}/(1 + \lambda_{ij} T^{tr}_i)$，这就是上述的 x_i 转移到 x_{ik-} 的传递率。

(3) 当系统处于状态 $x_i = (x_{i1}, x_{i2}, \cdots, x_{ij}, \cdots, x_{im})$，$0 \leq x_{ij} < S_{ij}$ 时，如果外部供应源正常供应的备件 i 到达基层级仓库 j，状态由 x_i 转移到 x_{ij+}，其中 $x_{ij+} = [x_{i1}, \cdots, x_{i(j-1)}, x_{ij}+1, x_{i(j+1)}, \cdots, x_{im}]$，传递率为 $(S_{ij} - x_{ij})/T_{ij}$，即 $(S_{ij} - x_{ij})\mu_{ij}$。

(4) 当系统处于零状态 $x_i = (0, 0, \cdots, 0, \cdots, 0)$ 时，不会有顾客进入系统，即此时的备件 i 的需求通过紧急供应满足，不会造成系统状态转移。

将备件系统用生灭过程描述后，就可以通过求解生灭过程流量方程确定各个状态的稳态概率，而参数 α^i_j、α^i_{jk}、β^i_j 以及 θ^i 的值与各个状态的稳态概率相关。现在用一个例子说明各基层级仓库目标库存水平确定的情况下，各参数的求解过程。

例 8.3 假设有 3 个基层级仓库，各基层级仓库某一备件的需求率分别为 $\lambda_1, \lambda_2, \lambda_3$，备件目标库存水平分别为 $S_1 = 1$、$S_2 = 1$、$S_3 = 1$，备件的正常供应率（服务率）为 μ，3 个基层级仓库作为横向供应源的排列顺序为：当仓库 1 需要横向供应时，供应源排序为 $r_2 > r_3$；当仓库 2 需要横向供应时，供应源排序为 $r_1 > r_3$；当仓库 3 需要横向供应时，供应源排序为 $r_2 > r_1$。仓库之间横向供应时间均为 T^{tr}，图 8.5 为该备件系统的生灭过程状态转移图。

在所有状态和所有状态的传递率确定后，可以建立生灭过程模型，从而确定所有状态的稳态概率 π。当目标库存水平均为 1 时，x 包括了 8 种状态：$(0,0,0)$、$(0,0,1)$、$(0,1,1)$、$(0,1,0)$、$(1,1,0)$、$(1,0,0)$、$(1,0,1)$、$(1,1,1)$，相应的稳态概率为 π_{000}、π_{001}、π_{011}、π_{010}、π_{110}、π_{100}、π_{101}、π_{111}。所有状态的稳态概率之和等于 1，即

$$\pi_{000} + \pi_{001} + \pi_{011} + \pi_{010} + \pi_{110} + \pi_{100} + \pi_{101} + \pi_{111} = 1$$

以下建立生灭过程的流量平衡方程式：

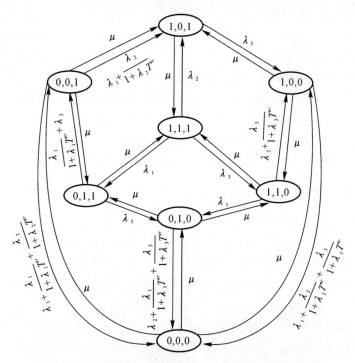

图 8.5 横向供应源顺序指定的生灭过程状态转移关系图

$$\begin{cases} 3\mu\pi_{000} = (\lambda_3 + \dfrac{\lambda_1}{1+\lambda_1 T^{tr}} + \dfrac{\lambda_2}{1+\lambda_2 T^{tr}})\pi_{001} + (\lambda_1 + \dfrac{\lambda_2}{1+\lambda_2 T^{tr}} + \dfrac{\lambda_3}{1+\lambda_3 T^{tr}})\pi_{100} + \\ \qquad (\lambda_2 + \dfrac{\lambda_1}{1+\lambda_1 T^{tr}} + \dfrac{\lambda_3}{1+\lambda_3 T^{tr}})\pi_{010} \\ \mu\pi_{000} + (\lambda_1 + \dfrac{\lambda_2}{1+\lambda_2 T^{tr}})\pi_{101} + (\dfrac{\lambda_1}{1+\lambda_1 T^{tr}} + \lambda_2)\pi_{011} \\ \qquad = 2\mu\pi_{001} + (\lambda_3 + \dfrac{\lambda_1}{1+\lambda_1 T^{tr}} + \dfrac{\lambda_2}{1+\lambda_2 T^{tr}})\pi_{001} \\ \mu\pi_{010} + \lambda_1\pi_{111} + \mu\pi_{001} = \mu\pi_{011} + (\dfrac{\lambda_1}{1+\lambda_1 T^{tr}} + \lambda_2 + \lambda_3)\pi_{011} \end{cases}$$

$$\begin{cases} \mu\pi_{000} + \lambda_1\pi_{110} + \lambda_3\pi_{011} = 2\mu\pi_{010} + (\lambda_2 + \dfrac{\lambda_1}{1+\lambda_1 T^{tr}} + \dfrac{\lambda_3}{1+\lambda_3 T^{tr}})\pi_{010} \\ \mu\pi_{010} + \mu\pi_{100} + \lambda_3\pi_{111} = \mu\pi_{110} + (\lambda_1 + \lambda_2 + \dfrac{\lambda_3}{1+\lambda_3 T^{tr}})\pi_{110} \\ \mu\pi_{000} + (\lambda_2 + \dfrac{\lambda_3}{1+\lambda_3 T^{tr}})\pi_{110} + \lambda_3\pi_{101} = 2\mu\pi_{100} + (\lambda_1 + \dfrac{\lambda_2}{1+\lambda_2 T^{tr}} + \dfrac{\lambda_3}{1+\lambda_3 T^{tr}})\pi_{100} \\ \mu\pi_{001} + \mu\pi_{100} + \lambda_2\pi_{111} = \mu\pi_{101} + (\lambda_1 + \dfrac{\lambda_2}{1+\lambda_2 T^{tr}} + \lambda_3)\pi_{101} \\ \mu\pi_{011} + \mu\pi_{110} + \mu\pi_{101} = (\lambda_1 + \lambda_2 + \lambda_3)\pi_{111} \end{cases}$$

通过求解流量平衡方程式,就可以得到各状态的稳态概率。现在进一步分析如何通过稳

态概率确定参数 α_j^i、α_{jk}^i、β_j^i 以及 θ_j^i。

如果该备件的需求发生并且基层级的所有仓库该备件的库存量都为0,此时就需要紧急供应,对应的系统状态为(0,0,0),因此基层级仓库备件需求由紧急供应满足的概率为 $\theta = \pi_{000}$,即所有仓库中该备件为0这一状态的稳态概率。

对于仓库1,如果该备件的需求发生时,仓库中有该备件的库存,就可以直接满足,而不会考虑其他仓库是否有该备件的库存,因此系统中对应的状态包括:(1,0,0)、(1,1,0)、(1,0,1)、(1,1,1),因此仓库1备件需求由自身库存满足的概率为 $\beta_1 = \pi_{100} + \pi_{110} + \pi_{101} + \pi_{111}$。

同理,仓库1和仓库3的备件需求由自身库存满足的概率为:$\beta_2 = \pi_{110} + \pi_{010} + \pi_{011} + \pi_{111}$,$\beta_3 = \pi_{001} + \pi_{011} + \pi_{101} + \pi_{111}$。

对于仓库1,如果该备件的需求发生时,需要横向供应来满足需求的概率包括由仓库2横向供应的概率和由仓库3横向供应的概率两部分,即 $\alpha_1 = \alpha_{12} + \alpha_{13}$。

如果仓库1的备件由仓库2横向供应,只有在仓库1中没有该备件库存,同时仓库2中有该备件库存时才能发生,根据横向供应源的选择顺序,不会考虑仓库3是否有该备件的库存,因此对应的系统状态为(0,1,1)和(0,1,0),仓库1的备件由仓库2横向供应的概率为 $\alpha_{12} = \pi_{011} + \pi_{010}$。

如果仓库1的备件由仓库3横向供应,根据横向供应源的选择顺序,只有在仓库1中没有该备件库存,并且仓库2中也没有该备件的库存,而仓库3中有该备件的库存时才能发生(如果仓库2中有该备件的库存,不会选择仓库3进行横向供应),因此对应的系统状态只有(0,0,1),仓库1的备件由仓库3横向供应的概率为 $\alpha_{13} = \pi_{001}$。

同理,有

$$\begin{cases} \alpha_{21} = \pi_{101} + \pi_{100} \\ \alpha_{23} = \pi_{001} \\ \alpha_2 = \alpha_{21} + \alpha_{23} \end{cases} \quad \begin{cases} \alpha_{32} = \pi_{010} + \pi_{110} \\ \alpha_{31} = \pi_{100} \\ \alpha_3 = \alpha_{21} + \alpha_{23} \end{cases}$$

参数准确求解方法只能在基层级仓库数较少、目标库存水平较小时才能使用。当3个仓库目标库存水平均为1时,系统就出现了8种状态,随着仓库数(状态中成员数)的增大,目标库存水平的增加,系统状态数急剧增大,计算时间呈指数增加,该方法无法应用于多个基层级仓库的库存优化问题中。因此,接下来给出一种近似求解方法来确定 α_j^i、α_{jk}^i、β_j^i、θ^i 的值。

8.2.4 参数近似求解方法

针对任一项备件,求解方法的基本思路为:首先,将所有基层级仓库看作一个"库存池",针对"库存池"中的该项备件,建立 $M/M/k$ 损失模型,确定"库存池"中备件需求需要通过紧急供应满足的概率 θ,由于各仓库该备件通过横向供应充分共享,各基层级仓库备件需求需要紧急供应的概率也都为 θ,因此得到了 α 与 β 之和,即 $\alpha + \beta = 1 - \theta$;然后,针对每一个仓库的备件,建立 $M/M/k$ 损失模型,由于 α 和 β 需要 $M/M/k$ 损失系统的备件需求率来确定,反过来备件需求率的求解也依赖 α 和 β,因此通过迭代过程逼近 α 和 β 的最优值,在迭代开始时,将 α 和 β 设置为满足 $\alpha + \beta = 1 - \theta$ 的任意正数。实际上以上迭代过程是不断调整横向供应情况下备件需求率的过程,当最优备件需求率确定时,α 和 β 也就确定了。

以下分别建立针对"库存池"中备件 i 的 $M/M/k$ 损失模型和针对任意一个仓库 j 中备件 i 的 $M/M/k$ 损失模型,这里的备件 i 和仓库 j 代表一般情况。

1. 针对"库存池"中备件 i 的 $M/M/k$ 损失模型

针对"库存池"中备件 i,可以建立 $M/M/S_i^{tot}$ 损失系统,即"库存池"中备件 i 的需求过程是泊松过程,针对"库存池"中备件 i 相继的备件供应时间是服从指数分布的独立同分布的随机变量,平均供应时间为 $T_i(T_i=1/\mu_i)$,"库存池"中备件 i 的目标库存水平为 $S_i^{tot}=\sum_{j\in J}S_{ij}$,即服务台个数为 S_i^{tot},系统的状态为"库存池"中尚未交付的备件申请量。

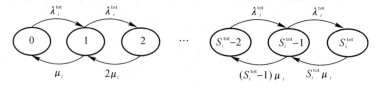

图 8.6 $M/M/S_i^{tot}$ 损失系统的状态转移图

通过求解生灭过程流量方程,得到"库存池"中备件 i 的需求通过紧急供应满足的概率为

$$\theta_j^i(S_i^{tot})=P_{S_i^{tot}}(S_i^{tot},\lambda_i^{tot},\mu_i)=\frac{(\lambda_i^{tot}/\mu_i)^{S_i^{tot}}/S_i^{tot}!}{\sum_{l=0}^{S_i^{tot}}(\lambda_i^{tot}/\mu_i)^l/l!} \tag{8.17}$$

式中:μ_i 为针对"库存池"系统的备件供应率,$\mu_i=1/T_i$。备件平均供应时间 T_i 是指对整个"库存池"的备件平均供应时间,而非针对某一个基层级仓库。对于 T_i 的确定方法,分以下两种情形:

(1)如果"库存池"中备件 i 的正常供应时间都服从相同平均值的某一分布,那么 $T_i=T_{i1}=\cdots=T_{ij}=\cdots=T_{im}$。

(2)如果"库存池"中备件 i 的正常供应时间都服从不同平均值的某一分布,那么 $T_i=\sum_{j\in J}\lambda_{ij}T_{ij}/\lambda_i^{tot}$。

2. 具有横向供应策略时针对仓库 j 中备件 i 的 $M/M/k$ 损失模型

具有横向供应策略时,针对仓库 j 中备件 i 的 $M/M/k$ 损失系统中的备件需求率用 $\widetilde{\lambda}_{ij}$ 表示,并且假设具有横向供应时备件需求过程为泊松过程。图 8.7 为具有横向供应策略时 $M/M/S_{ij}$ 损失系统的状态传递率图。

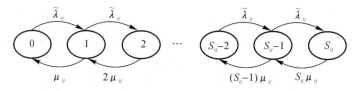

图 8.7 具有横向供应策略时 $M/M/S_{ij}$ 损失系统的状态转移图

通过求解生灭过程流量方程,得到各状态的稳态概率为

$$P_\tau(S_{ij},\widetilde{\lambda}_{ij},\mu_{ij})=\frac{(\widetilde{\lambda}_{ij}/\mu_{ij})^\tau/\tau!}{\sum_{l=0}^{S_{ij}}(\widetilde{\lambda}_{ij}/\mu_{ij})^l/l!} \quad \tau=0,1,\cdots,S_{ij} \tag{8.18}$$

基层级仓库 j 中备件 i 的需求可以通过自身库存满足的概率为

$$\beta_j^i = \sum_{k=1}^{S_{ij}} P_k(S_{ij}, \tilde{\lambda}_{ij}, \mu_{ij}) = 1 - P_{S_{ij}}(S_{ij}, \tilde{\lambda}_{ij}, \mu_{ij}) = 1 - \frac{(\tilde{\lambda}_{ij}/\mu_{ij})^{S_{ij}}/S_{ij}!}{\sum_{l=0}^{S_{ij}} (\tilde{\lambda}_{ij}/\mu_{ij})^l/l!} \quad (8.19)$$

3. 具有横向供应策略时的备件需求率

在计算基层级仓库 j 中备件 i 的需求可以通过自身库存满足的概率 β_j^i 时,如果 $S_{ij}=0$,$\beta_j^i=0$;否则需要确定基层级仓库 j 中备件 i 的需求率 $\tilde{\lambda}_{ij}$。

在基层级仓库 j 可以向其他仓库提供横向供应时,基层级仓库 j 中备件 i 的需求率 $\tilde{\lambda}_{ij}$ 可以表示为

$$\tilde{\lambda}_{ij} = \lambda_{ij} + d_j^i \quad (8.20)$$

式中:d_j^i 为基层级仓库 j 有备件 i 库存时向其他仓库的横向供应率,那么基层级仓库 j 的期望供应率为

$$d_j^i \beta_j^i + 0 \times (1-\beta_j^i) = d_j^i \beta_j^i = \sum_m \omega_{kj}^i \alpha_k^i \left(\frac{1}{1/\lambda_{ik} + T_i^{tr}} \right) \quad (8.21)$$

基层级仓库 j 有库存时向其他仓库的横向供应率为

$$d_j^i = \frac{1}{\beta_j^i} \sum_m \frac{\omega_{kj}^i \alpha_k^i \lambda_{ik}}{1+\lambda_{ik} T_i^{tr}} \quad (8.22)$$

式中:ω_{kj}^i 为针对基层级仓库 k 的横向供应可能发生时,基层级仓库 j 作为供应源时向仓库 k 供应备件 i 的概率。ω_{kj}^i 可以描述为

$$\omega_{kj}^i = P(\text{仓库}j\text{是仓库}k\text{的横向供应源}|\text{针对仓库}k\text{的横向供应可能发生}) = \frac{P(\text{针对仓库}k\text{的横向供应可能发生且仓库}j\text{是仓库}k\text{的横向供应源})}{P(\text{针对仓库}k\text{的横向供应可能发生})} \quad (8.23)$$

现在以 3 个基层级仓库为例说明 ω_{kj}^i 的求解过程。3 个仓库中备件 i 的需求率分别为 λ_{i1}、λ_{i2}、λ_{i3}。

假设 3 个基层级仓库作为横向供应源的排列顺序为:当仓库 1 需要横向供应时,供应源排序为 $r_2 > r_3$;当仓库 2 需要横向供应时,供应源排序为 $r_1 > r_3$;当仓库 3 需要横向供应时,供应源排序为 $r_2 > r_1$。

利用式(8.23)求解 ω_{21}^i。对于分母部分,与供应源随机选择时相同,即 $\beta_1^i + \beta_3^i - \beta_1^i \beta_3^i$;对于分子部分,针对基层级仓库 2 的横向供应可能发生并且供应源是仓库 1 的概率 = P(仓库 1 有库存)$\times P$(仓库 3 没有库存)$\times 1 + P$(仓库 1 没有库存)$\times P$(仓库 3 有库存)$\times 0 + P$(仓库 1 有库存)$\times P$(仓库 3 有库存)$\times 1$,即 $\beta_1^i(1-\beta_3^i) + \beta_1^i \beta_3^i = \beta_1^i$。在这里,当仓库 1 和仓库 3 都有库存时,按照指定的选择顺序,选择仓库 1 作为横向供应源,因此有

$$\omega_{21}^i = \frac{\beta_1^i}{\beta_1^i + \beta_3^i - \beta_1^i \beta_3^i}$$

然后,利用式(8.23)求解 ω_{31}^i。对于分母部分,与供应源随机选择时相同,即 $\beta_1^i + \beta_2^i - \beta_1^i \beta_2^i$;对于分子部分,针对基层级仓库 3 的横向供应可能发生并且供应源是仓库 1 的概率 = P(仓库 2 有库存)$\times P$(仓库 1 没有库存)$\times 0 + P$(仓库 2 没有库存)$\times P$(仓库 1 有库存)$\times 1 +$

$P($仓库2有库存$)\times P($仓库1有库存$)\times 0$,即$(1-\beta_2^i)\beta_1^i$,在这里,当仓库2和仓库3都有库存时,按照指定的选择顺序,不会选择仓库3作为横向供应源,因此有

$$\omega_{31}^i = \frac{(1-\beta_2^i)\beta_1^i}{\beta_1^i+\beta_2^i-\beta_1^i\beta_2^i}$$

同理可求得$\omega_{12}^i, \omega_{13}^i, \omega_{23}^i, \omega_{32}^i$。当横向供应的供应源按指定顺序选择时,各仓库备件$i$的需求率为

$$\begin{cases} \tilde{\lambda}_{i1} = \lambda_{i1} + d_1^i = \lambda_{i1} + \dfrac{\alpha_2^i \lambda_{i2}}{(\beta_1^i+\beta_3^i-\beta_2^i\beta_3^i)(1+\lambda_{i2}T_i^{tr})} + \dfrac{\alpha_3^i(1-\beta_2^i)\lambda_{i3}}{(\beta_2^i+\beta_1^i-\beta_1^i\beta_2^i)(1+\lambda_{i3}T_i^{tr})} \\ \tilde{\lambda}_{i2} = \lambda_{i2} + d_2^i = \lambda_{i2} + \dfrac{\alpha_1^i \lambda_{i1}}{(\beta_2^i+\beta_3^i-\beta_2^i\beta_3^i)(1+\lambda_{i1}T_i^{tr})} + \dfrac{\alpha_3^i \lambda_{i3}}{(\beta_1^i+\beta_2^i-\beta_1^i\beta_2^i)(1+\lambda_{i3}T_i^{tr})} \\ \tilde{\lambda}_{i3} = \lambda_{i3} + d_3^i = \lambda_{i2} + \dfrac{\alpha_1^i(1-\beta_2^i)\lambda_{i1}}{(\beta_2^i+\beta_3^i-\beta_2^i\beta_3^i)(1+\lambda_{i1}T_i^{tr})} + \dfrac{\alpha_2^i(1-\beta_1^i)\lambda_{i2}}{(\beta_1^i+\beta_3^i-\beta_1^i\beta_3^i)(1+\lambda_{i2}T_i^{tr})} \end{cases}$$

最后利用式(8.20)就可以计算具有横向供应策略时基层级仓库j中备件i的需求率$\tilde{\lambda}_{ij}$了。

以下是求解α_j^i、β_j^i和θ^i的具体步骤(针对备件i):

第1步:通过$M/M/S_i^{tot}$损失系统的损失概率$\theta^i = P_{S_i^{tot}}(S_i^{tot}, \lambda_i^{tot}, \mu_i)$确定"库存池"中备件$i$的需求通过紧急供应来满足的概率。

第2步:对于每一个基层级仓库j,设置β_j^i的初始值为0到1之间的任意值,α_j^i的初始值为$\alpha_j^i = 1 - \beta_j^i - \theta^i$。

第3步:对于每一个基层级仓库j,如果$S_{ij} > 0$,利用式(8.20)计算横向供应情况下各基层级仓库备件需求率$\tilde{\lambda}_{ij}$,然后计算横向供应情况下的各基层级仓库的α_j^i、β_j^i。其中,$\beta_j^i = 1 - P_{S_{ij}}(S_{ij}, \tilde{\lambda}_{ij}, \mu_{ij})$,$\alpha_j^i = 1 - \beta_j^i - \theta^i$。如果$S_{ij} = 0, \beta_j^i = 0, \alpha_j^i = 1 - \theta^i$。

第4步:重复执行第3步,直到两次迭代过程中所有基层级仓库$\beta_j^i (j \in J)$的误差均满足$\delta < 0.001$,输出此时各基层级仓库的α_j^i、β_j^i和θ^i,算法停止。

通过一个实验对准确求解方法和基于迭代过程的近似求解方法所确定的α_j^i、α_{jk}^i、β_j^i和θ_j^i的值进行比较。

例8.4 同例8.3相似,分别用准确方法和近似方法求解基层级仓库备件目标库存水平在1~2上变化时的各参数值。其中用α_j、α_{jk}、β_j和θ表示准确方法的计算结果,用$\tilde{\alpha}_j$、$\tilde{\alpha}_{jk}$、$\tilde{\beta}_j$和$\tilde{\theta}$表示近似方法的计算结果,用$S = (S_1, S_2, S_3)$表示各仓库目标库存水平的集合。表8.6和表8.7为两种方法的计算结果。

表8.6 利用准确方法和近似方法的参数求解结果(α_j、α_{jk}、$\tilde{\alpha}_j$、$\tilde{\alpha}_{jk}$)

S	α_1 $(\alpha_{12}, \alpha_{13})$ $\tilde{\alpha}_1$ $(\tilde{\alpha}_{12}, \tilde{\alpha}_{13})$	α_2 $(\alpha_{21}, \alpha_{23})$ $\tilde{\alpha}_2$ $(\tilde{\alpha}_{21}, \tilde{\alpha}_{23})$	α_3 $(\alpha_{31}, \alpha_{32})$ $\tilde{\alpha}_3$ $(\tilde{\alpha}_{31}, \tilde{\alpha}_{32})$
(0,1,1)	0.7534 (0.5479, 0.2055) 0.7534 (0.5365, 0.2169)	0.2055 (0, 0.2055) 0.1570 (0, 0.1570)	0.2055 (0, 0.2055) 0.1588 (0, 0.1588)

续表

S	α_1 $(\alpha_{12},\alpha_{13})$ $\tilde{\alpha}_1$ $(\tilde{\alpha}_{12},\tilde{\alpha}_{13})$	α_2 $(\alpha_{21},\alpha_{23})$ $\tilde{\alpha}_2$ $(\tilde{\alpha}_{21},\tilde{\alpha}_{23})$	α_3 $(\alpha_{31},\alpha_{32})$ $\tilde{\alpha}_3$ $(\tilde{\alpha}_{31},\tilde{\alpha}_{32})$
(1,1,0)	0.143 2 (0.143 2,0) 0.150 1 (0.150 1,0)	0.267 7 (0.267 7,0) 0.259 7 (0.259 7,0)	0.753 6 (0.267 7,0.485 7) 0.753 4 (0.288 0,0.465 4)
(1,0,1)	0.205 5 (0,0.205 5) 0.199 5 (0,0.199 5)	0.753 4 (0.547 9,0.205 5) 0.753 4 (0.524 2,0.229 2)	0.205 5 (0.205 5,0) 0.210 4 (0.210 4,0)
(1,1,1)	0.204 3 (0.136 7,0.067 6) 0.206 6 (0.137 6,0.069 0)	0.304 3 (0.236 7,0.067 6) 0.305 3 (0.236 2,0.069 0)	0.313 3 (0.101 7,0.211 7) 0.311 1 (0.101 9,0.209 2)
(1,1,2)	0.226 0 (0.134 5,0.091 5) 0.230 9 (0.159 5,0.071 4)	0.305 8 (0.214 3,0.091 5) 0.309 2 (0.236 6,0.072 6)	0.091 5 (0.028 3,0.063 2) 0.086 9 (0.023 7,0.063 2)
(1,2,1)	0.183 9 (0.166 3,0.017 6) 0.182 2 (0.168 6,0.013 6)	0.091 8 (0.074 2,0.017 6) 0.086 6 (0.076 1,0.012 4)	0.355 4 (0.037 4,0.318 0) 0.353 5 (0.032 9,0.320 6)
(2,1,1)	0.043 1 (0.025 6,0.017 6) 0.034 1 (0.024 6,0.009 5)	0.352 7 (0.335 1,0.206 2) 0.358 0 (0.344 3,0.013 7)	0.355 4 (0.146 4,0.208 9) 0.353 3 (0.130 6,0.222 7)

表 8.7 利用准确方法和近似方法的参数求解结果 (β_j、$\tilde{\beta}_j$)

S	$\beta_1,\tilde{\beta}_1$	$\beta_2,\tilde{\beta}_2$	$\beta_3,\tilde{\beta}_3$
(0,1,1)	0,0	0.547 9,0.596 4	0.205 5,0.155 8
(1,1,0)	0.610 2,0.603 3	0.485 7,0.493 7	0,0
(1,0,1)	0.547 9,0.553 9	0,0	0.547 9,0.543 0
(1,1,1)	0.709 5,0.703 6	0.609 6,0.605 0	0.600 5,0.599 1
(1,1,2)	0.747 7,0.742 9	0.668 0,0.664 6	0.882 3,0.886 9
(1,2,1)	0.789 9,0.791 6	0.882 0,0.885 2	0.618 4,0.620 2
(2,1,1)	0.930 7,0.939 7	0.621 1,0.615 8	0.618 4,0.620 5

通过分别对表 8.6 和表 8.7 中准确计算结果和近似计算结果的比较可以看出，近似求解方法的计算结果比较满意，当迭代过程在两次计算结果的误差小于 0.001 时停止，近似解在大多数情况下可以精确到小数点后一位，并且迭代过程一般在数步之内就能结束，与准确求解方法相比可以节约大量的计算时间，使其可以很好地应用于优化计算中。

8.2.5 备件期望库存水平

本小节求解基层级仓库 j 中备件 i 的目标库存水平 $\bar{I}_{ij}$。确定 $\bar{I}_{ij}$ 之前需要首先确定基层级仓库 j 中备件 i 库存持有量的稳态概率。用 $P(X=k)$ 表示库存持有量 $X=k$ 时的稳态概率，则有

$$\bar{I}_{ij} = \sum_{k=0}^{S_{ij}} k P(X=k) \tag{8.24}$$

与求解 α_j^i、β_j^i 和 θ^i 相对应，稳态概率 $P(X=k)$ 也可以用准确方法或近似方法得到。

1. 准确求解方法

在 8.2.3 小节中，通过求解库存系统的生灭过程流量平衡方程式，已经确定了备件库存系统中各状态稳态概率，因此 $P(X=k)$ 也很容易确定。例如：如果有 3 个仓库，备件目标库存水平分别为 2、1、2，那么仓库 1 中备件持有量为 2 的稳态概率为 $\pi_{200} + \pi_{210} + \pi_{211} + \pi_{201} + \pi_{212} + \pi_{202}$。

2. 近似求解方法

在 8.2.4 小节中，通过求解 $M/M/k$ 损失模型的生灭过程流量方程，得到了横向供应时基层级仓库 j 中备件 i 所描述系统中各状态的稳态概率 $P(X=k)$，即基层级仓库 j 中尚未交付的备件 i 申请量 X 的稳态概率。因此可以确定备件期望库存水平为

$$\bar{I}_{ij} = \sum_{k=0}^{S_{ij}-1}(S_{ij}-k)P(X=k) = \sum_{k=0}^{S_{ij}-1}\frac{(S_{ij}-k)(\tilde{\lambda}_{ij}/\mu_{ij})^k/k!}{\sum_{l=0}^{S_{ij}}(\tilde{\lambda}_{ij}/\mu_{ij})^l/l!} \tag{8.25}$$

式中：备件需求率 $\tilde{\lambda}_{ij}$ 的表达式见式(8.20)。

8.2.6 数学描述

基层级仓库 j 满足备件 i 需求的平均延误时间 $\bar{W}_{ij}$ 由三方面的因素引起：备件需求由所属基层级仓库即时满足的延误时间、备件需求由横向供应满足的延误时间和备件需求由紧急供应满足的延误时间。如果备件需求可以即时满足，延误时间为 0；如果备件需求需要横向供应满足，延误时间为 T_i^{tr}；如果备件需求需要紧急供应满足，延误时间为 T_i^{em}。则有

$$\begin{aligned}\bar{W}_{ij}(S_i) &= \beta_j^i(S_i)0 + \alpha_j^i(S_i)T_i^{\text{tr}} + \theta^i(S_i)T_i^{\text{em}} \\ &= \alpha_j^i(S_i)T_i^{\text{tr}} + \theta^i(S_i)T_i^{\text{em}}\end{aligned} \tag{8.26}$$

式中：S_i 为所有基层级仓库中备件 i 的目标库存水平，即 $S_{i1}, S_{i2}, \cdots, S_{im}$，并且有 $\beta_j^i(S_i) + \alpha_j^i(S_i) + \theta^i(S_i) = 1$。

基层级仓库 j 中满足任一备件需求的平均延误时间为

$$\bar{W}_j(S) = \sum_{i \in I} \frac{\lambda_{ij}}{\sum_{i \in I} \lambda_{ij}} \bar{W}_{ij}(S_i) = \sum_{i \in I} \frac{\lambda_{ij}}{\sum_{i \in I} \lambda_{ij}} (\alpha_j^i(S_i) T_i^{\text{tr}} + \theta^i(S_i) T_{ij}^{\text{em}}) \qquad (8.27)$$

式中：S 为所有基层级仓库中每一项备件的目标库存水平。

备件 i 在单位时间内保障总费用包括：期望库存持有费用、正常供应费用、横向供应运输费用和紧急供应运输费用，即

$$\sum_{j \in J} [h_i \bar{I}_{ij}(S_i) + \lambda_{ij} \beta_j^i(S_i) C_i^{\text{reg}} + \lambda_{ij} \alpha_j^i(S_i) C_i^{\text{tr}} + \lambda_{ij} \theta^i(S_i) C_i^{\text{em}}]$$

在满足每个基层级仓库平均延误时间约束条件的情况下，库存系统备件保障总费用最低，数学描述如下（问题 P_0）：

$$\left. \begin{array}{l} \text{problem } P_0: \\ \text{Minimize} \quad \sum_{i \in I} \sum_{j \in J} (h_i \bar{I}_{ij}(S_i) + \lambda_{ij} \beta_j^i(S_i) C_i^{\text{reg}} + \lambda_{ij} \alpha_j^i(S_i) C_i^{\text{tr}} + \lambda_{ij} \theta^i(S_i) C_i^{\text{em}}) \\ \text{subject to} \quad \sum_{i \in I} \frac{\lambda_{ij}}{\sum_{i \in I} \lambda_{ij}} (\alpha_j^i(S_i) T_i^{\text{tr}} + \theta^i(S_i) T_{ij}^{\text{em}}) \leqslant W_j^{\max} \quad j = 1, 2, \cdots, m \\ S_{ij} \geqslant 0, S_{ij} \text{ 是整数}(i \in I, j \in J) \end{array} \right\} \qquad (8.28)$$

8.2.7 算法设计

前面已经分析了使用准确方法和近似方法确定问题 P_0 中参数 α_j^i、β_j^i、θ^i 以及 $\bar{I}_{ij}$ 的过程，在优化算法中参数使用近似求解方法确定。

采用简单高效的贪婪算法完成问题 P_0 最小值的求解。由于存在横向供应策略，当基层级仓库中任一备件数量增加一个单位后，不仅影响本仓库备件平均延误时间，而且也影响其他仓库的备件平均延误时间。因此用 $\bar{W}_j(S)/W_j^{\max}$ 表示基层级仓库备件平均延误时间逼近最大允许延误时间的程度，当 $\bar{W}_j(S)/W_j^{\max} \leqslant 1$ 时，表示基层级仓库备件平均延误时间满足要求；用 $\sum_{j \in J} \bar{W}_j(S)/W_j^{\max}$ 表示当前整个库存系统备件平均延误时间逼近最大允许延误时间的程度，用 $\sum_{j \in J} \bar{W}_j(S+e_{ij})/W_j^{\max}$ 表示基层级仓库 j 中备件 i 目标库存水平增加一个单位后整个库存系统备件平均延误时间逼近最大允许延误时间的程度。

用 ΔW_{ij} 表示基层级仓库 j 中备件 i 目标库存水平增加一个单位后相对各基层级仓库备件最大允许延误时间的库存系统备件平均延误时间减少量，用 ΔC_{ij} 表示备件保障总费用的增加量，即

$$\left. \begin{array}{l} \Delta W_{ij} = \sum_{j \in J} \frac{\bar{W}_j(S)}{W_j^{\max}} - \sum_{j \in J} \frac{\bar{W}_j(S+e_{ij})}{W_j^{\max}} \\ \Delta C_{ij} = Z^{P_0}(S+e_{ij}) - Z^{P_0}(S) \end{array} \right\} \qquad (8.29)$$

式中：$e_{ij} = [0 \ \cdots \ 0 \ 1 \ 0 \ \cdots \ 0]$，表示一个单位向量，用这一向量完成指定基层级仓库 j 中备件 i 的加 1 操作。S 为决策变量，代表所有基层级仓库中每一项备件的目标库存水平。$Z^{P_0}(S)$ 表示决策变量为 S 时，问题 P_0 的目标函数值，即库存系统目标库存水平为 S 时的备件保障总费用，每次迭代过程中，优先对 $r_{ij} = \Delta W_{ij}/\Delta C_{ij}$ 最大的基层级仓库 j 中备件 i 的目标库存水平进行加 1；当紧急供应费 C_i^{em} 很高时，可能会出现 $\Delta C_{ij} < 0$ 的情况，如果出现 $\Delta C_{ij} <$

0,优先对该基层级仓库 j 中备件 i 的目标库存水平进行加 1。

8.2.8 应用举例

假设库存系统中有 5 个基层级仓库,共有 20 种备件,每种备件的库存持有费用见表 8.8,每种备件在不同基层级仓库中的需求率见表 8.9,各基层级备件正常供应的平均供应时间为 7 天,正常供应费用为 50 元/个。紧急供应时间为 2 天,紧急供应费用为 1 000 元/个。横向供应时间为 0.5 天,横向供应费用为 200 元/个。备件需求最大允许等待延误时间为 0.1 天。5 个基层级仓库作为横向供应源的排列顺序为:当仓库 1 需要横向供应时,供应源排序为 $r_2>r_3>r_4>r_5$;当仓库 2 需要横向供应时,供应源排序为 $r_1>r_3>r_4>r_5$;当仓库 3 需要横向供应时,供应源排序为 $r_1>r_2>r_4>r_5$;当仓库 4 需要横向供应时,供应源排序为 $r_5>r_1>r_2>r_4$;当仓库 5 需要横向供应时,供应源排序为 $r_4>r_1>r_2>r_3$。

表 8.8 备件的库存持有费用　　　　单位:元/个/天

备件	1	2	3	4	5	6	7	8	9	10
费用	185.8	175.5	188.8	174.4	159.2	185.0	199.1	190.3	185.1	174.2
备件	11	12	13	14	15	16	17	18	19	20
费用	155.7	183.2	168.2	157.0	178.3	191.1	183.6	199.9	198.0	152.9

表 8.9 备件在不同基层级仓库中的需求率　　　　单位:个/天

备件序号	仓库 1	仓库 2	仓库 3	仓库 4	仓库 5
备件 1	0.054 8	0.067 6	0.055 5	0.061 9	0.057 8
备件 2	0.068 0	0.063 6	0.082 8	0.052 0	0.086 2
备件 3	0.078 6	0.062 6	0.067 2	0.077 7	0.072 8
备件 4	0.085 7	0.064 6	0.085 6	0.076 0	0.075 3
备件 5	0.060 9	0.065 7	0.079 4	0.089 3	0.059 4
备件 6	0.060 2	0.073 7	0.077 5	0.072 1	0.072 0
备件 7	0.084 6	0.054 8	0.063 8	0.066 0	0.087 3
备件 8	0.059 4	0.051 5	0.056 6	0.058 0	0.063 4
备件 9	0.082 2	0.068 3	0.056 2	0.075 0	0.076 2
备件 10	0.086 3	0.084 8	0.057 6	0.079 3	0.065 7
备件 11	0.059 3	0.087 4	0.066 9	0.065 0	0.075 1
备件 12	0.059 6	0.060 6	0.084 2	0.050 4	0.078 0
备件 13	0.052 0	0.056 4	0.069 6	0.066 8	0.065 9
备件 14	0.053 1	0.084 9	0.082 6	0.080 1	0.066 5
备件 15	0.075 6	0.059 5	0.068 4	0.081 8	0.076 2
备件 16	0.057 0	0.075 8	0.068 3	0.086 8	0.083 5
备件 17	0.083 8	0.088 7	0.068 0	0.083 8	0.064 9
备件 18	0.057 0	0.076 6	0.066 5	0.064 7	0.067 0

续表

备件序号	仓库1	仓库2	仓库3	仓库4	仓库5
备件19	0.0568	0.0848	0.0861	0.0748	0.0738
备件20	0.0898	0.0504	0.0502	0.0793	0.0726

然后,利用贪婪算法计算得具有横向供应策略时的最低备件保障费用为 20 488 元,相应的各基层级仓库备件目标库存水平见表 8.10。

在表 8.10 中,前一个数字表示既有紧急供应而又有横向供应时各基层级仓库备件目标库存水平,后一个数字表示只有紧急供应而没有横向供应时各基层级仓库备件目标库存水平。计算结果显示,在没有横向供应时,最小费用为 33 439 元,而在有横向供应时,最小费用缩减为 20 488 元,费用减少了 12 951 元,费用降低的幅度为 38.73%。

表 8.10　有横向供应时各仓库各备件最优目标库存值　　单位:个

备件序号	仓库1	仓库2	仓库3	仓库4	仓库5
备件1	1	2	1	2	1
备件2	2	1	2	1	2
备件3	2	1	1	2	2
备件4	2	1	2	2	2
备件5	2	2	2	2	1
备件6	1	2	2	2	2
备件7	2	1	1	1	2
备件8	2	1	1	1	1
备件9	2	2	2	1	2
备件10	2	2	1	2	1
备件11	2	2	2	1	2
备件12	2	1	2	1	2
备件13	2	1	2	2	1
备件14	1	3	2	2	2
备件15	2	2	1	2	2
备件16	1	2	1	2	2
备件17	2	2	1	2	1
备件18	2	2	1	1	2
备件19	1	2	2	2	1
备件20	2	2	2	2	2

本节分析了包括多个基层级仓库、多种可维修备件的单级库存系统,在库存系统中引入了横向供应和紧急供应策略,在对系统进行合理假设的基础上,建立了各基层级服务水平约束下的最小化备件保障总费用的库存模型,服务水平为与各基层级仓库对应的备件平均延误时间。为了对模型进行求解,本节给出究了模型中三个重要参数(α、β 和 θ)以及备件期望库存水平 $\overline{I}$

的求解方法,给出两种求解方法:准确求解方法和基于 $M/M/k$ 损失模型的近似求解方法。通过算例表明,近似求解方法节约了大量计算时间,并且与准确解的误差较小,非常适合在启发式优化算法中使用。

8.3 可维修备件两级库存保障能力分析

本节建立了可维修备件的两级库存模型,考虑了基地级仓库的备件存储能力和基地级维修机构的备件修理能力,与第四章不同的是,本节的模型中允许基层级仓库之间的横向供应策略,目标是建立具有横向供应策略的两级库存系统的数学模型,设计启发式优化算法,确定满足所有基层级仓库备件平均延误时间允许下的最低备件保障总费用(包括基地级和所有基层级仓库的期望库存持有费用以及横向供应费用),同时确定各种备件在基地级仓库和各基层级仓库的最佳目标库存水平。

8.3.1 应用背景

当装备的某项部件出现了故障时,经故障定位后该部件被拆下来,这时如果基层级仓库有备件则可以马上更换一个新的备件,恢复装备功能,否则要到基地级库存机构申请该备件。被拆下来的故障部件被送到基地级维修机构进行修理,修复后将作为备件存储在基地级仓库。本节针对的两级库存系统可以简化为图 8.8。

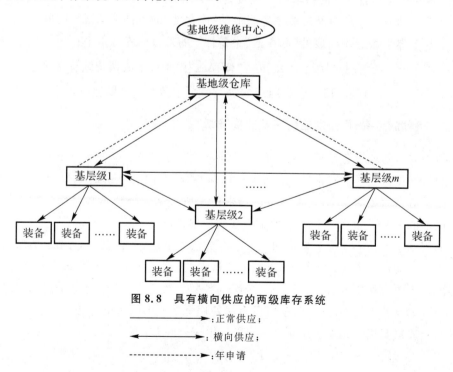

图 8.8 具有横向供应的两级库存系统
———————→:正常供应;
←————————→:横向供应;
- - - - - - - - →:年申请

备件的具体供应过程为:当装备发生故障时,由所属的基层级仓库进行备件供应,并向基地级提出备件申请,同时将故障部件送基地级维修中心进行修理;如果所属基层级仓库没有所需备件,则由同级其他仓库进行横向供应,并由实施横向供应的基层级仓库提出备件申请;如果同级的所有仓库都没有所需备件,则由基地级供应所需备件;如果基地级仓库也没有所需备件,就只好等待有故障部件被修理好再进行供应。同时,基地级维修中心修理好的故障备件被送到基地级仓库存储。各个基层级仓库的服务水平均为备件的平均延误时间,这一服务水平不仅与基地级仓库相关,而且由于横向供应策略的存在,其与各个基层级仓库的备件存储水平也紧密关联,因此增加了问题研究的难度。

8.3.2 基本假设和符号说明

具有横向供应的两级库存系统基本假设如下:

(1)横向供应比正常供应所需供应时间更短,并且供应费用较少。因为一般情况下,各基层级仓库之间配置的距离都比较近,而与基地级仓库的距离都比较远。
(2)各基层级存储的可维修备件完全共享,各基层级仓库不设置允许横向供应门限值。
(3)一旦确定某备件的需求要通过横向供应来满足,它将不会等待正常供应备件的到达。
(4)对于同一种备件,各基层级仓库之间的横向供应时间和横向供应费用相同。

各参数的符号为:

α_j^i——基层级仓库 j 中备件 i 的需求由横向供应来满足的概率;

β_j^i——基层级仓库 j 中备件 i 的需求可即时满足的概率;

θ^i——基层级仓库备件 i 的需求由于缺货暂时不能满足的概率;

T_i——基层级仓库对所有基层级仓库组成的"库存池"的备件平均运输时间;

S_i^0——所有基层级仓库组成的"库存池"中备件 i 的总目标库存水平;

$\bar{I}_i(S_{i0}, S_i^{tot})$——所有基层级仓库组成的"库存池"中备件 i 的期望缺货水平。

$\bar{B}_i(S_{i0}, S_i^{tot})$——所有基层级仓库组成的"库存池"中备件 i 的期望缺货水平。

8.3.3 备件满足率、横向供应概率及缺货概率

本小节主要对基地级仓库和基层级仓库备件目标库存水平已知的条件下几个重要参数进行求解,包括:基层级仓库 j 中备件 i 的需求可以即时满足的概率 β_j^i,基层级仓库 j 中备件 i 的需求由横向供应来满足的概率 α_j^i,备件 i 的需求由于所有基层级仓库都缺货而暂不能满足的概率 θ^i。以上的仓库 j、仓库 k 以及备件 i 都代表一般情况。

这里使用基于 $M/M/k$ 损失模型的参数求解方法求解 α_j^i、β_j^i 以及 θ^i 的值。本节的参数求解方法与第二节的近似求解方法相近,不同的是这里的问题是两级库存系统,而 8.2.4 节的问题是单级库存系统。如果可以确定基地级仓库到各基层级仓库、基地级仓库到基层级仓库组成的"库存池"的备件平均供应时间,就可以直接使用 8.2.4 节的求解方法了。

基地级仓库对基层级仓库 j 中备件 i 的平均供应时间 L_{ij} 为

$$L_{ij}=T_{ij}+\bar{B}_{i0}(S_{i0})/\lambda_{i0} \tag{8.30}$$

基地级仓库对"库存池"中备件 i 的平均供应时间 L_i 为

$$L_i=T_i+\bar{B}_{i0}(S_{i0})/\lambda_{i0} \tag{8.31}$$

求解方法的具体步骤(针对备件 i)如下:

第1步:利用式(8.30)和式(8.31)计算基地级仓库到各基层级仓库、基地级仓库到"库存池"的备件平均供应时间 L_{ij} 和 L_i。

第2步:利用 $M/M/S_i^{\text{tot}}$ 损失概率 $\theta^i = P_{S_i^{\text{tot}}}(S_i^{\text{tot}}, \lambda_i^{\text{tot}}, 1/L_i)$ 确定"库存池"中备件 i 的需求需要通过紧急供应来满足的概率 θ^i。

第3步:对于每一个基层级仓库 j,设置 β_j^i 的初始值为0到1之间的任意值,α_j^i 的初始值为 $\alpha_j^i = 1 - \beta_j^i - \theta^i$。

第4步:对于每一个基层级仓库 j,如果 $S_{ij} > 0$,利用式(8.20)计算横向供应情况下各基层级仓库备件需求率 $\tilde{\lambda}_{ij}$,然后计算横向供应情况下的各基层级仓库的 α_j^i、β_j^i。其中:$\beta_j^i = 1 - P_{S_{ij}}(S_{ij}, \tilde{\lambda}_{ij}, 1/L_{ij})$,$\alpha_j^i = 1 - \beta_j^i - \theta^i$。

如果 $S_{ij} = 0$,$\beta_j^i = 0$,则 $\alpha_j^i = 1 - \theta^i$。

第5步:重复执行第3步,直到两次迭代过程中所有基层级仓库 $\beta_j^i(j \in J)$ 的误差均满足 $\delta < 0.001$,输出此时各基层级仓库的 α_j^i、β_j^i 和 θ^i,算法停止。

下面利用算例来测试基于 $M/M/k$ 损失模型的求解方法在具有横向供应策略的两级库存系统中的参数求解效果。

例 8.5 假设有多个基层级仓库和一个基地级仓库,其中3个基层级仓库组成一个可以相互横向供应的"库存池",这3个基层级中某备件的需求率分别为 λ_1、λ_2、λ_3,基地级仓库对该备件的需求率 $\lambda_0 = (\lambda_1 + \lambda_2 + \lambda_3)/3$,基地级仓库该备件的目标库存水平为 S_0,基层级仓库备件目标库存水平为 S_1、S_2、S_3,基地级到各基层级的备件运输时间均为 $T = 2$,备件在基地级的平均修理时间为 $R = 4$ 天。横向供应源采用随机选择策略。表8.12为利用基于 $M/M/k$ 损失模型的求解方法与模拟方法得到的备件需求由横向供应满足的概率 α 和由所属基层级仓库自身满足的概率 β 见表8.11。

表 8.11 基于 $M/M/k$ 损失模型的近似求解方法与模拟方法的结果比较

λ_{ij}	S_0	S_{ij}	α		β	
			Sim	App	Sim	App
0.02	1	1	0.11	0.11	0.87	0.88
0.04		1	0.16	0.16	0.83	0.83
0.06		1	0.20	0.20	0.80	0.80
0.02	1	1	0.11	0.11	0.87	0.88
0.04		1	0.16	0.16	0.83	0.83
0.06		1	0.20	0.20	0.80	0.80
0.03	2	1	0.13	0.14	0.83	0.84
0.06		1	0.18	0.19	0.79	0.79
0.09		1	0.24	0.25	0.73	0.73
0.04	4	1	0.13	0.14	0.84	0.84
0.08		1	0.19	0.20	0.78	0.78
0.012		1	0.24	0.25	0.72	0.73

续表

λ_{ij}	S_0	S_{ij}	α		β	
			Sim	App	Sim	App
0.10	5	2	0.11	0.11	0.85	0.87
0.20		2	0.19	0.19	0.77	0.78
0.30		2	0.25	0.25	0.70	0.72
0.10	5	1	0.33	0.33	0.64	0.64
0.20		2	0.16	0.17	0.80	0.80
0.30		3	0.10	0.10	0.86	0.88
0.30	20	4	0.06	0.06	0.92	0.93
0.60		4	0.14	0.14	0.84	0.85
0.90		4	0.23	0.23	0.75	0.76
0.30	20	3	0.12	0.12	0.86	0.86
0.60		4	0.13	0.13	0.85	0.86
0.90		5	0.13	0.13	0.85	0.85

在表 8.11 中,"Sim"表示通过模拟技术得到的参数值,"App"表示基于 $M/M/k$ 损失模型的近似求解方法得到的参数值。通过比较发现,利用基于 $M/M/k$ 损失模型的求解方法与模拟方法得到的 α、β 非常接近。

8.3.4 备件期望库存水平与期望缺货水平

1. 基地级备件期望库存水平和期望缺货水平

基地级备件的期望库存水平 $\bar{I}_{i0}(S_{i0})$ 和缺货水平 $\bar{B}_{i0}(S_{i0})$ 分别为

$$\bar{I}_{i0}(S_{i0}) = \sum_{k=0}^{S_{i0}-1} (k - S_{i0}) \frac{(\lambda_{i0}R_i)^k}{k!} \exp(-\lambda_{i0}R_i) \tag{8.32}$$

$$\bar{B}_{i0}(S_{i0}) = \sum_{k=S_{i0}+1}^{\infty} (k - S_{i0}) \frac{(\lambda_{i0}R_i)^k}{k!} \exp(-\lambda_{i0}R_i) \tag{8.33}$$

2. 基层级备件期望库存水平和期望缺货水平

如果"库存池"中备件 i 的总目标库存量为 S_i^{tot},"库存池"中备件 i 持有量为 τ 的概率 ρ_τ^i 为

$$\rho_\tau^i(S_{i0}, S_i^{\text{tot}}) = P(Q_i(S_{i0}) = S_i^{\text{tot}} - \tau) = \tag{8.34}$$
$$(\lambda_{i0}L_i)^{S_i^{\text{tot}}-\tau} e^{-\lambda_{i0}L_i} / (S_i^{\text{tot}} - \tau)! \quad \tau \leqslant S_i^{\text{tot}}$$

"库存池"中备件 i 的期望缺货水平为

$$\bar{B}_i(S_{i0}, S_i^{\text{tot}}) = \sum_{l=0}^{\infty} l \rho_{-l}^i(S_{i0}, S_i^{\text{tot}}) \tag{8.35}$$

"库存池"中备件 i 的期望库存水平为

$$\bar{I}_i(S_{i0}, S_i^{\text{tot}}) = \sum_{l=1}^{S_i^{\text{tot}}} l \rho_l^i(S_{i0}, S_i^{\text{tot}}) \tag{8.36}$$

基层级仓库 j 中备件 i 的期望缺货水平为

$$\bar{B}_{ij}(S_{i0},S_{ij})=\frac{\lambda_{ij}}{\lambda_{i0}}\bar{B}_i(S_{i0},S_i^{\text{tot}}) \quad (8.37)$$

基层级仓库 j 中备件 i 的期望库存水平为

$$\bar{I}_{ij}(S_{i0},S_{ij})=\frac{\beta_j^i}{\sum_{j\in J}\beta_j^i}\bar{I}_i(S_{i0},S_i^{\text{tot}}) \quad (8.38)$$

式中：$\beta_j^i/\sum_{j\in J}\beta_j^i$ 为基层级仓库 j 的持有库存概率占总持有库存概率的比重。

下面举例说明横向供应策略对基层级仓库期望库存水平和期望缺货水平的影响。

例 8.6 计算例 8.5 中有横向供应策略与无横向供应策略时基层级仓库的备件期望库存水平和期望缺货水平，结果见表 8.13。表中"Normal"表示备件正常供应的情况，"Lateral"表示有紧急供应的情况。

表 8.13 有横向供应和无横向供应时的期望库存水平和期望缺货水平

λ_{ij}	S_0	S_{ij}	$\bar{I}_{ij}(S_{i0},S_{ij})$		$\bar{B}_{ij}(S_{i0},S_{ij})$	
			Normal	Lateral	Normal	Lateral
0.02	1	1	0.917 6	0.879 0	0.003 9	0.000 4
0.04	1	1	0.842 6	0.825 0	0.015 3	0.000 7
0.06	1	1	0.774 2	0.779 5	0.003 3	0.001 1
0.03	2	1	0.894 8	0.834 2	0.006 6	0.000 9
0.06	2	1	0.801 8	0.775 4	0.025 4	0.001 9
0.09	2	1	0.719 4	0.725 4	0.054 7	0.002 8
0.04	4	1	0.893 2	0.830 9	0.006 9	0.001 0
0.08	4	1	0.799 0	0.771 7	0.026 2	0.002 0
0.12	4	1	0.715 6	0.721 6	0.056 6	0.003 0
0.10	5	2	1.601 3	1.303 5	0.010 2	0.003 0
0.20	5	2	1.248 5	1.183 6	0.066 4	0.006 0
0.30	5	2	0.957 1	1.077 2	0.183 9	0.009 0
0.10	5	1	0.666 6	0.980 8	0.075 6	0.003 0
0.20	5	2	1.248 5	1.234 4	0.066 4	0.006 0
0.30	5	3	1.826 2	1.349 2	0.053 0	0.009 0
0.30	20	4	2.974 0	2.145 6	0.005 5	0.003 1
0.60	20	4	2.031 2	1.943 6	0.094 3	0.006 3
0.90	20	4	1.286 6	1.738 4	0.380 4	0.009 4
0.30	20	3	1.996 8	1.966 7	0.028 1	0.003 1
0.60	20	4	2.031 2	1.934 7	0.094 3	0.006 3
0.90	20	5	2.078 8	1.926 2	0.173 0	0.009 4

表 8.12 显示,在具有相同参数的情况下,横向供应策略可以有效地降低备件期望库存水平和期望缺货水平,从而有效降低库存持有费用和备件平均延误时间。

8.3.5 数学描述

基层级仓库 j 满足备件 i 需求的平均延误时间 $\bar{W}_{ij}$ 由三方面的因素引起:备件需求由所属基层级仓库即时满足的延误时间、备件需求由横向供应满足的延误时间和备件缺货的延误时间。如果可以即时满足,延误时间为 0;如果需要横向供应满足,延误时间为 T_i^{tr};如果缺货,延误时间为 L'_{ij}。即

$$\bar{W}_{ij}(S_{i0}, S_i) = \beta_j^i(S_{i0}, S_i)0 + \alpha_j^i(S_{i0}, S_i)T_i^{\text{tr}} + \theta^i(S_{i0}, S_i)L'_{ij}(S_{i0}, S_i) \quad (8.39)$$

式中: $\beta_j^i(S_i) + \alpha_j^i(S_i) + \theta^i(S_i) = 1$。$L'_{ij}(S_{i0}, S_i)$ 为仓库 j 中备件 i 的需求由备件缺货(此时所有基层级仓库都缺货)导致的平均等待时间,根据 Little 公式, $L'_{ij}(S_{i0}, S_i)$ 可以描述为

$$L'_{ij}(S_{i0}, S_{ij}) = \frac{\bar{B}_{ij}(S_{i0}, S_{ij})}{\lambda_{ij}} \quad (8.40)$$

基层级仓库 j 中满足任一备件需求的平均延误时间 $\bar{W}_j$ 为

$$\begin{aligned}\bar{W}_j(S_0, S) &= \sum_{i \in I} \frac{\lambda_{ij}}{\sum_{i \in I} \lambda_{ij}} \bar{W}_{ij}(S_{i0}, S_i) = \\ &\sum_{i \in I} \frac{\lambda_{ij}}{\sum_{k \in I} \lambda_{kj}} (\alpha_j^i(S_{i0}, S_i)T_i^{\text{tr}} + \theta^i(S_{i0}, S_i)L'_{ij}(S_{i0}, S_i)) = \\ &\sum_{i \in I} \frac{\lambda_{ij}\alpha_j^i(S_{i0}, S_i)T_i^{\text{tr}} + \theta^i(S_{i0}, S_i)\bar{B}_{ij}(S_{i0}, S_{ij})}{\sum_{k \in I} \lambda_{kj}}\end{aligned} \quad (8.41)$$

单位时间内两级库存系统所有备件的备件保障总费用为期望库存持有费用与横向供应费用之和,即

$$\sum_{i \in I} h_i \bar{I}_{i0}(S_{i0}) + \sum_{i \in I}\sum_{j \in J} h_i \bar{I}_{ij}(S_{i0}, S_{ij}) + \sum_{i \in I}\sum_{j \in J} \lambda_{ij}\alpha_j^i C_i^{\text{tr}} \quad (8.42)$$

本小节解决的问题如下:

$$\left.\begin{aligned}&\text{Minimize} \quad \sum_{i \in I} h_i \bar{I}_{i0}(S_{i0}) + \sum_{i \in I}\sum_{j \in J} h_i \bar{I}_{ij}(S_{i0}, S_{ij}) + \sum_{i \in I}\sum_{j \in J} \lambda_{ij}\alpha_j^i C_i^{\text{tr}} \\ &\text{subject to} \quad \sum_{i \in I} \frac{\lambda_{ij}\alpha_j^i(S_{i0}, S_i)T_i^{\text{tr}} + \theta^i(S_{i0}, S_i)\bar{B}_{ij}(S_{i0}, S_{ij})}{\sum_{k \in I} \lambda_{kj}} \leqslant W_j^{\max} \quad j=1,2,\cdots,m \\ &0 \leqslant S_{i0} \leqslant S_{i0}^{\max}, S_{i0} \text{ 是整数}(i \in I) \\ &S_{ij} \geqslant 0, S_{ij} \text{ 是整数}(i \in I, j \in J)\end{aligned}\right\}$$

(8.43)

8.3.6 应用举例

假设两级库存系统中有一个基地级仓库,5 个基层级仓库(仓库 1、2、3、4、5 代表 5 个基层级仓库)。共有 20 项备件,不同基层级中每项备件的需求率见表 8.14,每项备件的库存持有

费用见表 8.15。备件在基地级的平均修理时间为 4 天,从基地级仓库到各基层级仓库的运输时间为 2 天。横向供应时间均为 0.1 天,横向供应费用均为 150 元,备件需求最大允许延误时间为 0.05 天。横向供应源的选择顺序为:当基层级仓库 1 需要横向供应时,供应源排序为 $r_2>r_3>r_4>r_5$;当基层级仓库 2 需要横向供应时,供应源排序为 $r_1>r_3>r_5>r_4$;当基层级仓库 3 需要横向供应时,供应源排序为 $r_5>r_1>r_2>r_4$;当基层级仓库 4 需要横向供应时,供应源排序为 $r_5>r_2>r_1>r_3$;当基层级仓库 5 需要横向供应时,供应源排序为 $r_3>r_4>r_2>r_1$。

表 8.14　备件在不同基层级仓库中的需求率　　单位:个/天

备件序号	仓库 1	仓库 2	仓库 3	仓库 4	仓库 5
备件 1	0.054 8	0.067 6	0.055 5	0.061 9	0.057 8
备件 2	0.068 0	0.063 6	0.082 8	0.052 0	0.086 2
备件 3	0.078 6	0.062 6	0.067 2	0.077 7	0.072 8
备件 4	0.085 7	0.064 6	0.085 6	0.076 0	0.075 3
备件 5	0.060 9	0.065 7	0.079 4	0.089 3	0.059 4
备件 6	0.060 2	0.073 7	0.077 5	0.072 1	0.072 0
备件 7	0.084 6	0.054 8	0.063 8	0.066 0	0.087 3
备件 8	0.059 3	0.051 5	0.056 6	0.058 0	0.063 4
备件 9	0.082 2	0.068 3	0.056 2	0.075 0	0.076 0
备件 10	0.086 3	0.084 8	0.057 6	0.079 3	0.065 7
备件 11	0.059 3	0.087 4	0.066 9	0.065 0	0.075 1
备件 12	0.059 6	0.060 6	0.084 2	0.050 4	0.078 0
备件 13	0.052 0	0.056 4	0.069 6	0.066 8	0.065 9
备件 14	0.053 1	0.084 9	0.082 6	0.080 1	0.066 5
备件 15	0.075 6	0.059 5	0.068 4	0.081 8	0.076 2
备件 16	0.057 6	0.075 5	0.068 8	0.086 2	0.083 5
备件 17	0.083 8	0.088 7	0.068 0	0.083 8	0.064 9
备件 18	0.057 0	0.076 6	0.066 5	0.064 7	0.067 0
备件 19	0.056 1	0.084 0	0.086 0	0.074 8	0.073 8
备件 20	0.089 8	0.050 4	0.050 2	0.079 3	0.072 6

表 8.15　备件的库存持有费用　　单位:元/个/天

备件	1	2	3	4	5	6	7	8	9	10
费用	185.8	175.5	188.8	174.4	159.2	185.0	199.1	190.3	185.1	174.2
备件	11	12	13	14	15	16	17	18	19	20
费用	155.7	183.2	168.2	157.0	178.3	191.1	183.6	199.9	198.0	152.9

利用模拟退火算法得到基地级仓库和各基层级仓库各备件的最优目标库存水平对应的最低备件保障总费用为 19 613 元,而在相同服务水平下无横向供应时,各仓库各备件的最优目标库存水平对应的最低备件保障总费用为 32 360 元。相应各仓库备件目标库存水平见表 8.16,表中前一个数字表示有横向供应时的备件最优库存,后一个数字表示无横向供应时的备件最优库存。

表 8.16　有横向供应和无横向供应时各仓库各备件最优库存值

单位:个

备件序号	基地	基层 1	基层 2	基层 3	基层 4	基层 5
备件 1	1,3	1,1	1,2	1,1	1,1	1,1
备件 2	2,3	1,2	1,2	1,2	1,1	2,2
备件 3	2,2	1,2	1,2	1,2	1,2	1,2
备件 4	1,2	2,2	1,2	2,2	2,2	1,2
备件 5	2,2	1,2	1,2	1,2	2,2	1,2
备件 6	2,2	1,2	1,2	1,2	1,2	1,2
备件 7	1,3	2,2	1,1	1,1	1,2	2,1
备件 8	1,3	1,1	1,1	1,1	1,1	1,1
备件 9	2,2	1,2	1,2	1,2	1,2	1,2
备件 10	2,2	2,2	1,2	1,2	1,2	1,2
备件 11	2,2	1,2	2,2	1,2	1,2	2,2
备件 12	1,2	1,1	1,1	2,2	1,1	1,2
备件 13	2,3	1,1	1,1	1,2	1,2	1,2
备件 14	1,2	1,2	2,2	2,2	2,2	1,2
备件 15	2,2	1,2	1,2	1,2	1,2	1,2
备件 16	2,2	1,2	1,2	1,2	1,2	1,2
备件 17	2,2	1,2	2,2	1,2	1,2	1,2
备件 18	2,3	1,1	1,2	1,1	1,1	1,1
备件 19	2,2	1,2	1,2	1,2	1,2	1,2
备件 20	2,3	2,2	1,1	1,1	2,2	2,2

从本算例可以看出,无横向供应策略时费用减少了 12 747 元,费用降低的幅度为 39.37%。因此在可维修备件两级库存系统中,横向供应策略是降低备件保障总费用的有效手段。

本节针对具有横向供应策略的两级多项可维修备件库存系统建立了库存模型,目标是为每个仓库中的每项备件确定最佳的目标库存水平,在满足每个基层级仓库平均延误时间允许的条件下,整个库存系统备件保障总费用最低(包括横向供应费用和库存持有费用)。对于具有横向供应策略的两级库存系统的基层级仓库备件期望库存水平和基层级备件期望库存水平的求解,采取的方法是:将所有参与横向供应的基层级仓库看作一个"库存池",首先求解"库存池"的备件期望库存水平和备件期望库存水平,然后再分别求解各基层级仓库备件期望库存水平和备件期望库存水平。通过算例表明,横向供应策略能大大降低基层级仓库备件期望库存水平和备件期望库存水平。

在大型复杂武器装备都面临着使用保障费用高和战备完好性差两大难题的背景下,本章针对装备可维修备件库存系统,对可维修备件库存配置进行科学的优化决策,寻求可维修备件库存保障总费用与装备战备完好性之间的最佳平衡。本章重点建立了具有紧急供应策略的可维修备件单级库存模型、具有紧急供应策略和横向供应策略的可维修备件单级库存模型以及具有横向供应策略的可维修备件两级库存模型,介绍了模型中重要指标和相关参数的准确求解技术和近似求解技术,设计了求解算法,并进行了算例测试和算例验证。

第9章 武器系统综合效能分析方法

武器系统综合效能分析是对具有多属性、多指标的武器系统的全局性、整体性效能分析。本章对层次分析法(Analytic Hierarchy Process,AHP)、ADC法、模糊综合评判方法、基于正负理想点的距离评估方法、基于灰色区间关联决策的评估方法、主成分分析法以及指数法等常用的综合效能分析进行简要说明,并阐述它们用于武器系统效能分析的一般步骤和典型案例。

9.1 层次分析法

层次分析法是美国运筹学家匹茨堡大学教授萨蒂(T. L. Saaty)于20世纪70年代初,为美国国防部研究"根据各个工业部门对国家福利的贡献大小而进行电力分配"课题时,应用网络系统理论和多目标综合评价方法,提出的一种层次权重决策分析方法。层次分析法根据问题的性质和要求达到的总目标,将问题分解为不同的组成因素,形成一个多层次的分析结构模型,从而最终使问题归结为最低层(供决策的方案、措施等)相对于最高层(总目标)的相对重要权值的确定或相对优劣次序的排定。

9.1.1 AHP法基本原理

运用层次分析法构造系统模型时,大体可以分为以下四个步骤:①建立层次结构模型;②构造判断(成对比较)矩阵;③层次单排序及其一致性检验;④层次总排序及其一致性检验。

1. 建立层次结构模型

将决策的目标、考虑的因素(决策准则)和决策对象按它们之间的相互关系分为最高层、中间层和最低层,绘出层次结构图。最高层:决策的目的、要解决的问题;最低层:决策时的备选方案;中间层:考虑的因素、决策的准则。对于相邻的两层,称高层为目标层、低层为因素层。层次分析法所要解决的问题是关于最低层对最高层的相对权重问题,按此相对权重可以对最低层中的各种方案、措施进行排序,从而在不同的方案中做出选择或形成选择方案的原则。

2. 构造判断矩阵

在确定各层次各因素之间的权重时,如果只是定性的结果,则常常不容易被别人接受,因而Santy等人提出了一致矩阵法,即:①不把所有因素放在一起比较,而是两两相互比较;②采用相对尺度,以尽可能减少性质不同的诸因素相互比较的困难,以提高准确度。判断矩阵是表示本层所有因素针对上一层某一个因素的相对重要性的比较。判断矩阵的元素 a_{ij} 用Santy的1~9标度方法给出,见表9.1。

表 9.1　1～9 标度及含义

标度	含义
1	表示两个因素相比,具有同样重要性
3	表示两个因素相比,一个因素比另一个因素稍微重要
5	表示两个因素相比,一个因素比另一个因素明显重要
7	表示两个因素相比,一个因素比另一个因素强烈重要
9	表示两个因素相比,一个因素比另一个因素极端重要
2,4,6,8	上述两相邻判断的中值
倒数	因素 i 与 j 比较的判断 a_{ij},则因素 j 与 i 比较的判断 $a_{ji}=1/a_{ij}$

理想的判断矩阵应该是一致性矩阵,用以下例子说明一致性矩阵的性质。

假设 n 只西瓜总质量为 1,每只西瓜质量为 $w_1,w_2,\cdots,w_n$,这些西瓜两两相除,得到表示 n 只西瓜相对质量关系的比较矩阵为

$$\boldsymbol{A} = \begin{bmatrix} \dfrac{w_1}{w_1} & \dfrac{w_1}{w_2} & \cdots & \dfrac{w_1}{w_n} \\ \dfrac{w_2}{w_1} & \dfrac{w_2}{w_2} & \cdots & \dfrac{w_2}{w_n} \\ & & \vdots & \\ \dfrac{w_n}{w_1} & \dfrac{w_n}{w_2} & \cdots & \dfrac{w_n}{w_n} \end{bmatrix} = (a_{ij})_{n\times n} \tag{9.1}$$

比较矩阵 $\boldsymbol{A}$ 满足 $a_{ji}=1/a_{ij}, a_{ij} \cdot a_{jk}=a_{ik}$, $i,j,k=1,2,\cdots,n$,称为一致性矩阵。

对于一致性矩阵 $\boldsymbol{A}$,以下表达形式成立:

$$\boldsymbol{AW} = \begin{bmatrix} \dfrac{w_1}{w_1} & \dfrac{w_1}{w_2} & \cdots & \dfrac{w_1}{w_n} \\ \dfrac{w_2}{w_1} & \dfrac{w_2}{w_2} & \cdots & \dfrac{w_2}{w_n} \\ & & \vdots & \\ \dfrac{w_n}{w_1} & \dfrac{w_n}{w_2} & \cdots & \dfrac{w_n}{w_n} \end{bmatrix} \begin{bmatrix} w_1 \\ w_2 \\ \vdots \\ w_n \end{bmatrix} = \begin{bmatrix} nw_1 \\ nw_2 \\ \vdots \\ nw_n \end{bmatrix} = n\boldsymbol{W} \tag{9.2}$$

式中:n 是 $\boldsymbol{A}$ 的特征根,每只西瓜的质量是特征根对应特征向量的分量。

对于相反问题:事先不知道西瓜质量,如通过比较每两只西瓜质量设法得到判断矩阵能否导出相对质量? 在判断矩阵具有完全一致性的条件下,通过解矩阵 $\boldsymbol{A}$ 的特征值求出正规化特征向量,可以得到 n 只西瓜的相对质量。

对于一致性矩阵 $\boldsymbol{A}$ 的唯一非零特征根为 n,n 所对应的特征向量归一化后可作为权向量,即 $\boldsymbol{AW}=n\boldsymbol{W}$。

对于不一致(但在允许范围内)的成对比较阵 $\boldsymbol{A}$,Santy 等人建议用对应于最大特征根 λ 的特征向量作为权向量 $\boldsymbol{W}$,即 $\boldsymbol{AW}=\lambda_{\max}\boldsymbol{W}$。

3. 层次单排序及其一致性检验

对应于最大特征根 λ 对应的权向量 $\boldsymbol{W}$ 的元素为同一层次因素对于上一层次因素相对重要性的排序权值,这一过程称为层次单排序。能否确认层次单排序,需要进行一致性检验。所谓一致性检验是指对 $\boldsymbol{A}$ 确定不一致的允许范围。

由于 λ 依赖于 a_{ij}, λ 比 n 大得越多, $\boldsymbol{A}$ 的不一致性越严重。用最大特征值对应的特征向量作为被比较因素对上层某因素影响程度的权向量,其不一致程度越大,引起的判断误差越大。因而可以用 $\lambda-n$ 数值的大小来衡量 $\boldsymbol{A}$ 的不一致程度。定义一致性指标:

$$CI = \frac{\lambda - n}{n - 1} \tag{9.3}$$

当 CI=0 时,有完全的一致性;当 CI 接近于 0 时,有较满意的一致性;当 CI 越大时,不一致性越严重。

为衡量 CI 的大小,引入随机一致性指标 RI。方法为:随机构造 500 个成对比较矩阵,随机从 1~9 以及倒数中抽取数字构造正互反矩阵。

$$RI = \frac{CI_1 + CI_2 + \cdots + CI_n}{500} = \frac{\frac{\lambda_1 + \lambda_2 + \cdots + \lambda_{500}}{500} - n}{n - 1} \tag{9.4}$$

Santy 给出的随机一致性指标 RI 见表 9.2。

表 9.2 随机一致性指标 RI

n	1	2	3	4	5	6	7	8	9	10	11
RI	0	0	0.58	0.90	1.12	1.24	1.32	1.41	1.45	1.49	1.51

在确定了 CI 和 RI 的基础上,给出一致性比率为

$$CR = \frac{CI}{RI} \tag{9.5}$$

当一致性比率 CR<0.1 时,认为 $\boldsymbol{A}$ 的不一致程度在容许范围之内,有满意的一致性,通过一致性检验。可用其归一化特征向量作为权向量,否则要重新构造成对比较矩阵 $\boldsymbol{A}$,对 a_{ij} 加以调整。

4. 层次总排序及其一致性检验

计算某一层次所有因素对于最高层(总目标)相对重要性的权值,称为层次总排序。这一过程是从最高层次到最低层次依次进行的。

假设 P 层 m 个因素 $P_1, P_2, \cdots, P_m$ 对总目标的排序为 $p_1, p_2, \cdots, p_m$, Q 层 n 个因素对上层 P 中因素为 P_j 的层次单排序为 $q_{1j}, q_{2j}, \cdots, q_{nj}(j=1,2,\cdots,m)$,即 P 层第 i 个因素对总目标的权值为 $q_i = \sum_{j=1}^{m} p_j q_{ij}$。

设 Q 层 $Q_1, Q_2, \cdots, Q_m$ 对上层(P 层)中因素的层次单排序一致性指标为 CI_j,随机一致性指为 RI_j,则层次总排序的一致性比率为

$$CR = \frac{p_1 CI_1 + p_2 CI_2 + \cdots + p_m CI_m}{p_1 RI_1 + p_2 RI_2 + \cdots + p_m RI_m} \tag{9.6}$$

当 CR<0.1 时,认为层次总排序通过一致性检验。层次总排序具有满意的一致性,否则

需要重新调整那些一致性比率高的判断矩阵的元素取值。

9.1.2 基于层次分析法的目标属性识别方法

在地面防空作战中,空袭目标属性识别是作战指挥决策的重要环节之一,目标识别是威胁判断的前提条件。目标综合识别是指对目标敌我属性和类型的识别。自动识别是指由综合识别模型根据目标的位置、行为和初始化数据等自动地给出目标的属性和类型。由于反映空中目标信息的不完全、关系不明确及检测的不确定等困难,对于有些因素只能定性给出。为了能使定性分析定量化,本小节针对火力单元级获得的目标信息及一些已知信息,利用层次分析建模方法,给出目标属性识别模型

1. 目标属性识别因素及评价集

目标属性识别因素如下。①预警情报:直接给出了目标的属性信息,用 YJ 表示预警信息。②IFF 应答:由制导站的敌我识别器给出,用 IFF 表示应答信息。③安全走廊信息:由初始状态信息给出,用 AQZL 表示安全走廊信息。④禁飞区信息:由初始状态信息给出,用 JFK 表示禁飞区信息。⑤我机原始空域信息:由初始状态信息给出,用 WJY 表示我机原始空域信息。⑥敌机原始空域:由初始状态信息给出,用 DJY 表示敌机原始空域。⑦目标机动:速度和方向发生变化的目标,由相控阵雷达提供,用 JD 表示目标机动信息。⑧电子干扰:敌方为掩护其作战飞机逃避我方雷达跟踪和地空导弹拦截而发射的电磁干扰,由相控阵雷达提供,用 ER 表示干扰信息。⑨最小安全速度:是我机安全飞行的最小速度,由初始状态信息给出,用 AQSD 表示最小安全速度信息。

对目标属性主要是区别我(友)机、不明和敌机 3 种,目标的评价集用数学表示为 MS=$\{-1,0,1\}$。式中:1 为表示属性为我机,0 为表示属性为不明目标,-1 为表示属性为敌机。

2. 各因素识别目标属性模型

(1)预警情报识别目标属性模型。预警情报一般能给出目标的属性,是否带有干扰。若目标在方位范围内带有干扰,且预警情报为敌方目标,火力单元应判为敌机;若目标在方位范围内无干扰,且预警为我机,火力单元应判为我机;若目标不在预警范围内或无预警的目标,火力单元应判为不明目标。具体表达形式为:

$$YJ=\begin{cases} 1 & \text{有预警且预警为我机,无干扰} \\ 0 & \text{其他} \\ -1 & \text{有预警且预警为敌机,有干扰} \end{cases}$$

(2)IFF 应答识别目标属性模型。火力单元相控阵雷达敌我识别器提供目标的属性信息为 IFF 应答信息。IFF 一般询问 m 次(可根据实际定),若询问 m 次,至少有一次应答,火力单元可判为我(友)机;询问 m 次,无应答,火力单元可判为敌机。具体表达形式为

$$IFF=\begin{cases} 1 & \text{询问 } m \text{ 次,至少有一次应答} \\ -1 & \text{询问 } m \text{ 次,无应答} \end{cases}$$

(3)安全走廊识别目标属性模型。按时间、高度和方位等给出我机飞行的范围区域。若目标在安全走廊,可判为我机;否则可判为敌机。具体表达形式为

$$AQZL=\begin{cases} 1 & \text{空中目标在安全走廊} \\ -1 & \text{空中目标不在安全走廊} \end{cases}$$

(4)我机原始空域识别目标属性模型。由上级指定我机巡逻及集结等空间区域。当目标在我机原始空域内,则目标为我(友)机;否则为敌机。具体表达形式为

$$WYK = \begin{cases} 1 & \text{目标在我原始空域,我机} \\ -1 & \text{其他} \end{cases}$$

(5)敌机原始空域目标属性识别目标准则及模型。由上级给定的敌机入侵方向,该空域可能在相控阵雷达探测距离之外。当目标在敌原始空域内,则目标为敌机;否则为我机。具体表达形式为

$$DYK = \begin{cases} 1 & \text{目标在敌原始空域,敌机} \\ -1 & \text{其他} \end{cases}$$

(6)禁飞空域识别目标属性模型。当目标在禁飞区,可判为敌机;否则,为我机。具体表达形式为

$$JFK = \begin{cases} -1 & \text{目标在禁飞空域,敌机} \\ 1 & \text{其他} \end{cases}$$

(7)目标机动识别目标属性模型。目标机动是为了逃避防空系统的跟踪、拦截并对防空目标实施突防的手段。当目标机动可判为敌机,否则为我机。具体表达形式为

$$JD = \begin{cases} -1 & \text{满足上述条件的为敌机} \\ 1 & \text{其他} \end{cases}$$

(8)电磁干扰识别目标属性模型。在某方位范围(U_1, U_2)内发现电子干扰,则由此方向进入的目标为敌机。

$$ER = \begin{cases} -1 & \text{有干扰}, U_1 < U_j < U_2 \\ 1 & \text{其他} \end{cases}$$

(9)最小安全速度识别目标属性模型。我机进入我方空域时必然降低飞行速度,而敌机要以较大速度逃避我方拦截,我机返航最小安全速度为$V_{\min}$。具体表达形式为

$$AQSD = \begin{cases} 1 & v_j < V_{\min} \\ -1 & v_j \leqslant V_{\min} \end{cases}$$

3. 目标属性识别的层次分析法模型

(1)目标属性识别的层次构图。目标属性识别的层次构图如图9.1所示。

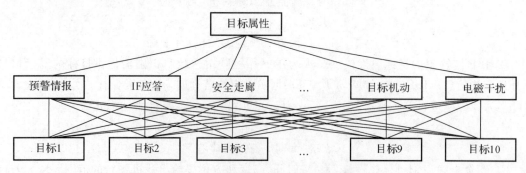

图9.1 目标属性综合识别层次结构图

(2)判断矩阵的构成。采用层次分析法计算各因素的权值,利用9级标度法构造判断矩阵。对各因素进行两两比较,见表9.3。

表 9.3 各因素进行两两相比

	原始空域	禁飞区	安全走廊	最小安全速度	电磁干扰	目标机动	IFF应答	预警情报
原始空域	1	1/3	2	1/5	1/5	1/5	1/9	1/8
禁飞区	3	1	5	1/3	1/3	1/3	1/3	1/3
安全走廊	1/2	1/5	1	1/7	1/7	1/7	1/9	1/8
最小安全速度	5	3	7	1	1	1	1/5	1/5
电磁干扰	5	3	7	1	1	1	1/5	1/5
目标机动	5	3	7	1	1	1	1/5	1/5
IFF应答	9	3	9	5	5	5	1	3
预警情报	8	3	8	5	5	5	1/3	1

判断矩阵 A 为:

$$A = \begin{bmatrix} 1 & 1/3 & 2 & 1/5 & 1/5 & 1/5 & 1/9 & 1/8 \\ 3 & 1 & 5 & 1/3 & 1/3 & 1/3 & 1/3 & 1/8 \\ 1/2 & 1/5 & 1 & 1/7 & 1/7 & 1/7 & 1/7 & 1/8 \\ 5 & 3 & 7 & 1 & 1 & 1 & 1/5 & 1/5 \\ 5 & 3 & 7 & 1 & 1 & 1 & 1/5 & 1/5 \\ 5 & 3 & 7 & 1 & 1 & 1 & 1/5 & 1/5 \\ 9 & 3 & 9 & 5 & 5 & 5 & 1 & 3 \\ 8 & 3 & 8 & 5 & 5 & 5 & 1/3 & 1 \end{bmatrix}$$

求得权向量为

$W = [0.025\ 27\quad 0.058\ 56\quad 0.017\ 57\quad 0.099\ 25\quad 0.099\ 529\quad 0.099\ 529\quad 0.345\ 75\quad 0.255\ 1]^T$

(3) 一致性检验。计算出 A 的最大特征值为

$$\lambda_{\max} = 875\ 68$$

A 的一致性检验指标为

$$CI = (\lambda_{\max} - n)/(n-1) = (87\ 568 - 8)/7 = 0.109\ 7$$

随机一次性指标

$$RI = 1.41$$

则随机一致性比率为

$$CR = CI/RI = 0.109\ 7/1.41 = 0.077\ 81 < 0.10$$

所以 A 矩阵符合一致性要求。

(4) 目标属性综合识别模型。第 j 批目标属性识别值为

$$S_j = \sum_{i=1}^{8}(W_i \times P_{ij}) \quad j = 1, 2, \cdots, 10$$

当第 j 批目标对于相应因素 i 的友机属性时,$p_{ij} = 0$;当第 j 批目标对于相应因素 i 的敌机属性时,$p_{ij} = -1$;当第 j 批目标对于相应因素 i 的不明目标属性时,$p_{ij} = 0$。

若目标的信息及实际属性见表 9.4,根据层次分析法目标属性综合识别模型计算出属性

输出如表 2 最后一列所示。从表 9.4 可以看出,目标的实际属性和模型计算得出的属性一致,因此通过层次分析法模型所得的权值,能对具体目标的属性进行识别。

表 9.4 目标的信息及属性

目标序号	原始空域	禁飞区	安全走廊	最小安全速度	电磁干扰	目标机动	IFF应答	预警情报	实际属性	模型输出
目标 1	−1	1	−1	−1	−1	−1	−1	−1	−1	−0.829
目标 2	1	−1	1	1	−1	−1	−1	−1	−1	−0.914 3
目标 3	1	1	−1	1	1	1	1	1	1	0.801 5
目标 4	−1	−1	1	−1	−1	1	1	1	−1	−0.291 3
目标 5	1	1	1	−1	−1	−1	−1	−1	−1	−0.603
目标 6	−1	−1	1	1	−1	1	−1	−1	−1	−0.517 3
目标 7	−1	1	1	−1	1	−1	1	1	−1	−0.485 9
目标 8	1	1	1	1	1	1	1	1	1	0.949 5
目标 9	1	−1	−1	−1	1	−1	−1	−1	−1	−0.552 5
目标 10	−1	−1	1	1	1	1	1	1	1	0.715 8

从以上结果可知,基于层次分析法的目标属性识别方法能很好地识别目标的属性。目标属性识别是一个复杂的多因素问题,选择影响属性识别的因素至关重要,直接影响着识别的可信度。本节给出的属性识别因素仅作为目标属性综合识别建模的参考,所建模型仅用于说明层次分析法可以用于目标属性的识别,并能将定性分析定量化,能对指挥员起到辅助决策作用,提高指挥决策人员决策效能。

9.2 ADC 法

ADC 法是美国工业界武器系统效能咨询委员会(WSEIAC)评价武器系统用的模型或方法,它的目的在于根据有效性(Availability,即战备状态)、可依赖性(Dependability,即可信性)和能力(Capacity)三大要素评价武器系统,把这三大要素组合成一个表示武器系统总性能的单一效能量度。

9.2.1 ADC 方法基本原理

ADC 方法通过分析待评估系统的有效性、可信性、能力,确定出矩阵或向量 A、D、C,在此基础上计算计算系统效能 E。

(1)有效性。开始执行任务时系统状态的度量,与装备系统可靠性、维修性、维修管理水平、维修人员数量及水平、器材供应水平等有关。向量 $A=[a_1 \ a_2 \ \cdots \ a_n]$ 表示待评估武器系统的可用性指标,a_i 表示开始执行任务时处于状态 i 的概率,n 表示武器系统可能处于的状态数。

(2)可信性。在已知开始执行任务时系统状态的情况下,在执行任务过程中的某一个或某几个时刻系统状态的量度。可信性直接取决于装备系统的可靠性和使用过程中的修复性,也

与人员素质、指挥因素有关。矩阵 D 表示待评估武器系统的可信性指标,即

$$D = \begin{bmatrix} d_{11} & d_{12} & \cdots & d_{1n} \\ d_{21} & d_{22} & \cdots & d_{2n} \\ \vdots & \vdots & & \vdots \\ d_{n1} & d_{n2} & \cdots & d_{nn} \end{bmatrix} \quad (9.7)$$

在可信性矩阵 D 中,d_{ij} 表示已知在开始执行任务时系统处于状态 i,则在执行任务过程中系统处于状态 j 的概率。如果武器系统故障不能修复,即不能由序号大的状态转移到序号小的状态,可信性矩阵 D 变为一个上三角矩阵,即

$$D = \begin{bmatrix} d_{11} & d_{12} & \cdots & d_{1n} \\ 0 & d_{22} & \cdots & d_{2n} \\ \vdots & \vdots & & \vdots \\ 0 & 0 & \cdots & 0 \end{bmatrix} \quad (9.8)$$

(3)能力。在已知执行任务期间的系统状态的情况下,系统完成任务能力的量度。能力是系统各种性能的集中表现。矩阵 C 表示武器系统的固有能力,即

$$C = \begin{bmatrix} c_{11} & c_{12} & \cdots & c_{1n} \\ c_{21} & c_{22} & \cdots & c_{2n} \\ \vdots & \vdots & & \vdots \\ c_{n1} & c_{n2} & \cdots & c_{nn} \end{bmatrix} \quad (9.9)$$

在能力矩阵 C 中,c_{ij} 表示武器系统在第 i 种状态下完成第 j 项子任务能力的度量。当对系统的单项效能进行评估时,C 为列向量,表示为 $C = \begin{bmatrix} c_1 & c_2 & \cdots & c_n \end{bmatrix}^T$。

(4)系统效能。在 ADC 方法中,系统效能 E 是可用性、可信性、固有能力三要素的乘积,即

$$E = ADC \quad (9.10)$$

对于单项效能,系统效能为

$$E = ADC = \begin{bmatrix} a_1 & a_2 & \cdots & a_n \end{bmatrix} \begin{bmatrix} d_{11} & d_{12} & \cdots & d_{1n} \\ d_{21} & d_{22} & \cdots & d_{2n} \\ \vdots & \vdots & & \vdots \\ d_{n1} & d_{n2} & \cdots & d_{nn} \end{bmatrix} \begin{bmatrix} c_1 \\ c_2 \\ \vdots \\ c_n \end{bmatrix} \quad (9.11)$$

对于多项效能,系统效能为

$$E = ADC = \begin{bmatrix} a_1, a_2, \cdots, a_n \end{bmatrix} \begin{bmatrix} d_{11} & d_{12} & \cdots & d_{1n} \\ d_{21} & d_{22} & \cdots & d_{2n} \\ \vdots & \vdots & & \vdots \\ d_{n1} & d_{n2} & \cdots & d_{nn} \end{bmatrix} \begin{bmatrix} c_{11} & c_{12} & \cdots & c_{1n} \\ c_{21} & c_{22} & \cdots & c_{2n} \\ \vdots & \vdots & & \vdots \\ c_{n1} & c_{n2} & \cdots & c_{nn} \end{bmatrix} \quad (9.12)$$

9.2.2 两态系统 ADC 评估方法

以地空导弹发射系统为例,平均无故障时间 MTBF 为 300 h,平均故障修复时间 MTTR 为 0.5 h,发射系统有工作正常和工作故障两种状态,正常状态下完成任务的概率为 0.95,故障状态下完成任务的概率为 0。

1. 有效性向量 $\boldsymbol{A}$ 的确定

发射系统在开始执行任务时处于正常工作状态的概率为

$$a_1 = \frac{\text{MTBF}}{\text{MTBF}+\text{MTTR}} = 300/(300+0.5) = 0.9983$$

发射系统在开始执行任务时处于正常工作状态的概率为

$$a_2 = \frac{\text{MTTR}}{\text{MTBF}+\text{MTTR}} = 0.5/(300+0.5) = 0.0017$$

因此,有效性向量 $\boldsymbol{A} = [a_1 \quad a_2] = [0.9983 \quad 0.0017]$。

2. 可信性矩阵 $\boldsymbol{D}$ 的确定

假设工作时间是服从指数分布随机变量,平均正常工作时间为 $\text{MTBF}=1/\lambda=300\text{ h}$,$\lambda$ 表示单位时间故障发生次数,即故障率;修复时间也是服从指数分布的随机变量,平均修复时间为 $\text{MTTR}=1/\mu=0.5\text{ h}$,$\mu$ 表示单位时间故障修复数,即修复率;系统连续工作时间为 2 h。

由于故障发生的过程为泊松过程,一个相当小的时间间隔 Δt,故障不发生的概率为:$p_{11}(\Delta t) = e^{-\lambda \Delta t}$。鉴于小间隔流的单一性,可能发生一个概率为 $p_{12}(\Delta t)$ 的故障(发生两个以上的情况很少)或者不发生该事件。在小间隔 Δt 上会构成整组相斥事件:

$$p_{11}(\Delta t) + p_{12}(\Delta t) = 1$$
$$p_{12}(\Delta t) = 1 - p_{11}(\Delta t) = 1 - e^{-\lambda \Delta t} \approx \lambda \Delta t$$

同理,由于故障修复的过程为泊松过程,鉴于小间隔流的单一性,一个相当小的时间间隔 Δt,没有一个故障系统被修复的概率为 $p_{22}(\Delta t) = e^{-\mu \Delta t}$,可能发生一个概率为 $p_{21}(\Delta t)$ 的故障修复(发生两个以上的情况很少)或者不发生该事件。在小间隔 Δt 上会构成整组相斥事件:

$$p_{22}(\Delta t) + p_{21}(\Delta t) = 1$$
$$p_{21}(\Delta t) = 1 - p_{22}(\Delta t) = 1 - e^{-\mu \Delta t} \approx \mu \Delta t$$

四个速率函数计算如下:

$$\left.\begin{aligned}
q_{11}(t) &= \lim_{\Delta t \to 0} \frac{1-p_{11}(t,\Delta t)}{\Delta t} = \lim_{\Delta t \to 0} \frac{p_{12}(t,\Delta t)}{\Delta t} = \lambda \\
q_{12}(t) &= \lim_{\Delta t \to 0} \frac{p_{12}(t,\Delta t)}{\Delta t} = \lambda \\
q_{21}(t) &= \lim_{\Delta t \to 0} \frac{p_{21}(t,\Delta t)}{\Delta t} = \mu \\
q_{22}(t) &= \lim_{\Delta t \to 0} \frac{1-p_{22}(t,\Delta t)}{\Delta t} = \lim_{\Delta t \to 0} \frac{p_{21}(t,\Delta t)}{\Delta t} = \mu
\end{aligned}\right\} \quad (9.13)$$

柯尔莫哥洛夫向前方程为

$$\frac{\mathrm{d}p_{ij}}{\mathrm{d}t} = \sum_{k=0,k\neq j}^{N} p_{ik}(t)q_{kj} - p_{ij}(t)q_{jj}$$

下面根据柯尔莫哥洛夫向前方程,计算 $p_{11}(t)$、$p_{12}(t)$、$p_{21}(t)$、$p_{22}(t)$ 的值。

(1)转移概率 $p_{11}(t)$。转移概率 $p_{11}(t)$ 的微分形式为

$$\frac{\mathrm{d}p_{11}}{\mathrm{d}t} = p_{12}q_{21} - p_{11}q_{11} = \mu p_{12} - \lambda p_{11} = -(\lambda+\mu)p_{11} + \mu$$

通过上式构造表达式:

变换为
$$e^{(\lambda+\mu)t}[p'_{11}(t)+(\lambda+\mu)p_{11}(t)]=\mu e^{(\lambda+\mu)t}$$

$$[e^{(\lambda+\mu)t}p_{11}(t)]'=\mu e^{(\lambda+\mu)t}$$

等式两边积分得:
$$e^{(\lambda+\mu)t}p_{11}(t)=\frac{\mu}{\lambda+\mu}e^{(\lambda+\mu)t}+C_1$$

由于初值 $p_{11}(0)=1$, $C_1=\lambda/(\lambda+\mu)$。因此 $p_{11}(t)$ 为

$$p_{11}(t)=\frac{\mu}{\lambda+\mu}+\frac{\lambda}{\lambda+\mu}e^{-(\lambda+\mu)t} \tag{9.14}$$

(2) 转移概率 $p_{22}(t)$。转移概率 $p_{22}(t)$ 的微分形式为

$$\frac{dp_{22}(t)}{dt}=p_{21}(t)q_{12}-p_{22}(t)q_{22}=\lambda p_{21}(t)-\mu p_{22}(t)=-(\lambda+\mu)p_{22}(t)+\lambda$$

构造表达式:
$$e^{(\lambda+\mu)t}[p'_{22}(t)+(\lambda+\mu)p_{22}(t)]=\lambda e^{(\lambda+\mu)t}$$

变换为
$$[e^{(\lambda+\mu)t}p_{22}(t)]'=\lambda e^{(\lambda+\mu)t}$$

等式两边积分得:
$$e^{(\lambda+\mu)t}p_{22}(t)=\frac{\lambda}{\lambda+\mu}e^{(\lambda+\mu)t}+C_2$$

由于 $p_{22}(0)=1$, $C_2=\mu/(\lambda+\mu)$,因此 $p_{22}(t)$ 为

$$p_{22}(t)=\frac{\lambda}{\lambda+\mu}+\frac{\mu}{\lambda+\mu}e^{-(\lambda+\mu)t} \tag{9.15}$$

同理,可以计算得

$$p_{12}(t)=\frac{\lambda}{\lambda+\mu}-\frac{\lambda}{\lambda+\mu}e^{-(\lambda+\mu)t} \tag{9.16}$$

$$p_{21}(t)=\frac{\mu}{\lambda+\mu}-\frac{\mu}{\lambda+\mu}e^{-(\lambda+\mu)t} \tag{9.17}$$

通过以上计算,得到可信性矩阵 **D** 为

$$\boldsymbol{D}=\begin{bmatrix}d_{11}&d_{12}\\d_{21}&d_{22}\end{bmatrix}=\begin{bmatrix}p_{11}&p_{12}\\p_{21}&p_{22}\end{bmatrix}=\begin{bmatrix}\dfrac{\mu}{\lambda+\mu}+\dfrac{\lambda}{\lambda+\mu}e^{-(\lambda+\mu)t}&\dfrac{\lambda}{\lambda+\mu}-\dfrac{\lambda}{\lambda+\mu}e^{-(\lambda+\mu)t}\\\dfrac{\mu}{\lambda+\mu}-\dfrac{\mu}{\lambda+\mu}e^{-(\lambda+\mu)t}&\dfrac{\lambda}{\lambda+\mu}+\dfrac{\mu}{\lambda+\mu}e^{-(\lambda+\mu)t}\end{bmatrix} \tag{9.18}$$

对于地空导弹发射系统, $\lambda=1/\mathrm{MTBF}=1/300$, $\mu=1/\mathrm{MTTR}=2$,工作时间 $t=2$,可信性矩阵 **D** 为

$$\boldsymbol{D}=\begin{bmatrix}d_{11}&d_{12}\\d_{21}&d_{22}\end{bmatrix}=\begin{bmatrix}0.998\ 4&0.001\ 6\\0.980\ 2&0.019\ 8\end{bmatrix}$$

对于不可修复系统,修复率 $\mu=0$,可信性矩阵简化为

$$\boldsymbol{D}=\begin{bmatrix}d_{11}&d_{12}\\d_{21}&d_{22}\end{bmatrix}=\begin{bmatrix}e^{-\lambda t}&1-e^{-\lambda t}\\0&1\end{bmatrix}$$

3. 能力向量 C 的确定

正常状态下完成任务的概率为 0.95,即 $c_1=0.985$;故障状态下完成任务的概率为 0,即 $c_2=0$。能力向量 $C=\begin{bmatrix}c_1 & c_2\end{bmatrix}^T=\begin{bmatrix}0.985 & 0\end{bmatrix}^T$。

已知有效性向量 A、可信性矩阵 D 和能力向量 C,计算地空导弹发射系统的效能为

$$E=ADC=\begin{bmatrix}0.998\,3 & 0.001\,7\end{bmatrix}\begin{bmatrix}0.998\,4 & 0.001\,6 \\ 0.980\,2 & 0.019\,8\end{bmatrix}\begin{bmatrix}0.985 \\ 0\end{bmatrix}=0.983\,4$$

ADC 法是由 3 个分指标刻画装备系统在作战使用过程中不同阶段的有效性,3 个分指标的乘积即为系统效能指标。这种系统效能指标定义的优点是简单,便于计算。对于 ADC 法的能力项矩阵,从目前已建立的装备系统效能模型看,有的只包含对装备系统毁伤能力的评价,有的是对装备系统包括探测能力、可射击能力和毁伤能力在内的攻击能力的评价,有的除上述能力外,还包含了对机动能力和防护能力的评价。如何建立合理、完善的装备能力指标体系,是需要 ADC 法进行效能分析的难点。

9.3 模糊综合评判

1965 年,美国自动控制专家查德(L. A. Zadeh)提出了模糊(fuzzy)的概念,并发表了用数学方法研究模糊现象的论文《模糊集合》。他提出用"模糊集合"作为表现模糊事物的数学模型,并在"模糊集合"上逐步建立运算、变换规律,开展有关的理论研究,就有可能构造出研究现实世界中的大量模糊的数学基础,能够对相当复杂的模糊系统进行定量的描述和处理的数学方法。模糊综合评判就是以模糊数学为基础,应用模糊关系合成的原理,对受到多种因素制约的事物或对象,将一些边界不清、不易定量的因素定量化,按多项模糊的准则参数对备选方案进行综合评判。

9.3.1 模糊综合评判的基本原理

1. 模糊综合评判的一般步骤

(1)确定评价指标集合论域 $U=\{u_1,u_2,\cdots,u_n\}$,n 为指标个数,u_i 为第 i 个评价指标。

(2)确定评语集合论域 $V=\{v_1,v_2,\cdots,v_m\}$,m 为评语等级数,v_j 代表第 j 个评价等级,具体等级可以用适当的语言进行描述,如 $V=\{$好(v_1)、比较好(v_2)、一般(v_3)、不大好(v_4)、不好$(v_5)\}$。

(3)确定权重分配模糊向量 $A=\begin{bmatrix}a_1 & a_2 & \cdots & a_n\end{bmatrix}$,$a_i$ 表示 u_i 在所有评价因数中占的权重。权重选择的合适与否关系到模型的成败,一般使用 AHP 法、Delphi 法、专家估计法等。

(4)确定单因素评价隶属度向量,并形成隶属度矩阵 R。隶属度 r_{ij} 指针对评价指标 u_i,评价对象被评为 v_j 的隶属程度。隶属度矩阵为

$$R=\begin{bmatrix}r_{11} & r_{12} & \cdots & r_{1m} \\ r_{21} & r_{22} & \cdots & r_{2m} \\ \vdots & \vdots & & \vdots \\ r_{n1} & r_{n2} & \cdots & r_{nm}\end{bmatrix} \tag{9.19}$$

对于隶属度矩阵 $\boldsymbol{R}$，$\sum_{j=1}^{m} r_{ij} = 1$。

(5) 按照某种合成算子，计算综合评定向量 $\boldsymbol{B} = [b_1 \quad b_2 \quad \cdots \quad b_m]$，模糊矩阵运算规则如下：

$$B = A \circ R \tag{9.20}$$

按照最大隶属度原则，确定被评估对象的评判等级。

2. 主要模糊算子

(1) $M(\wedge, \vee)$ 算子。$M(\wedge, \vee)$ 算子为取小取大算子。评定向量 $\boldsymbol{B}$ 的第 j 个元素 b_j 为

$$b_j = \bigvee_{i=1}^{m} (a_i \wedge r_{ij}) = \max_{1 \leqslant i \leqslant m} (\min\{a_i, r_{ij}\}) \quad j = 1, 2, \cdots, n \tag{9.21}$$

算例描述如下：

$$[0.3 \quad 0.3 \quad 0.4] \circ \begin{bmatrix} 0.5 & 0.3 & 0.2 & 0 \\ 0.3 & 0.4 & 0.2 & 0.1 \\ 0.2 & 0.2 & 0.3 & 0.2 \end{bmatrix} = [0.3 \quad 0.3 \quad 0.3 \quad 0.2]$$

(2) $M(\cdot, \vee)$ 算子。$M(\cdot, \vee)$ 算子为取乘取大算子，评定向量 $\boldsymbol{B}$ 的第 j 个元素 b_j 为

$$b_j = \bigvee_{i=1}^{m} (a_i, r_{ij}) = \max_{1 \leqslant i \leqslant m} \{a_i r_{ij}\} \quad j = 1, 2, \cdots, n \tag{9.22}$$

算例描述如下：

$$[0.3 \quad 0.3 \quad 0.4] \circ \begin{bmatrix} 0.5 & 0.3 & 0.2 & 0 \\ 0.3 & 0.4 & 0.2 & 0.1 \\ 0.2 & 0.2 & 0.3 & 0.2 \end{bmatrix} = [0.15 \quad 0.12 \quad 0.12 \quad 0.08]$$

(3) $M(\wedge, \oplus)$ 算子。$M(\wedge, \oplus)$ 算子为取小与有界算子，评定向量 $\boldsymbol{B}$ 的第 j 个元素 b_j 为

$$b_j = \min_{1 \leqslant i \leqslant m} \left\{1, \sum_{i=1}^{m} \min(a_i, r_{ij})\right\} \quad j = 1, 2, \cdots, n \tag{9.23}$$

算例描述如下：

$$[0.3 \quad 0.3 \quad 0.4] \circ \begin{bmatrix} 0.5 & 0.3 & 0.2 & 0 \\ 0.3 & 0.4 & 0.2 & 0.1 \\ 0.2 & 0.2 & 0.3 & 0.2 \end{bmatrix} = [0.8 \quad 0.8 \quad 0.7 \quad 0.3]$$

(4) $M(\cdot, \oplus)$ 算子。$M(\cdot, \oplus)$ 为取乘与有界算子，评定向量 $\boldsymbol{B}$ 的第 j 个元素 b_j 为

$$b_j = \min_{1 \leqslant i \leqslant m} \left\{1, \sum_{i=1}^{m} a_i r_{ij}\right\}, j = 1, 2, \cdots, n \tag{9.24}$$

算例描述如下：

$$[0.3 \quad 0.3 \quad 0.4] \circ \begin{bmatrix} 0.5 & 0.3 & 0.2 & 0 \\ 0.3 & 0.4 & 0.2 & 0.1 \\ 0.2 & 0.2 & 0.3 & 0.2 \end{bmatrix} = [0.32 \quad 0.29 \quad 0.27 \quad 0.11]$$

在以上四种算子中，取小取大算子 $M(\wedge, \vee)$ 和取乘取大算子 $M(\cdot, \vee)$ 为主因素突出型，综合程度较弱；取小与有界算子 $M(\wedge, \oplus)$ 与取乘与有界算子 $M(\cdot, \oplus)$ 为加权平均型，综合程度较强。在利用隶属度矩阵 R 的信息方面，取小取大算子 $M(\wedge, \vee)$ 和取乘取大算子 $M(\cdot, \vee)$ 不充分，取小与有界算子 $M(\wedge, \oplus)$ 较充分，取乘与有界算子 $M(\cdot, \oplus)$ 最充分。

9.3.2 模糊综合评判的应用

地空导弹武器系统的信息处理能力主要通过目标测量精度、信息获取密度、信息处理延时、综合处理容量等 4 个指标评价,评价等级为很好、比较好、一般、不大好、不好。现利用模糊综合评判法给出武器系统的信息处理能力的评判等级。

信息处理能力指标中目标测量精度、信息获取密度、信息处理延时、综合处理容量的相对权重 $A = [0.52\ \ 0.09\ \ 0.14\ \ 0.25]$。

在对某地空导弹武器系统信息处理能力进行评价时,邀请 20 个专家进行问卷调查,2、2、8、4、4 个专家认为目标测量精度为很好、比较好、一般、不大好、不好;10、6、4、0、0 个专家认为信息获取密度为很好、比较好、一般、不大好、不好;0、4、10、4、2 个专家认为信息处理时延为很好、比较好、一般、不大好、不好;0、12、2、6、0 个专家认为综合处理容量为很好、比较好、一般、不大好、不好。建立信息处理能力的模糊关系矩阵为

$$R = \begin{bmatrix} 0.1 & 0.1 & 0.4 & 0.2 & 0.2 \\ 0.5 & 0.3 & 0.2 & 0 & 0 \\ 0 & 0.2 & 0.5 & 0.2 & 0.1 \\ 0 & 0.6 & 0.1 & 0.3 & 0 \end{bmatrix}$$

利用模糊综合评判模型 $B = A \circ R$,并取合成算子为取小取大算子 $M(\wedge, \vee)$,可以确定信息处理能力的评价结果为

$$B = A \circ R = [0.52\ 0.09\ 0.14\ 0.25] \begin{bmatrix} 0.1 & 0.1 & 0.4 & 0.2 & 0.2 \\ 0.5 & 0.3 & 0.2 & 0 & 0 \\ 0 & 0.2 & 0.5 & 0.2 & 0.1 \\ 0 & 0.6 & 0.1 & 0.3 & 0 \end{bmatrix} = [0.1\ 0.25\ 0.4\ 0.25\ 0.2]$$

对 B 进行归一化处理得:$\bar{B} = [0.083\ 3\ \ \ 0.208\ 3\ \ \ 0.333\ 3\ \ \ 0.208\ 3\ \ \ 0.166\ 7]$。

根据最大隶属度原则,$\max\{0.083\ 3, 0.208\ 3, 0.333\ 3, 0.208\ 3, 0.166\ 7\} = 0.333\ 3$,认为该地空导弹武器系统的信息处理能力可评为一般。

模糊综合评判通过精确地数学手段处理模糊的评价对象,虽然应用模糊数学,但是数学模型简单,容易掌握,可以对涉及模糊因素的对象进行综合评价。模糊综合评判将不完全信息、不确定信息转化为模糊概念使定性问题定量化,提高了评估的准确性和科学性,并且评价结果是一组信息,而非确定值,通过一定处理,可以作为评价结果提供参考。模糊综合评判的不足是隶属度函数确定比较困难,模糊运算算子选取对结果影响比较大。

9.4 基于正负理想点的距离评估方法

基于正负理想点的距离评估方法通过构造评价问题的正理想解和负理想解,不仅考虑与理想解的差,而且考虑与负理想解的差,既靠近理想解又远离负理想解。以理想化的最优、最劣基点,以权衡其他可行方案对二者的距离。以此排序,进行分析、评估。

9.4.1 基于正负理想点的距离评估方法的基本原理

1. 基于正负理想点的距离评估方法的一般步骤

(1) 将各指标量化为无量纲值,并单位化各元素,确定决策矩阵 $\boldsymbol{R}=(r_{ij})_{n\times m}$,$n$ 为待评估方案个数,m 为评估指标个数。

(2) 确定指标权重向量 $\omega=[\omega_1 \quad \omega_2 \quad \cdots \quad \omega_m]$,计算加权标准化矩阵 $\boldsymbol{A}=(a_{ij})_{n\times m}$,其中元素 a_{ij} 表示为

$$a_{ij}=\omega_j r_{ij} \tag{9.25}$$

(3) 确定理想解 $\boldsymbol{A}^*$ 和负理想解 $\boldsymbol{A}^-$。

对于收益型指标,有

$$\boldsymbol{A}^*=\{\max_{i\subset N} a_{ij} | j\subset J\}=\{a_1^*,a_2^*,\cdots,a_m^*\} \tag{9.26}$$

$$\boldsymbol{A}^-=\{\min_{i\subset N} a_{ij} | j\subset J\}=\{a_1^-,a_2^-,\cdots,a_m^-\} \tag{9.27}$$

式中:$J=\{1,2,\cdots,m\}$ 为指标下标值,$N=\{1,2,\cdots,n\}$ 为待评估方案序号。

对于成本型指标,有

$$\boldsymbol{A}^*=\{\min_{i\subset N} a_{ij} | j\subset J\}=\{a_1^*,a_2^*,\cdots,a_m^*\} \tag{9.28}$$

$$\boldsymbol{A}^-=\{\max_{i\subset N} a_{ij} | j\subset J\}=\{a_1^-,a_2^-,\cdots,a_m^-\} \tag{9.29}$$

式中:$J=\{1,2,\cdots,m\}$ 为指标下标值;$N=\{1,2,\cdots,n\}$ 为待评估方案序号。

(4) 计算每个方案 A_i 到理想解 $\boldsymbol{A}^*$ 的距离:

$$D_i^*=\sqrt{\sum_{j=1}^m (a_{ij}-a_j^*)^2} \tag{9.30}$$

计算每个方案 A_i 到负理想解 $\boldsymbol{A}^-$ 的距离,得

$$D_i^-=\sqrt{\sum_{j=1}^m (a_{ij}-a_j^-)^2} \tag{9.31}$$

(5) 计算每个方案 A_i 到理想解 $\boldsymbol{A}^*$ 的相对接近度 W_i,得

$$W_i=\frac{D_i^-}{D_i^-+D_i^*} \tag{9.32}$$

可以看出,A_i 与理想解 $\boldsymbol{A}^*$ 越接近,相对接近度 W_i 越接近于 1。

2. 基于熵的目标属性权重确定方法

在一般的基于正负理想点的距离评估方法中,目标属性权重的确定比较困难,传统的层次分析(AHP)方法是通过多个专家的评价得出的结论,具有很大的主观性,这里采用熵理论确定目标属性权重,通过客观信息之间的状态关系确定属性权重,使各个目标威胁程度的确定过程更加客观。

熵是对系统状态不确定性的一种度量,假设系统可能处于 m 种状态(m 个指标),每种状态的概率为 P_j,那么系统的熵为 $E=-\sum_{k=1}^m P_k \ln P_k$,其中 $\sum_{k=1}^m P_k=1$。熵具有极值性,当系统状态为等概率时,熵取得最大值 $E_{\max}=-\sum_{k=1}^m \frac{1}{m}\ln\frac{1}{m}=\ln m$。也就是说,不同方案在该指标上的

取值差异程度越小,指标的熵值越大,对评价方案的影响程度越高。以下为基于熵的指标权重确定具体步骤:

(1)根据量化确定决策矩阵 $\boldsymbol{R}=(r_{ij})_{n\times m}$。

(2)将决策矩阵 $\boldsymbol{R}$ 列归一化,得到归一化决策矩阵 $\boldsymbol{R}'$。

$$\boldsymbol{R}'=(r'_{ij})_{n\times m}=\left(\frac{r_{ij}}{\sum_{i\in N}r_{ij}}\right)_{n\times m} \tag{9.33}$$

(3)计算评价指标熵值(取反)。

$$E_j=\sum_{i=1}^{n}r'_{ij}\ln r'_{ij} \quad j=1,2,\cdots,m \tag{9.34}$$

其中,r_{ij} 可以理解为状态概率,进行归一化处理后,评价指标熵值为

$$E_j=\frac{1}{\ln m}\sum_{i=1}^{n}r'_{ij}\ln r'_{ij} \quad j=1,2,\cdots,m \tag{9.35}$$

当 $r'_{ij}=0$ 时,规定 $\ln r'_{ij}=0$。

(4)对 $1-E_j$ 进行归一化得到指标 j 的权重为

$$\omega_j=\frac{1-E_j}{\sum_{k=1}^{m}(1-E_k)} \tag{9.36}$$

各指标权重向量为:$\omega=(\omega_1 \quad \omega_2 \quad \cdots \quad \omega_m)$。

9.4.2 基于正负理想点的距离评估方法的目标威胁评估

假设当前时刻可射击的 9 批目标属性(飞抵时间、航路捷径和飞行高度)见表9.5,计算目标威胁度和排序结果。

表9.5 目标属性参数

目标属性	目标1	目标2	目标3	目标4	目标5	目标6	目标7	目标8	目标9
t/s	220	547	160	-320	1500	-250	486	721	1 600
P/km	5	0	8	12	20	10	18	15	21
h/m	2 000	4 200	600	6 000	4 500	2 500	3 000	300	4 200

1. 目标属性威胁度量化

采用多属性决策方法进行目标的威胁度评估,将每个目标看作是一个备选方案,评估准则是各目标威胁度。根据防空导弹武器的性能和目标的特性,目标威胁度的决定因素有目标飞抵时间、目标的航路捷径和飞行高度等。目标威胁程度的大小具有模糊性,利用模糊数学的理论,可以分别建立各指标的隶属函数。

(1)飞抵时间威胁隶属函数。当目标临近飞行时,飞抵时间威胁隶属函数选取偏小型降半正态分布函数;当目标离远飞行时,飞抵时间威胁隶属函数选取降半柯西分布函数,则飞抵时间威胁隶属度函数为

$$\mu_t(t) = \begin{cases} e^{-k_1 t^2} & 0 \leqslant t \leqslant 1\,800 \\ \dfrac{1}{1+k_2 t^3} & -600 \leqslant t < 0 \end{cases}$$

式中：$k_1 = 2 \times 10^{-6}$，$k_2 = -10^{-7}$。

(2)航路捷径威胁隶属函数。航路捷径威胁隶属函数应满足航路捷径越小、威胁度越大的要求。因此，航路捷径威胁隶属函数选取中间型正态分布函数，其威胁隶属度函数为

$$\mu_p(p) = e^{-kp^2} \qquad -30 \leqslant p \leqslant 30$$

式中：$k = 5 \times 10^{-3}$。

(3)飞行高度威胁隶属函数。从空袭兵器的战术使用规律看，目标的高度越低(尤其是近距离目标)，其威胁程度越大。当目标高度小于 1000 m 时，其威胁值最大；当目标高度在 1 000 m～3 0000 m 之间时，随高度值递增，其威胁值递减。因此，飞行高度威胁隶属度函数可取偏小型的降半正态分布函数，其形式为

$$\mu_h(h) = \begin{cases} 1 & 0 \leqslant h \leqslant a \\ e^{-k(h-a)^2} & 1\,000 < h \leqslant 30\,000 \end{cases}$$

式中：$k = 10^{-8}$；$a = 1000$ m。

2. 确定基于熵的目标属性权值

(1)利用隶属度函数计算各属性参数的威胁度值，得到决策矩阵 $\boldsymbol{R}$。

$$\boldsymbol{R} = \begin{bmatrix} 0.907\,7 & 0.882\,5 & 0.964\,5 \\ 0.549\,7 & 1.000\,0 & 0.845\,3 \\ 0.950\,1 & 0.726\,1 & 0.997\,5 \\ 0.233\,8 & 0.486\,8 & 0.706\,0 \\ 0.011\,1 & 0.135\,3 & 0.824\,0 \\ 0.390\,2 & 0.606\,5 & 0.944\,0 \\ 0.623\,5 & 0.197\,9 & 0.919\,3 \\ 0.353\,6 & 0.324\,7 & 0.999\,6 \\ 0.006\,0 & 0.110\,3 & 0.845\,3 \end{bmatrix}$$

(2)将目标属性决策矩阵 $\boldsymbol{R}$ 列归一化，得到目标属性决策矩阵 $\boldsymbol{R}'$。

$$\boldsymbol{R}' = \begin{bmatrix} 0.225\,5 & 0.197\,4 & 0.119\,9 \\ 0.136\,5 & 0.223\,7 & 0.105\,1 \\ 0.236\,0 & 0.162\,4 & 0.124\,0 \\ 0.058\,1 & 0.108\,9 & 0.087\,8 \\ 0.002\,8 & 0.030\,3 & 0.102\,4 \\ 0.096\,9 & 0.135\,7 & 0.117\,3 \\ 0.154\,9 & 0.044\,3 & 0.114\,3 \\ 0.087\,8 & 0.072\,6 & 0.124\,2 \\ 0.001\,5 & 0.024\,7 & 0.105\,1 \end{bmatrix}$$

(3)计算目标属性熵值 $\boldsymbol{E}$。

$$E = \begin{bmatrix} 1.7007 & 1.8102 & 1.9953 \end{bmatrix}$$

(4)确定目标属性权值 ω。

$$\omega = \begin{bmatrix} 0.2794 & 0.3230 & 0.3971 \end{bmatrix}$$

3. 利用基于正负理想点的距离评估方法进行威胁排序

(1)代入目标属性权重,计算可得加权标准化矩阵 A 为

$$A = \begin{bmatrix} 0.2536 & 0.2850 & 0.3830 \\ 0.1536 & 0.3230 & 0.3357 \\ 0.2654 & 0.2345 & 0.3961 \\ 0.0653 & 0.1572 & 0.2804 \\ 0.0031 & 0.0437 & 0.3272 \\ 0.1090 & 0.1959 & 0.3749 \\ 0.1742 & 0.0639 & 0.3651 \\ 0.0988 & 0.1049 & 0.3969 \\ 0.0017 & 0.0356 & 0.3357 \end{bmatrix}$$

(2)计算每个方案 A_i 到理想解 A^* 的距离。

理想解: $A^* = \begin{bmatrix} 0.2656 & 0.3233 & 0.3969 \end{bmatrix}$;

距离向量: $D^* = \begin{bmatrix} 0.0421 & 0.1275 & 0.0886 & 0.2849 & 0.3898 & 0.2029 & 0.2767 & 0.2747 & 0.3951 \end{bmatrix}$。

(3)计算每个方案 A_i 到负理想解 A^- 的距离。

负理想解为

$$A^- = \begin{bmatrix} 0.0017 & 0.0357 & 0.2804 \end{bmatrix}$$

距离向量为

$$D^- = \begin{bmatrix} 0.3693 & 0.3300 & 0.3502 & 0.1374 & 0.0475 & 0.2149 & 0.1943 & 0.1668 & 0.0553 \end{bmatrix}$$

(4)计算每个方案 A_i 到理想解 A^* 的相对接近度 W。

$W = \begin{bmatrix} 0.8976 & 0.7212 & 0.79815 & 0.3253 & 0.1086 & 0.5144 & 0.4125 & 0.3778 & 0.1228 \end{bmatrix}$

目标的威胁度排序为:目标1>目标3>目标2>目标6>目标7>目标8>目标4>目标9>目标5。

9.5 基于灰色区间关联决策的评估方法

灰色关联决策的基本思想是找出理想最优方案对应的效果评价向量,依据决策问题中各方案的效果评价向量与理想最优方案的效果评价向量之间的灰色关联度数值,确定问题的方案优劣排序及最优方案。在军事领域,获得的决策信息通常不确切,但可大致确定其上下界,将灰色区间关联引入区间描述,能够更好地模拟决策要素自身的不确定性特性。

9.5.1 灰色关联决策模型

设有决策集合 $A = \begin{bmatrix} A_1 & A_2 & \cdots & A_n \end{bmatrix}$,目标因素集合 $S = \begin{bmatrix} S_1 & S_2 & \cdots & S_m \end{bmatrix}$,方案 A_i 在目标 S_j 下的效果评价矩阵 U 为

$$U = \begin{bmatrix} u_{11} & u_{12} & \cdots & u_{1m} \\ u_{21} & u_{22} & \cdots & u_{2m} \\ \vdots & \vdots & & \vdots \\ u_{n1} & u_{n2} & \cdots & u_{nm} \end{bmatrix}$$

可取参考指标集为 $\boldsymbol{u}_0 = \begin{bmatrix} u_{01} & u_{02} & \cdots & u_{0m} \end{bmatrix}$。

采用灰色关联法进行比较，需对矩阵 U 中指标值进行归范化处理，将其化为 $[0,1]$ 之间的数值。

对于效益型指标，有 $x_{ij} = \dfrac{u_{ij} - u_j^{\min}}{u_j^{\max} - u_j^{\min}}$，对于成本型指标，有 $x_{ij} = \dfrac{u_j^{\max} - u_{ij}}{u_j^{\max} - u_j^{\min}}$。其中，$u_j^{\min}$、$u_j^{\max}$ 分别表示所有方案对于第 j 个指标的最小值、最大值。得到规范化矩阵为

$$X = \begin{bmatrix} x_{11} & x_{12} & \cdots & x_{1m} \\ x_{21} & x_{22} & \cdots & x_{2m} \\ \vdots & \vdots & & \vdots \\ x_{n1} & x_{n2} & \cdots & x_{nm} \end{bmatrix}$$

通过规范化处理，参考指标向量 $\boldsymbol{u}_0 = \begin{bmatrix} u_{01} & u_{02} & \cdots & u_{0m} \end{bmatrix}$ 转化为 $\boldsymbol{x}_0 = \begin{bmatrix} x_{01} & x_{02} & \cdots & x_{0m} \end{bmatrix}$，$\boldsymbol{x}_0$ 为新参考标准集。

x_{ij} 与 x_{0j} 的灰色关联度计算方法为

$$r_{ij} = \frac{\min\limits_{1 \leqslant i \leqslant n} \min\limits_{1 \leqslant j \leqslant m} |x_{0j} - x_{ij}| + \xi \max\limits_{1 \leqslant i \leqslant n} \max\limits_{1 \leqslant j \leqslant m} |x_{0j} - x_{ij}|}{|x_{0j} - x_{ij}| + \xi \max\limits_{1 \leqslant i \leqslant n} \max\limits_{1 \leqslant j \leqslant m} |x_{0j} - x_{ij}|} \tag{9.37}$$

式中：ξ 为分辨系数，$0 < \xi < 1$。

关联矩阵为

$$R = \begin{bmatrix} r_{11} & r_{12} & \cdots & r_{1m} \\ r_{21} & r_{22} & \cdots & r_{2m} \\ \vdots & \vdots & & \vdots \\ r_{n1} & r_{n2} & \cdots & r_{nm} \end{bmatrix}$$

效能向量 E 可以表示为

$$E = R \cdot \boldsymbol{\omega}^{\mathrm{T}} \tag{9.38}$$

式中：$\boldsymbol{\omega} = \begin{bmatrix} \omega_1 & \omega_2 & \cdots & \omega_m \end{bmatrix}$ 为 m 个指标各自所占的权重。

9.5.2 灰色区间关联决策模型

设有决策集合 $A = \{A_1, A_2, \cdots, A_n\}$，目标因素集合 $S = \{S_1, S_2, \cdots, S_m\}$，方案 A_i 在目标 S_j 下的效果评价向量为

$$u_{ij} \in \{u_{ij}^l, u_{ij}^u\} \quad 0 < u_{ij}^l < u_{ij}^u, 0 < i < n, 0 < j < m \tag{9.39}$$

为了消除量纲，通过灰色极差变换进行标准化处理，对效益型指标，有

$$\left.\begin{aligned} x_{ij}^l &= \frac{u_{ij}^l - u_{ij}^{\triangledown}}{u_{ij}^{\triangle} - u_{ij}^{\triangledown}} \\ x_{ij}^u &= \frac{u_{ij}^u - u_{ij}^{\triangledown}}{u_{ij}^{\triangle} - u_{ij}^{\triangledown}} \end{aligned}\right\} \tag{9.40}$$

对于成本型指标，有

$$x_{ij}^l = \frac{u_{ij}^\triangle - u_{ij}^l}{u_{ij}^\triangle - u_{ij}^\triangledown} \left.\begin{matrix}\\\\\end{matrix}\right\} \quad (9.41)$$
$$x_{ij}^u = \frac{u_{ij}^\triangle - u_{ij}^u}{u_{ij}^\triangle - u_{ij}^\triangledown}$$

式中：$u_{ij}^\triangle = \max\limits_{1 \leqslant i \leqslant n} u_{ij}^u$；$u_{ij}^\triangledown = \max\limits_{1 \leqslant i \leqslant n} u_{ij}^l$。

标准化后各方案效果评价向量为 $x_{ij} \in \{x_{ij}^l, x_{ij}^u\}$，取值范围为 $[0,1]$ 之间。

称 m 维非负区间向量 $x_j^+ \in \{\underline{x}_j^+, \bar{x}_j^+\}$ 为理想最优方案效果评价向量，有

$$\underline{x}_j^+ = \max\limits_{1 \leqslant i \leqslant n}\{x_{ij}^l\}, \bar{x}_j^+ = \max\limits_{1 \leqslant i \leqslant n}\{x_{ij}^u\}, j=1,2,\cdots,m \quad (9.42)$$

设标准化后的各方案效果评价向量及理想最优方案效果评价向量由式(9.42)给出，目标权重向量为 $\boldsymbol{\omega} = [\omega_1 \quad \omega_2 \quad \cdots \quad \omega_m]$，子因素 $x_{ij}(\otimes)$ 关于理想母因素 $x_j^+(\otimes)$ 的灰色区间关联系数为

$$r_{ij} = \frac{1}{2}\left[\frac{\min\limits_{1\leqslant i\leqslant n}\min\limits_{1\leqslant j\leqslant m}|\underline{x}_j^+ - x_{ij}^l| + \xi\max\limits_{1\leqslant i\leqslant n}\max\limits_{1\leqslant j\leqslant m}|\underline{x}_j^+ - x_{ij}^l|}{|\underline{x}_j^+ - x_{ij}^l| + \xi\max\limits_{1\leqslant i\leqslant n}\max\limits_{1\leqslant j\leqslant m}|\underline{x}_j^+ - x_{ij}^l|} + \frac{\min\limits_{1\leqslant i\leqslant n}\min\limits_{1\leqslant j\leqslant m}|\bar{x}_j^+ - x_{ij}^u| + \xi\max\limits_{1\leqslant i\leqslant n}\max\limits_{1\leqslant j\leqslant m}|\bar{x}_j^+ - x_{ij}^u|}{|\bar{x}_j^+ - x_{ij}^u| + \xi\max\limits_{1\leqslant i\leqslant n}\max\limits_{1\leqslant j\leqslant m}|\bar{x}_j^+ - x_{ij}^u|}\right] \quad (9.43)$$

式中：ξ 为分辨系数，$0 < \xi < 1$。

方案 A_i 的效果评价向量关于理想最优方案的效果评价向量的灰色区间关联度表达式为

$$\boldsymbol{G}[x^+(\otimes), x_i(\otimes)] = \frac{1}{m}\sum_{j=1}^m \omega_j r_{ij}^+ \quad i=1,2,\cdots,n \quad (9.44)$$

设有决策集合 $\boldsymbol{A} = \{A_1, A_2, \cdots, A_n\}$，目标因素集合 $\boldsymbol{S} = \{S_1, S_2, \cdots, S_m\}$，利用灰色极差变换式(9.40)对式(9.39)进行标准化处理，得到标准化后各方案效果评价向量如式(9.42)，再计算出决策问题的理想最优方案效果评价向量。利用式(9.43)计算子因素 $x_{ij}(\otimes)$ 关于理想母因素 $x_j^+(\otimes)$ 的灰色区间关联系数 r_{ij}。设目标权重向量为 $\boldsymbol{\omega} = [\omega_1 \quad \omega_2 \quad \cdots \quad \omega_m]$，利用式(9.44)计算出方案 A_i 关于理想最优方案的灰色关联度 $\boldsymbol{G}(x^+(\otimes), x_i(\otimes))$，其中 $i=1,2,\cdots,n$，其值越大，方案越优。因此，可以按照关联度 $\boldsymbol{G}[x^+(\otimes), x_i(\otimes)]$ 的值从大到小的顺序给出方案优劣排序。

9.5.3 基于灰色区间关联决策的目标威胁评估

根据防空评判的准则，影响目标威胁程度的主要因素为：目标类型 T、飞抵时间 t、航路捷径 P、飞行高度 h，其隶属度函数表达形式见 9.4.2 节。假定某时刻，传感器采集到的 6 个空中目标（X_1 为小型机 1，X_2 为小型机 2，X_3 为 TBM，X_4 为大型机，X_5 为直升机，X_6 为诱饵）飞行参数和射击诸元参数区间值见表 9.6。

表 9.6 空袭目标参数表

目标参数	X_1	X_2	X_3	X_4	X_5	X_6
t/s	[1 600,1 300]	[200,−250]	[180,177]	[850,750]	[420,300]	[790,787]
P/Km	[12,11]	[9,10]	8	15	[−18,−20]	15
h/m	[3 000,2 700]	[8 000,9 000]	600	[7 000,7 500]	[300,250]	7300

(1)已知目标参数值,根据隶属度函数计算目标参数的隶属度区间。依据 9.4.2 节隶属度函数表达式计算隶属度区间,需要说明的是,依据既有的应用实例,将 TBM、大型机、小型机、直升机、诱饵的目标属性隶属度定义为 0.92、0.85、0.55、0.43、0.04。空袭目标参数隶属度区间见表 9.7。

表 9.7 空袭目标参数隶属度区间

目标参数	X_1	X_2	X_3	X_4	X_5	X_6
T	0.55	0.55	0.92	0.85	0.43	0.04
t	[0.006,0.034]	[0.390,0.923]	[0.937,0.939]	[0.235,0.324]	[0.702,0.835]	[0.287,0.289]
P	[0.486,0.546]	[0.606,0.667]	0.726	0.324	[0.135,0.197]	0.324
h	[0.919,0.934]	[0.452,0.535]	0.997	[0.578,0.621]	[0.999,0.999]	0.595

(2)对表 9.7 中的目标参数隶属度区间按照式(9.40)进行标准化处理,结果见表 9.8。

表 9.8 空袭目标参数的标准化向量

目标参数	X_1	X_2	X_3	X_4	X_5	X_6
T	0.579	0.579	1	0.92	0.443	0
t	[0,0.03]	[0.411,0.989]	[0.997,1]	[0.245,0.341]	[0.746,0.888]	[0.301,0.303]
P	[0.593,0.695]	[0.797,0.9]	1	0.319	[0,0.105]	0.319
h	[0.853,0.881]	[0,0.151]	0.996	[0.247,0.309]	1	0.261

(3)计算决策问题的理想方案效果评价向量,即 $x_j^+ \in \{[1\ 1],[0.997\ 1],[1\ 1],[1\ 1]\}$,确定各指标各方案对应的 $|x_j^+ - x_{ij}^l|$ 和 $|x_j^+ - x_{ij}^u|$(见表 9.9)。

表 9.9 各指标各方案对应的 $|x_j^+ - x_{ij}^l|$ 和 $|x_j^+ - x_{ij}^u|$

目标参数	X_1	X_2	X_3	X_4	X_5	X_6
T	[0.421,0.421]	[0.421,0.421]	[0,0]	[0.08,0.08]	[0.557,0.557]	[1,1]
t	[0.997,0.97]	[0.586,0.011]	[0,0]	[0.752,0.659]	[0.251,0.112]	[0.696,0.697]
P	[0.407,0.305]	[0.203,0.1]	[0,0]	[0.681,0.681]	[1,0.895]	[0.681,0.681]
h	[0.147,0.119]	[1,0.849]	[0.004,0.004]	[0.753,0.691]	[0,0]	[0.739,0.739]

(4) 取 $\xi=0.5$,计算各方案的灰色关联度判断矩阵 r_{ij}^+。

$$r_{ij}^+ = \begin{bmatrix} 0.543 & 0.337 & 0.586 & 0.790 \\ 0.543 & 0.719 & 0.772 & 0.352 \\ 1 & 1 & 1 & 0.992 \\ 0.862 & 0.415 & 0.423 & 0.409 \\ 0.473 & 0.741 & 0.346 & 1 \\ 0.333 & 0.418 & 0.423 & 0.404 \end{bmatrix}$$

(5) 计算灰色区间关联度。通过 AHP 方法确定权重向量 $\boldsymbol{\omega}=[0.39 \quad 0.29 \quad 0.17 \quad 0.15]$,计算灰色区间关联度为

$$G(x^+(\otimes), x_i(\otimes)) = \frac{1}{m}\sum_{j=1}^{m}\omega_j r_{ij}^+ = (0.131\,9, 0.151\,1, 0.249\,7, 0.147\,5, 0.152\,0, 0.095\,9)$$

通过计算可知,TBM 威胁程度最大,诱饵威胁最小。

基于灰色区间数的评估算法能够较准确地反映目标机动对威胁度的影响,并且将非主要因素考虑在内,更符合实际情况,有较高的可信度。

9.6 主成分分析法

主成分分析法利用降维思想,把多指标转化为少数几个综合指标,用较少的变量说明复杂问题。利用主成分分析法得到的主成分与原始变量之间有如下的基本关系:①主成分的数目明显少于原始变量的个数;②每个主成分是原始变量的线性组合;③综合指标不仅保留了原始变量的绝大多数信息,彼此之间又不相关,又比原始变量具有某些更优越的性质。

9.6.1 主成分分析法的基本原理

假设有 n 个样本,每个样本观察 p 项指标 $\boldsymbol{X}_1, \boldsymbol{X}_2, \cdots, \boldsymbol{X}_p$,原始数据矩阵 $\boldsymbol{X}$ 表示为

$$\boldsymbol{X} = \begin{bmatrix} x_{11} & x_{12} & \cdots & x_{1p} \\ x_{21} & x_{22} & \cdots & x_{2p} \\ \vdots & \vdots & & \vdots \\ x_{n1} & x_{n2} & \cdots & x_{np} \end{bmatrix} = \begin{bmatrix} \boldsymbol{X}_1 & \boldsymbol{X}_2 & \cdots & \boldsymbol{X}_p \end{bmatrix}$$

$\boldsymbol{X}_i$ 可表示为 $\boldsymbol{X}_i = [x_{1i} \quad x_{2i} \quad \cdots \quad x_{ni}]^T$

给出矩阵

$$\boldsymbol{U} = (\boldsymbol{u}_1, \boldsymbol{u}_2, \cdots, \boldsymbol{u}_p) = \begin{bmatrix} u_{11} & u_{21} & \cdots & u_{p1} \\ u_{12} & u_{22} & \cdots & u_{p2} \\ \vdots & \vdots & & \vdots \\ u_{1p} & u_{2p} & \cdots & u_{pp} \end{bmatrix}$$

原始数据矩阵 $\boldsymbol{X}$ 通过线性变换后,得到新的综合变量矩阵 $\boldsymbol{Y}$,表示为 $\boldsymbol{Y} = \boldsymbol{U}^T \boldsymbol{X}$,即

$$\left.\begin{aligned} Y_1 &= u_1^T X = u_{11}X_1 + u_{12}X_2 + \cdots + u_{1p}X_p \\ Y_2 &= u_2^T X = u_{21}X_1 + u_{22}X_2 + \cdots + u_{2p}X_p \\ &\cdots\cdots \\ Y_p &= u_p^T X = u_{p1}X_1 + u_{p2}X_2 + \cdots + u_{pp}X_p \end{aligned}\right\} \quad (9.45)$$

希望线性变换后 $Y_i = u_i^T X$ 的方差尽可能大,且相互独立。
$$D(Y_i) = D(u_i^T X) = u_i^T D(X) u_i = u_i^T \Sigma u_i$$

对于一个极端的例子:$Y_i = Cu_i^T X, D(Y_i) = D(Cu_i^T X) = C^2 u_i^T \Sigma u_i$。

按照上式,Y_i 的方差可以任意大,但不能作为主成分约束。因此,为了选择合理的 $u_1, u_2, \cdots, u_p$,对线性变换的规定如下:

(1) $u_k^T u_k = 1, k = 1, 2, \cdots p$;

(2) Y_i 与 Y_j 互不相关;

(3) Y_1 是 $X_1, X_2, \cdots, X_p$ 的一切线性组合中方差最大者;Y_2 是与 Y_1 不相关的 $X_1, X_2, \cdots, X_p$ 的一切线性组合中方差最大者,$\cdots$,Y_p 是与 $Y_1, Y_2, \cdots, Y_{p-1}$ 都不相关的 $X_1, X_2, \cdots, X_p$ 的一切线性组合中方差最大者。

设 $X = [X_1 \ X_2 \ \cdots X_p]^T$,$\Sigma$ 是 X 的协方差矩阵,其表达式为

$$\Sigma = \text{cov}(X, X) = \begin{bmatrix} D(X_1) & \text{cov}(X_1, X_2) & \cdots & \text{cov}(X_1, X_p) \\ \text{cov}(X_2, X_1) & D(X_2) & \cdots & \text{cov}(X_1, X_p) \\ \vdots & \vdots & & \vdots \\ \text{cov}(X_p, X_1) & \text{cov}(X_p, X_2) & \cdots & D(X_p) \end{bmatrix} \quad (9.46)$$

$\lambda_1 > \lambda_2 > \cdots > \lambda_p$ 为协方差矩阵 Σ 的特征值,$U = [u_1 \ u_2 \ \cdots \ u_p]$ 为矩阵 Σ 各特征值对应的标准正交特征向量(单位向量)。由于 Σ 为实对称阵,以下表达形式成立:

$$U^{-1} \Sigma U = \begin{bmatrix} \lambda_1 & 0 & \cdots & 0 \\ 0 & \lambda_2 & \cdots & 0 \\ \vdots & \vdots & & \vdots \\ 0 & 0 & \cdots & \lambda_p \end{bmatrix} \quad (9.47)$$

可以证明:$D(Y_i) = D(u_i^T X) = u_i^T \Sigma u_i$。

$X_1, X_2, \cdots, X_p$ 的线性组合 Y_1 的方差为

$$D(Y_1) = D(u_1^T X) =$$
$$u_1^T \Sigma u_1 =$$
$$u_1^T U \begin{bmatrix} \lambda_1 & 0 & \cdots & 0 \\ 0 & \lambda_2 & 0 & 0 \\ 0 & 0 & \vdots & 0 \\ 0 & 0 & 0 & \lambda_p \end{bmatrix} U^T u_1 =$$
$$\sum_{i=1}^{p} \lambda_i u_1^T u_i u_i^T u_1 =$$
$$\sum_{i=1}^{p} \lambda_i (u_1^T u_i)^2 =$$
$$\lambda_1 \cdot 1 + \lambda_2 \cdot 0 + \lambda_3 \cdot 0 + \cdots = \lambda_1 \quad (9.48)$$

同理可得 $D(Y_2) = \lambda_2, D(Y_2) = \lambda_2, \cdots, D(Y_p) = \lambda_p$。

计算 Y_i 和 Y_j 的协方差 $\text{cov}(Y_i, Y_j)$ 得

$$\text{cov}(Y_i, Y_j) = \text{cov}(u_i^T X, u_j^T X) = u_i^T \Sigma u_j = u_i^T U \begin{bmatrix} \lambda_1 & 0 & \cdots & 0 \\ 0 & \lambda_2 & 0 & 0 \\ 0 & 0 & \vdots & 0 \\ 0 & 0 & 0 & \lambda_p \end{bmatrix} U^T u_j = 0 \quad (9.49)$$

因此 Y_i 和 Y_j 互不相关。

在解决实际问题中,一般不会取 p 个主成分,而是根据累积贡献率取前几个。

定义 $\alpha_k = \dfrac{\lambda_k}{\lambda_1 + \lambda_2 + \cdots + \lambda_p}(k=1,2,\cdots,p)$ 为第 k 个主成分 Y_k 的方差贡献率,称 $\sum_{j=1}^{m} \lambda_j / (\lambda_1 + \lambda_2 + \cdots + \lambda_p)$ 为主成分 $Y_1, Y_2, \cdots, Y_m$ 的累积贡献率。利用主成分的目的是减小变量个数,通常 m 取值依据下式:

$$\sum_{j=1}^{m} \lambda_j / (\lambda_1 + \lambda_2 + \cdots + \lambda_p) \geqslant 85\% \tag{9.50}$$

9.6.2 主成分分析法在导弹性能评估中的应用

选用"鸬鹚""捕鲸叉""雄风2""飞鱼""天王星"5种导弹武器系统作为评价样本,性能指标包括飞行速度、最大有效射程、雷达发射面积、巡航高度、抗干扰能力、系统反应时间、环境适应能力、战斗部威力、末端机动、发射扇面角、单发命中概率,具体数据见表9.10。

表9.10 五型导弹性能参数表

性能指标	"鸬鹚"	"捕鲸叉"	"雄风2"	"飞鱼"	"天王星"
飞行速度	283	255	289	316	309
最大有效射程	70	120	120	70	130
雷达发射面积	0.16	0.16	0.2	0.16	0.16
巡航高度	20	30	20	15	20
抗干扰能力	0.63	0.63	0.5	0.63	0.63
系统反应时间	60	45	60	60	50
环境适应能力	0.85	0.9	0.85	0.85	0.85
战斗部威力	0.5	0.7	0.6	0.5	0.75
末端机动	0.4	0.6	0.6	0.4	0.4
发射扇面角	±45°	±90°	±30°	±30°	±45°
单发命中概率	0.85	0.95	0.8	0.9	0.85

建立原始数据矩阵 X 为

$$X = \begin{bmatrix} 283 & 70 & 0.16 & 20 & 0.63 & 60 & 0.85 & 0.5 & 0.4 & 45 & 0.85 \\ 255 & 120 & 0.16 & 30 & 0.63 & 45 & 0.9 & 0.7 & 0.6 & 90 & 0.95 \\ 289 & 120 & 0.2 & 20 & 0.5 & 60 & 0.85 & 0.6 & 0.6 & 30 & 0.8 \\ 316 & 70 & 0.16 & 15 & 0.63 & 60 & 0.85 & 0.5 & 0.4 & 30 & 0.9 \\ 309 & 130 & 0.16 & 20 & 0.63 & 50 & 0.85 & 0.75 & 0.4 & 45 & 0.85 \end{bmatrix}$$

为了消除原来各指标的量纲,使各指标之间具有可比性,利用 Z-score 法对数据进行标准化处理:

$$x_{ij} = \frac{x_{ij} - \bar{x}_j}{S_j}$$

式中：S_j 为样本标准差；$\bar{x}_j$ 为样本平均值。

标准化后的数据矩阵 X 为

$$X=\begin{bmatrix} -0.30 & -1.08 & -0.44 & -0.18 & 0.44 & 0.70 & -0.44 & -0.96 & -0.73 & -0.12 & -0.35 \\ -1.47 & 0.61 & -0.44 & 1.64 & 0.44 & -1.41 & 1.78 & 0.78 & 1.09 & 1.70 & 1.40 \\ -0.05 & 0.61 & 1.78 & -0.18 & -0.78 & 0.70 & -0.44 & -0.08 & 1.09 & -0.73 & -1.22 \\ 1.06 & -1.08 & -0.44 & -1.09 & 0.44 & 0.70 & -0.44 & -0.96 & -0.73 & -0.73 & 0.52 \\ 0.77 & 0.94 & -0.44 & -0.18 & 0.44 & -0.70 & -0.44 & 1.22 & -0.73 & -0.12 & -0.35 \end{bmatrix}$$

对于数据矩阵 X，协方差矩阵 Σ 的计算公式为

$$\Sigma = \begin{bmatrix} \frac{1}{n-1}\sum_{i=1}^{n}(x_{i1}-\bar{x}_1)^2 & \frac{1}{n-1}\sum_{i=1}^{n}(x_{i1}-\bar{x}_1)(x_{i2}-\bar{x}_2) & \cdots & \frac{1}{n-1}\sum_{i=1}^{n}(x_{i1}-\bar{x}_1)(x_{ip}-\bar{x}_p) \\ \frac{1}{n-1}\sum_{i=1}^{n}(x_{i2}-\bar{x}_2)(x_{i1}-\bar{x}_1) & \frac{1}{n-1}\sum_{i=1}^{n}(x_{i2}-\bar{x}_2)^2 & \cdots & \frac{1}{n-1}\sum_{i=1}^{n}(x_{i2}-\bar{x}_2)(x_{ip}-\bar{x}_p) \\ \vdots & \vdots & \vdots & \vdots \\ \frac{1}{n-1}\sum_{i=1}^{n}(x_{ip}-\bar{x}_p)(x_{i1}-\bar{x}_1) & \frac{1}{n-1}\sum_{i=1}^{n}(x_{ip}-\bar{x}_p)(x_{i2}-\bar{x}_2) & \cdots & \frac{1}{n-1}\sum_{i=1}^{n}(x_{in}-\bar{x}_n)^2 \end{bmatrix} =$$

$$\begin{bmatrix} S_{x_1}^2 & \frac{1}{n-1}\sum_{i=1}^{n}(x_{i1}-\bar{x}_1)(x_{i2}-\bar{x}_2) & \cdots & \frac{1}{n-1}\sum_{i=1}^{n}(x_{i1}-\bar{x}_1)(x_{ip}-\bar{x}_p) \\ \frac{1}{n-1}\sum_{i=1}^{n}(x_{i2}-\bar{x}_2)(x_{i1}-\bar{x}_1) & S_{x_2}^2 & \cdots & \frac{1}{n-1}\sum_{i=1}^{n}(x_{i2}-\bar{x}_2)(x_{ip}-\bar{x}_p) \\ \vdots & \vdots & \vdots & \vdots \\ \frac{1}{n-1}\sum_{i=1}^{n}(x_{ip}-\bar{x}_p)(x_{i1}-\bar{x}_1) & \frac{1}{n-1}\sum_{i=1}^{n}(x_{ip}-\bar{x}_p)(x_{i2}-\bar{x}_2) & \cdots & S_{x_n}^2 \end{bmatrix}$$

将标准化后的数据矩阵 X 的各元素及其各列的均值代入上式得

$$\Sigma = \begin{bmatrix} 1 & -0.25 & -0.03 & -0.91 & 0.03 & 0.50 & -0.82 & -0.23 & -0.69 & -0.82 & -0.39 \\ -0.25 & 1 & 0.34 & 0.52 & -0.34 & -0.65 & 0.34 & 0.92 & 0.55 & 0.35 & -0.10 \\ -0.03 & 0.34 & 1 & -0.10 & -1.00 & 0.39 & -0.25 & -0.04 & 0.61 & -0.40 & -0.68 \\ -0.91 & 0.52 & -0.10 & 1 & 0.10 & -0.80 & 0.91 & 0.58 & 0.66 & 0.94 & 0.52 \\ 0.03 & -0.34 & -1.00 & 0.10 & 1 & -0.39 & 0.25 & 0.04 & -0.61 & 0.40 & 0.68 \\ 0.50 & -0.65 & 0.39 & -0.80 & -0.39 & 1 & -0.79 & -0.85 & -0.32 & -0.86 & -0.62 \\ -0.82 & 0.34 & -0.25 & 0.91 & 0.25 & -0.79 & 1 & 0.44 & 0.61 & 0.95 & 0.78 \\ -0.23 & 0.92 & -0.04 & 0.58 & 0.04 & -0.85 & 0.44 & 1 & 0.32 & 0.52 & 0.15 \\ -0.69 & 0.55 & 0.61 & 0.66 & -0.61 & -0.32 & 0.61 & 0.32 & 1 & 0.44 & 0.08 \\ -0.82 & 0.35 & -0.40 & 0.94 & 0.40 & -0.86 & 0.95 & 0.52 & 0.44 & 1 & 0.74 \\ -0.39 & -0.10 & -0.68 & 0.52 & 0.68 & -0.62 & 0.78 & 0.15 & 0.08 & 0.74 & 1 \end{bmatrix}$$

计算协方差矩阵 Σ 的特征值、各个主成分的贡献率和累积贡献率，见表 9.11。

表 9.11 特征值及主成分贡献率

主成分	特征值	贡献率/%	累积贡献率/%
y_1	5.90	53.7	53.7
y_2	3.22	29.3	83.1

续表

主成分	特征值	贡献率/%	累积贡献率/%
y_3	1.52	13.8	96.8
y_4	0.34	3.1	100
y_5	0	0	100
y_6	0	0	100
y_7	0	0	100
y_8	0	0	100
y_9	0	0	100
y_{10}	0	0	100
y_{11}	0	0	100

对于协方差矩阵 $\boldsymbol{\Sigma}$，特征值 $\lambda_1=5.9$ 对应的特征向量为

$$\boldsymbol{u}_1^T=[-0.32\ 0.22-0.10\ 0.39\ 0.10-0.37\ 0.39\ 0.27\ 0.23\ 0.40\ 0.27]$$

特征值 $\lambda_2=5.9$ 对应的特征向量为

$$\boldsymbol{u}_2^T=[-0.11-0.33-0.52-0.08\ 0.52-0.05\ 0.02-0.13-0.40\ 0.09\ 0.33]$$

特征值 $\lambda_3=1.52$ 对应的特征向量为

$$\boldsymbol{u}_3^T=[-0.39-0.47\ 0.11\ 0.11\ -0.11\ 0.30\ 0.20\ -0.57\ 0.26\ 0.10\ 0.16]$$

因此，第一主成分为

$$Y_1=-0.32X_1+0.22X_2-0.1X_3+0.39X_4+0.1X_5-0.37X_6+0.39X_7+0.27X_8+0.23X_9+0.4X_{10}+0.27X_{11}$$

第二主成分为

$$Y_2=-0.11X_1-0.33X_2-0.52X_3-0.08X_4+0.52X_5-0.05X_6+0.02X_7-0.13X_8-0.4X_9+0.09X_{10}+0.33X_{11}$$

第三主成分为

$$Y_3=-0.39X_1-0.47X_2+0.11X_3+0.11X_4-0.01X_5+0.3X_6+0.2X_7-0.57X_8+0.26X_9+0.1X_{10}+0.16X_{11}$$

用三个主成分评价各型导弹的作战效能，计算公式为

$$F=0.537Y_1+0.293Y_2+0.138Y_3$$

主成分分析法不限制变量指标个数，各个指标进行标准化处理，将不同量纲指标化成相同度量指标，使各个指标具有可比性；综合评价函数中，权重不是人为确定，而是根据综合因子的贡献率确定，使得评价结果唯一、客观合理。其不足之处是主成分的解释含义带有模糊性，不像原始变量含义清楚，这是降维过程付出的代价。

9.7 指 数 法

指数是定量评价事物属性变化趋势的相对数量指标。指数法是武器效能研究的有力工具，20世纪50年代，指数法产生并开始应用于评估武器装备的综合效能评估中，典型代表为

第9章 武器系统综合效能分析方法

杜派理论与杀伤力指数、美国陆军司令部的火力指数以及幂指数等,其主要特点是快速方便。其对作战系统效能的评估是建立在军事专家丰富经验及武器系统自身战术技术性能指标的基础之上的,避开了大量不确定因素的影响,从而增强了效能分析的准确性。

9.7.1 指数法的基本原理

幂指数法是一种常用的指数分析方法,不需要依赖大量的试验数据和历史经验数据,较容易被掌握和接受。武器系统性能指标的幂函数形式为

$$F(X) = k \cdot x_1^{\omega_1} \cdot x_2^{\omega_2} \cdots x_n^{\omega_n} \tag{9.51}$$

式中:x_i 为武器系统的第 i 项性能指标;ω_i 为武器系统第 i 项性能指标的幂函数;k 为武器系统的量级调整参数。

在幂指数表达式中,$\omega_1, \omega_2, \cdots, \omega_n$ 为武器系统相应性能指标的权值,要求 $\sum_{i=1}^{n} \omega_i = 1$,可幂指数函数的构造需要遵循以下假设:

(1)度量一致性。武器系统性能参数可以使用不同的度量单位,不同量纲下会产生不同的效能指数值,因此需要度量一致性的指标。如武器系统的某项性能指标的改进使得在某个度量单位下计算得到的效能指数增加了某一比例,那么在另一个度量单位下计算出来的效能指数也应增加同样比例。

(2)连续性。武器系统效能变化随武器系统性能变化而连续变化,要求武器系统效能函数 $F(X)$ 随性能指标 X 连续变化。武器系统的性能变化越小,引起武器系统效能的变化也越小。

(3)边际效应递减。武器系统性能增加 ΔX 引起武器系统效能的增加量 $\Delta F(X)$ 称为武器系统的效益,效益与性能增加量的比值 $\Delta F(X)/\Delta X$ 称为边际效益。武器系统的效能不会因为性能的增大而无限增大,随着武器系统性能的增加,当性能增加相同的 ΔX 时,武器系统的效能增幅 $\Delta F(X)$ 越来越小,即边际效应 $\Delta F(X)/\Delta X$ 递减。

利用指数法对作战系统效能分析的流程可以分为 4 步:

(1)确定统一的前提条件。在对某一武器系统作战效能进行分析或对不同武器系统的作战效能进行比较时,首先要确定统一的客观条件,即典型的作战类型及作战态势。

(2)明确指数计算模型。建立针对武器系统效能分析的数学模型,并对模型中各个因素对指数结果的影响程度进行分析。

(3)确定参数。获得指数计算模型的各个参数。

(4)计算效能指数。将作战系统的各个参数代入数学模型计算,得出武器系统的效能指数。

9.7.2 基于指数法的地空导弹武器系统作战能力评估

地空导弹武器系统的能力指数模型为

$$F = kC^{\omega_1} T^{\omega_2} F^{\omega_3} E^{\omega_4} M^{\omega_5} S^{\omega_6} \tag{9.52}$$

式中:C 为指挥控制通信系统能力指数;T 为目标特性指数;F 为射击能力指数;E 为抗干扰能力指数;M 导弹能力指数;S 武器系统生存能力指数;k 为调整系数。

(1)目标特性指数。

$$T = \left(\frac{a_1}{\text{RCS}}\right)^{\mu_1} \left(\frac{V_{T\max}}{a_2}\right)^{\mu_2} \tag{9.53}$$

式中:RCS 为目标的雷达散射面积;$V_{T\max}$ 为目标的最大速度;μ_1、μ_2、a_1、a_2 为常数。

(2)射击能力指数。

$$F = \left(\frac{b}{T_r}\right)^{\mu_3} K_L^{\mu_4} F_R^{\mu_5} P^{\mu_6} \tag{9.54}$$

式中,T_r 为系统反应时间;K_L 为杀伤区因子、F_R 为火力强度因子;P 为单发杀伤区概率因子;μ_3、μ_4、μ_5、μ_6、b 为常数。

杀伤区因子 K_L 的表达式为

$$K_L = \left(\frac{H_{\max} - H_{\min}}{c_1}\right)^{\mu_7} \left(\frac{R_{\max}}{c_2}\right)^{\mu_8} \left(\frac{\varepsilon_{\max}}{c_3}\right)^{\mu_9} \left(\frac{q_{\max}}{c_4}\right)^{\mu_{10}} \tag{9.55}$$

式中:$H_{\max}$ 表示最大拦截高度;$R_{\max}$ 表示最大拦截斜距;$\varepsilon_{\max}$ 为制导雷达最大跟踪仰角;$q_{\max}$ 为制导雷达偏离法线方向最大方位角;c_1、c_2、c_3、c_4、μ_7、μ_8、μ_9、μ_{10} 为常数。

火力强度因子 F_R 的表达式为

$$F_R = N \frac{N_F N_m}{n_m} \frac{d}{T_F} \tag{9.56}$$

式中,n_m 为每个目标要求的平均拦截弹数;N 为同时拦截的目标数;N_F 为火力单元中发射车数量;N_m 为每辆发射车的导弹联装数;T_F 为导弹装填时间;d 为常数。

(3)抗干扰能力指数。

$$E = S^{\mu_{11}} U^{\mu_{12}} G^{\mu_{13}} \tag{9.57}$$

式中:S 为探测因子;U 为跟踪因子;G 为制导因子;μ_{11}、μ_{12}、μ_{13} 为常数。

(4)指挥控制通信系统能力指数。

$$C = C_1^{\mu_{14}} C_2^{\mu_{15}} C_3^{\mu_{16}} C_4^{\mu_{17}} C_5^{\mu_{18}} C_6^{\mu_{19}} \tag{9.58}$$

式中:C_1 为搜索发现与目标指示等情报信息获取能力因子;C_2 为指控系统信息处理能力因子;C_3 为人机交互能力因子;C_4 为辅助决策能力因子;C_5 为武器控制能力因子;C_6 通信能力因子;μ_{14}、μ_{15}、μ_{16}、μ_{17}、μ_{18}、μ_{19} 为常数。

(5)导弹能力指数公式。

$$M = M_{\max} \left(\frac{n_k}{e_1}\right)^{\mu_{20}} \left(\frac{W}{e_2}\right)^{\mu_{21}} \left(\frac{t_0}{e_3}\right)^{\mu_{22}} \tag{9.59}$$

式中:n_k 为导弹可用过载;$M_{\max}$ 为导弹最大马赫数;W 为导弹起飞重量;t_0 为发动机工作时间;e_1、e_2、e_3、μ_{20}、μ_{21}、μ_{22} 为常数。

(6)武器系统生存能力指数。

$$S = P_1^{\mu_{23}} P_2^{\mu_{24}} P_3^{\mu_{25}} \tag{9.60}$$

式中:P_1 为隐蔽性指数;P_2 为抗毁能力指数;P_3 为机动能力指数;μ_{23}、μ_{24}、μ_{25} 为常数。

进一步建立地空导弹武器系统的能力指数模型中多项能力因子的数学表达形式,并利用 AHP 方法确定 $\omega_1,\omega_2,\cdots,\omega_6$ 以及 $\mu_1,\mu_2,\cdots,\mu_{25}$ 等常数的取值,在已知待评估地空导弹武器系统性能指标的基础上,可以对其进行作战效能分析。

参 考 文 献

[1] 吴玲,卢发兴,吴中红,等. 舰载武器系统效能分析[M]. 北京:电子工业出版社,2020.

[2] 胡晓慧,李敏,陈捷,等. 防空作战模型及作战效能计算[M]. 北京:蓝天出版社,2014.

[3] 来斌,牛存良,熊友奇. 防空作战模拟与效能评估[M]. 北京:军事科学出版社,2005.

[4] 李为民,辛永平,赵全习,等. 防空作战运筹分析[M]. 北京:解放军出版社,2013.

[5] 杨建军. 地空导弹武器系统概论[M]. 北京:国防工业出版社,2008.

[6] 杨建军. 科学研究方法概论[M]. 北京:国防工业出版社,2005.

[7] 汪民乐. 导弹武器系统作战效能分析[M]. 西安:西北工业大学出版社,2020.

[8] 李志猛,徐培德,冉承新,等. 武器系统效能评估理论及应用[M]. 北京:国防工业出版社,2013.

[9] 马亚龙,邵秋峰,孙明,等. 评估理论和方法及其军事应用[M]. 北京:国防工业出版社,2012.

[10] 帕普里斯,佩莱. 概率、随机变量与随机过程:第4版[M]. 保铮,冯大政,水鹏朗,译. 西安:西安交通大学出版社,2015.

[11] 张卓奎,陈慧婵. 随机过程[M]. 西安:西安电子科技大学出版社,2003.

[12] 汪荣鑫. 随机过程[M]. 2版. 西安:西安交通大学出版社,2006.

[13] 贾俊平,何晓群,金勇进. 统计学[M]. 8版. 北京:中国人民大学出版社,2021.

[14] 郭齐胜,郅志刚,杨瑞平,等. 装备效能评估概论[M]. 北京:国防工业出版社,2005.

[15] 徐玖平,胡知能,王緌. 运筹学[M]. 3版. 北京:科学出版社,2007.

[16] 王学智,刘少伟,程永强,等. 地空导弹发射系统及其技术[M]. 北京:国防工业出版社,2017.

[17] 舍布鲁克. 装备备件最优库存建模:多级技术:第2版[M]. 贺步杰,等译. 北京:电子工业出版社,2008.

[18] 盛骤,谢式千,潘承毅. 概率论与数理统计[M]. 4版. 北京:高等教育出版社,2008.

[19] 肖田元,张燕云,陈加栋. 系统仿真导论[M]. 北京:清华大学出版社,2004.

[20] 郝培锋,崔建江,潘峰. 计算机仿真技术[M]. 北京:机械工业出版社,2009.

[21] 毕长剑,董冬梅,张双建. 作战模拟训练效能评估[M]. 北京:国防工业出版社,2014.

[22] 娄寿春. 面空导弹武器系统分析[M]. 北京:国防工业出版社,2013.

[23] 李延杰. 导弹武器系统的效能及其分析[M]. 北京:国防工业出版社,2002.

[24] 邢文训,谢金星. 现代优化计算方法[M]. 北京:清华大学出版社,2005.

[25] 王凌. 智能优化算法及其应用[M]. 北京:清华大学出版社,2001.

[26] 刘少伟,王洁. 防空C^3I目标分配问题的ACO-SA混合优化策略研究[J]. 系统工程与电子技术,2007,29(11):1886-1890.

[27] 刘少伟,关娇,王洁.具有横向供应策略的可维修备件两级库存模型[J].兵工学报,2015,36(7):1334-1339.

[28] 王洁,赵琦,刘少伟.基于层次分析法的目标属性识别模型[J].火力与指挥控制,2010,35(S1):21-23.

[29] 李啸龙.防空导弹武器系统全寿命周期成本管理研究[D].哈尔滨:哈尔滨工业大学,2008.

[30] 万自明.防空导弹武器系统反TBM效能评估研究[D].北京:航天工业总公司第二研究院,1999.

[31] 吴杰,曹延杰,吴福初.基于正负理想点的导弹武器系统作战效能评估[J].微计算机应用2008,29(7):65-69.

[32] 骆文辉,刘少伟,杨建军.基于灰色关联决策的目标威胁评估[J].空军工程大学学报(自然科学版)2008,9(3):37-40.